高等学校"十三五"教材

# 仪器分析实验

郭 明 吴荣晖 李铭慧 俞 飞 主编

化学工业出版社
·北京·

仪器分析课程是化学、环境科学、生物及医药学等相关专业的基础课之一，是以物质的物理性质和物理化学性质为基础建立起来的，利用特定仪器，对物质进行定性、定量、形态分析。《仪器分析实验》分为两篇，其中上篇原理部分分为16章，包括紫外-可见吸收光谱法、红外光谱法、分子荧光光谱法、原子发射光谱法、原子吸收光谱法、核磁共振波谱法、质谱分析法、气相色谱法、高效液相色谱法、电位分析法、电解与库仑分析法、循环伏安分析法、X射线衍射分析法、扫描电子显微镜、透射电子显微镜和联用技术；下篇为实验部分，共48个实验，包含了各种与上篇原理部分分析方法相对应的实验或综合性实验。

《仪器分析实验》可作为高等农林院校化学、应用化学、食品、农学、生物专业等相关专业本科生教材，也可供其他相关专业选作材料和参考。

### 图书在版编目（CIP）数据

仪器分析实验/郭明等主编. —北京：化学工业出版社，2018.12

高等学校"十三五"教材

ISBN 978-7-122-33323-0

Ⅰ.①仪… Ⅱ.①郭… Ⅲ.①仪器分析-实验-高等学校-教材 Ⅳ.①O657-33

中国版本图书馆CIP数据核字（2018）第268034号

---

责任编辑：李 琰
责任校对：边 涛　　　　　　　装帧设计：张 辉

---

出版发行：化学工业出版社（北京市东城区青年湖南街13号　邮政编码100011）
印　　装：三河市双峰印刷装订有限公司
787mm×1092mm　1/16　印张16¾　字数411千字　2019年3月北京第1版第1次印刷

---

购书咨询：010-64518888　　　售后服务：010-64518899
网　　址：http://www.cip.com.cn
凡购买本书，如有缺损质量问题，本社销售中心负责调换。

---

定　价：39.80元　　　　　　　　　　　　　　　　　　版权所有　违者必究

# 前言

仪器分析发展至今，形成了以光分析、电化学分析、色谱分析及波谱分析为支柱的现代仪器分析，其内涵和外延非常丰富，已成为研究各种化学理论及解决工农业生产、材料、环境、医学等领域中许多实际问题不可缺少的手段。鉴于仪器分析的重要性，仪器分析课程已被列为化学、应用化学及相关专业的必修基础课。仪器分析作为一门理论与实践相结合的课程，对学生加深理解仪器分析原理，掌握仪器操作与应用，提高动手能力及综合素质都是非常重要的。随着浙江农林大学化学专业仪器分析教学经验的积累及教学内容、方式、方法的不断改进，对仪器分析课程讲义进行了多次修改与补充，由于学校教学条件的不断改善，新仪器、新设备的不断加入，根据现有的设备条件编写了实验讲义，更新了仪器分析实验内容。《仪器分析实验》就是在原仪器分析讲义的基础上，经过进一步的扩充、完善而成。为了适应仪器分析理论课程与实验课程的需要，便于学生学习，本书的上篇主要从方法原理、仪器结构与原理、实验技术和其特点与应用四方面介绍了各种仪器分析检测方法，并引入了联用技术；本书下篇主要介绍实验内容和其具体操作。

《仪器分析实验》上篇的原理部分内容共 16 章，下篇实验部分共有 48 个实验，其中每个实验都有针对性和可操作性。所以，该教材的使用对于农林院校化学、应用化学、食品、农学、生物专业等相关专业学生仪器分析技术操作水平的培养和提高，有极重要的意义。

参加本书编写的人员，主要是目前在仪器分析实验室工作的教学人员和进行仪器分析课程教学的老师，《仪器分析实验》在教学过程中从实验讲义到出版经历了很长时间，凝聚着他们的心血和汗水，在此为他们的付出表示感谢。

限于编者学识水平有限，书中不足与疏漏之处在所难免，希望广大专家、读者批评斧正。

编　者

2018 年 9 月

# 目录

## 上篇 原理部分

### 第1章 紫外-可见吸收光谱法 ·········· 2

1.1 方法原理 ·········· 2

1.2 仪器结构与原理 ·········· 4

1.3 实验技术 ·········· 6

1.4 特点与应用 ·········· 7

### 第2章 红外光谱法 ·········· 10

2.1 方法原理 ·········· 10

2.2 仪器结构与原理 ·········· 12

2.3 实验技术 ·········· 14

2.4 特点与应用 ·········· 15

### 第3章 分子荧光光谱法 ·········· 17

3.1 方法原理 ·········· 17

  3.2 仪器结构与原理 …… 19

  3.3 实验技术 …… 20

  3.4 特点与应用 …… 21

第4章 原子发射光谱法 …… 24

  4.1 方法原理 …… 24

  4.2 仪器结构与原理 …… 24

  4.3 实验技术 …… 26

  4.4 特点与应用 …… 29

第5章 原子吸收光谱法 …… 33

  5.1 方法原理 …… 33

  5.2 仪器结构与原理 …… 34

  5.3 实验技术 …… 37

  5.4 特点与应用 …… 38

第6章 核磁共振波谱法 …… 41

  6.1 方法原理 …… 41

  6.2 仪器结构与原理 …… 45

  6.3 实验技术 …… 46

  6.4 特点与应用 …… 49

第7章 质谱分析法 …… 52

  7.1 方法原理

  7.2 仪器结构与原理 ································· 52

  7.3 实验技术 ····································· 54

  7.4 特点与应用 ··································· 56

                       57

## 第 8 章 气相色谱法 ·········································· 61

  8.1 方法原理 ····································· 62

  8.2 仪器结构与原理 ································· 64

  8.3 实验技术 ····································· 67

  8.4 特点与应用 ··································· 68

## 第 9 章 高效液相色谱法 ········································ 72

  9.1 方法原理 ····································· 72

  9.2 仪器结构与原理 ································· 73

  9.3 实验技术 ····································· 77

  9.4 特点与应用 ··································· 78

## 第 10 章 电位分析法 ·········································· 81

  10.1 方法原理 ···································· 81

  10.2 仪器结构与原理 ································ 81

  10.3 实验技术 ···································· 84

  10.4 特点与应用 ·································· 86

## 第 11 章　电解与库仑分析法 ································· 88
### 11.1　方法原理 ································· 88
### 11.2　仪器结构与原理 ································· 90
### 11.3　实验技术 ································· 92
### 11.4　特点与应用 ································· 92

## 第 12 章　循环伏安分析法 ································· 94
### 12.1　方法原理 ································· 94
### 12.2　仪器结构与原理 ································· 95
### 12.3　实验技术 ································· 95
### 12.4　特点与应用 ································· 96

## 第 13 章　X 射线衍射分析法 ································· 98
### 13.1　方法原理 ································· 98
### 13.2　仪器结构与原理 ································· 100
### 13.3　实验技术 ································· 100
### 13.4　特点与应用 ································· 101

## 第 14 章　扫描电子显微镜 ································· 103
### 14.1　方法原理 ································· 103
### 14.2　仪器结构与原理 ································· 107
### 14.3　实验技术 ································· 109
### 14.4　特点与应用 ································· 111

## 第 15 章 透射电子显微镜 ······ 113
### 15.1 方法原理 ······ 113
### 15.2 仪器结构与原理 ······ 114
### 15.3 实验技术 ······ 117
### 15.4 特点与应用 ······ 121

## 第 16 章 联用技术 ······ 123
### 16.1 气相色谱-质谱联用 ······ 123
### 16.2 液相色谱-质谱联用 ······ 128
### 16.3 气相色谱-傅里叶变换红外光谱联用 ······ 132
### 16.4 液相色谱-傅里叶变换红外光谱联用 ······ 136

# 下篇 实验部分

实验一　有机化合物的紫外-可见吸收光谱及溶剂效应 ······ 139

实验二　紫外吸收光谱鉴定物质的纯度 ······ 142

实验三　紫外-可见分光光度计测定维生素 C 的含量 ······ 145

实验四　苯甲酸红外吸收光谱的测绘 ······ 147

实验五　傅里叶变换红外光谱法分析反式脂肪酸 ······ 150

实验六　茵陈蒿酮红外光谱的测绘 ······ 152

实验七　分子荧光法测定荧光素钠的含量 ······ 154

实验八　分子荧光法定量测定维生素 $B_2$ 的含量 ······ 156

实验九　荧光分光光度法测定药物中奎宁的含量 ······ 159

实验十　电感耦合等离子体原子发射光谱仪主要性能检定 ······ 161

实验十一　电感耦合等离子体原子发射光谱法同时测定铜、铁、钙、锰和锌 ······ 165

实验十二　微波消解 ICP-AES 法检定当地土壤中的常见重金属含量 ······ 168

| | | |
|---|---|---|
| 实验十三 | 原子吸收光谱法测定自来水中钙、镁的含量 | 171 |
| 实验十四 | 原子吸收光谱法测定锌 | 173 |
| 实验十五 | 原子吸收光谱法测定铅 | 175 |
| 实验十六 | 薄荷醇的核磁共振碳谱（COM 谱与 DEPT 谱）的测绘 | 177 |
| 实验十七 | 核磁共振氢谱法定量测定乙酰乙酸乙酯互变异构体 | 179 |
| 实验十八 | 阿魏酸的核磁共振 $^1$H-NMR 和 $^{13}$C-NMR 波谱测定及解析 | 182 |
| 实验十九 | 正二十四烷的质谱分析 | 184 |
| 实验二十 | 聚合物和蛋白质的 MALDI 质谱分析 | 186 |
| 实验二十一 | 扑尔敏、阿司匹林固体试样的质谱测定 | 189 |
| 实验二十二 | 气相色谱柱有效理论塔板数的测定 | 192 |
| 实验二十三 | 气相色谱-火焰光度检测法测定有机磷农药残留 | 195 |
| 实验二十四 | 香水成分的毛细管气相色谱分析 | 198 |
| 实验二十五 | 高效液相色谱法测定阿司匹林的有效成分 | 200 |
| 实验二十六 | 高效液相色谱法测定家兔血浆中扑热息痛的含量 | 202 |
| 实验二十七 | 饮料中咖啡因的高效液相色谱分析 | 204 |
| 实验二十八 | 氟离子选择性电极测定水中微量 $F^-$ | 206 |
| 实验二十九 | 电位滴定法测定果汁中的可滴定酸 | 208 |
| 实验三十 | 直接电位法测定水溶液 pH | 210 |
| 实验三十一 | 电重量法测定溶液中铜和铅的含量 | 213 |
| 实验三十二 | 库仑滴定法测定维生素 C 含量 | 215 |
| 实验三十三 | 库仑滴定法测定砷的含量 | 217 |
| 实验三十四 | 循环伏安法测定铁氰化钾 | 219 |
| 实验三十五 | 循环伏安法研究乙酰氨基苯酚的氧化反应机理 | 222 |
| 实验三十六 | 植物油中生育酚的伏安行为及其含量测定 | 225 |
| 实验三十七 | X 射线单晶衍射分析实验 | 228 |
| 实验三十八 | X 射线粉末衍射法分析青霉素钠 | 230 |
| 实验三十九 | X 射线衍射仪测定淬火钢中残余奥氏体含量 | 232 |
| 实验四十 | 扫描电镜样品制备与分析 | 234 |
| 实验四十一 | 扫描电镜样品观察 | 236 |
| 实验四十二 | 扫描电镜观察中国南方早古生代页岩有机质 | 238 |
| 实验四十三 | 透射电镜样品制备与分析 | 240 |

实验四十四　透射电镜表征不同结构粉状纳米材料 …………………… 244
实验四十五　锦葵科植物花粉壁的透射电镜观察 ………………………… 246
实验四十六　GC-MS 检测白酒中邻苯二甲酸酯类物质的残留 ………… 248
实验四十七　气相色谱-质谱法分析食用油脂肪酸组成 ………………… 251
实验四十八　蜂蜜中抗生素残留的 HPLC-MS 分析测定 ……………… 253

**参考文献** ……………………………………………………………………… 256

# 上 篇

## 原理部分

第1章　紫外-可见吸收光谱法
第2章　红外光谱法
第3章　分子荧光光谱法
第4章　原子发射光谱法
第5章　原子吸收光谱法
第6章　核磁共振波谱法
第7章　质谱分析法
第8章　气相色谱法
第9章　高效液相色谱法
第10章　电位分析法
第11章　电解与库仑分析法
第12章　循环伏安分析法
第13章　X射线衍射分析法
第14章　扫描电子显微镜
第15章　透射电子显微镜
第16章　联用技术

# 第 1 章 紫外-可见吸收光谱法

紫外-可见吸收光谱法也称紫外-可见光谱法、紫外-可见分光光度法，是基于分子中的电子跃迁产生的吸收光谱进行分析测定的一种仪器分析方法，一般可测的波长范围为200～800nm，有的仪器可达到190～1000nm，其最重要的应用是对物质进行常量（>1%）、微量（0.01%～1%）和痕量（<0.01%）分析。

## 1.1 方法原理

紫外-可见吸收光谱是表示物质对光的吸收程度（吸光度 $A$）与光波长（$\lambda$）之间的关系的谱图。根据待分析样品的不同可将其分为有机化合物的紫外-可见吸收光谱和无机化合物的紫外-可见吸收光谱两大类。

图 1-1 是典型的紫外-可见吸收光谱图，亦称吸收曲线，以波长为横坐标、吸光度为纵坐标作图而成。吸收光谱呈现的特性常用以下术语表示。

① 吸收峰　曲线上呈极大值处。对应的波长称为最大吸收波长，以 $\lambda_{max}$ 表示。

② 谷　曲线上呈极小值处。对应的波长称为最小吸收波长，以 $\lambda_{min}$ 表示。

③ 肩峰　在吸收峰旁边存在的曲折。对应的波长以 $\lambda_{sh}$ 表示。

④ 末端吸收　在200nm附近，吸收曲线呈现强吸收却不呈峰形的部分。

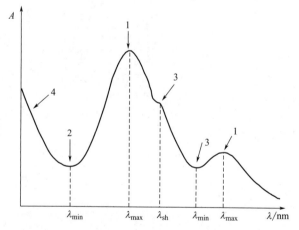

图 1-1　紫外-可见吸收光谱示意图
1—吸收峰；2—谷；3—肩峰；4—末端吸收

## 1.1.1 有机化合物的紫外-可见吸收光谱

依据分子轨道理论，有机化合物中存在着 σ→σ*、σ→π*、π→σ* 以及 n→σ* 和 n→π*、π→π* 电子跃迁形式，如图 1-2 所示。

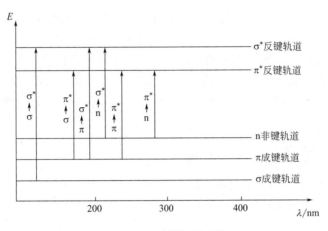

图 1-2　电子能级跃迁图

紫外-可见吸收光谱中分子的电子跃迁类型有 n→σ* 跃迁（$\lambda_{max} \leqslant 200nm$），n→π* 和 π→π* 跃迁（$\lambda_{max} > 200nm$），并与分子中官能团有关。不饱和基团，例如 C=C、C=O、—N=O 等，它们均含有 π 键，是可以吸收紫外、可见光的结构单元，叫生色团，可发生 n→π* 和 π→π* 跃迁。还有一些基团如—$NH_2$、—SH、—OH，本身没有生色作用，但能增强生色团的生色能力，称为助色团。化合物中的某些生色团常因引入某些基团使其 $\lambda_{max}$ 发生移动，向长波方向移动，叫红移；向短波方向移动，叫蓝移。溶剂极性变化也会影响生色团的生色能力，溶剂极性增大，π→π* 跃迁中 $\lambda_{max}$ 红移；而对于 n→π* 跃迁 $\lambda_{max}$ 蓝移。

吸收峰在紫外-可见光谱中波带位置称为吸收带，通常分为四种：E 吸收带、K 吸收带、B 吸收带、R 吸收带，其中 E 带又分为 $E_1$ 带和 $E_2$ 带。从低波长到高波长，分别是 $E_1$ 带、$E_2$ 带、K 带、B 带、R 带。

① E 带　是芳香族化合物 π→π* 跃迁产生，$E_1$ 带出现在约 183nm 处，$E_2$ 带出现在约 204nm 处。

② K 带　相当于共轭双键中 π→π* 跃迁引起的吸收带，吸收峰出现在 205nm 以上。

③ B 带　是芳香族（包括杂芳香族）化合物的特征吸收带。由苯等芳香族化合物的 π→π* 跃迁所引起的。吸收峰在 230～270nm，其中心在 256nm 附近。

④ R 带　是含杂原子的不饱和基团，如 C=O、—NO、—$NO_2$、—N=N— 等的 n→π* 跃迁引起的吸收带。吸收峰位于较长波长范围（250～500nm）内。

## 1.1.2 无机化合物的紫外-可见吸收光谱

**(1) 电荷转移吸收光谱**

一些同时具有电子给予体和电子接受体的无机化合物在外来辐射作用下，其电子由电子给予体 D（配位体）的轨道跃迁到电子接受体 A（中心离子）的相关轨道时产生的吸收光谱。例如，$Fe^{3+}$ 与 $SCN^-$ 的反应就属于此类反应，其电子转移过程如下：

$$D(电子给予体) + A(电子接受体) \xrightarrow{hv} D^+ + A^-$$

$$Fe^{3+} + SCN^- \xrightarrow{hv} Fe^{2+} + SCN$$

电荷转移吸收光谱的吸收强度大，它的摩尔吸收系数 $\varepsilon$ 一般超过 $10^4 L \cdot mol^{-1} \cdot cm^{-1}$。

**(2) 配位体场吸收光谱**

含有 d 或 f 轨道的金属离子与配位体形成的配合物中，配位体按一定的几何方向配位在金属离子周围时，在配位体的配位场作用下，使原来简并的 5 个 d 轨道或 7 个 f 轨道，分裂成几组能量不等的轨道，当轨道未充满时，它们的离子吸收光能后，电子由低能态的 d 轨道或 f 轨道跃迁到高能态的 d 轨道或 f 轨道，这样就形成配位体场吸收光谱。配位体场吸收光谱常位于可见光谱区，强度较弱，对定量分析应用不大，多应用于研究配合物结构及其键合理论。

### 1.1.3 朗伯-比尔定律（Lambert-Beer 定律）

紫外-可见光谱测定中的定量公式为朗伯-比尔定律，朗伯-比尔定律表示入射光通过溶液时，透射光与该溶液的浓度和厚度的关系。

朗伯-比尔定律表达为 
$$A = \lg \frac{I_0}{I} = \lg \frac{1}{T} = \varepsilon bc$$

式中，$A$ 为吸光度；$T$ 为透光率，%；$\varepsilon$ 为摩尔吸收系数，单位为 $L \cdot mol^{-1} \cdot cm^{-1}$，$\varepsilon$ 表示溶液对单色光吸收的能力，$\varepsilon$ 越大，表示测定的灵敏度越高；$b$ 为液层厚度，cm；$c$ 为溶液浓度，$mol \cdot L^{-1}$。

当 $c$ 采用质量单位 $g \cdot L^{-1}$，吸收定律表达为 $A = abc$，式中，$a$ 为吸光系数，单位为 $L \cdot g^{-1} \cdot cm^{-1}$。

朗伯-比尔定律是在单色光照射到理想稀溶液的条件下推导出来的。紫外-可见分光光度计单色光的纯度和溶液的非理想程度影响着朗伯-比尔定律的适用性。溶液的非理想程度是指溶液浓度变化产生的溶液中吸光物质的离解、缔合、溶剂化以及配合物生成等变化，改变了物质对光的吸收能力。而光根据光线不同分为以下几种光照情况：非单色光、杂散光、散射光、反射光及非平行光，此时将偏离朗伯-比尔定律。

对多组分吸收体系，假定体系中各组分无相互作用，则各组分的吸光度具有加和性，即：

$$A^\lambda = \sum_{i=1}^n A_i^\lambda$$

## 1.2 仪器结构与原理

紫外-可见分光光度计由光源、单色器、样品池、检测器以及记录和信号显示系统五部分组成。按其光学系统可分为单光束和双光束分光光度计、单波长和双波长分光光度计。

### 1.2.1 按光学系统分类

**(1) 单光束分光光度计**

单光束分光光度计是紫外-可见分光光度计的经典结构。经单色器分光后的一束平行光轮流通过参比溶液和样品溶液,进行吸光度的测定。它结构简单,操作方便,容易维修,适用于常规分析。

**(2) 双光束分光光度计**

光源发出的连续辐射经单色器分光后经反射器分解为强度相等的两束光,一束通过参比池,另一束通过样品池。它能自动比较两束光的强度,比值即为试样的透射比,经对数变换后转换成吸光度,并作为波长的函数记录下来。双光束分光光度计一般都能自动记录吸收光谱曲线。因两束光同时分别通过参比池和样品池,还可自动消除光源强度变化引起的误差。其中单波长双光束紫外-可见分光光度计最为常用,其结构具有典型代表性,见图1-3。

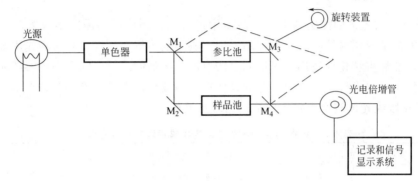

图1-3 单波长-双光束紫外-可见分光光度计的结构图
($M_1$、$M_2$、$M_3$、$M_4$ 均为反射镜)

**(3) 双波长分光光度计**

由同一光源发出的光被分为两束,分别经过两个单色器,得到两束不同波长的单色光,再利用斩光器使两束光以一定的频率交替照射同一吸收池,信号经检测器检测与处理后,由检测器检出两个波长处的吸光度差值 $\Delta A$ ($\Delta A = A_{\lambda_1} - A_{\lambda_2}$)。

### 1.2.2 仪器组成部分

**(1) 光源**

由钨灯和氘灯组成,在整个紫外和可见光谱区可以发射连续光谱,具有足够的辐射强度、较好的稳定性和较长的使用寿命。钨灯提供可见光区的光源,波长范围是400~2500nm。氘灯提供近紫外光区的光源,波长范围是160~475nm。

**(2) 单色器**

分光器由入射狭缝、反射镜、色散元件、出射狭缝等组成。其中色散元件是分光器的关键部件。常用的色散元件是棱镜和光栅。目前多数高级仪器采用光栅色散组件。

**(3) 样品池**

样品池又叫比色皿或液槽,根据材料分为玻璃比色皿和石英比色皿,前者用于可见光区,后者则用于可见光区和紫外光区。洗涤时先用一份盐酸和两份乙醇混合的溶液浸泡,再用水清洗。一般的样品池其固有的吸光度应小于0.005,否则要校正。

**(4) 检测器**

检测器利用光电效应将透过样品池的光信号变成可测的电信号,常用的检测器有光电池、光电管、光电倍增管和二极管阵列检测器等。

**(5) 信号指示系统**

信号指示系统是将检测器的电信号经适当放大后,用记录器显示和打印出来。现在大部分紫外-可见分光光度计都配有计算机，取代了原有的记录器显示打印，进一步利用相关软件对紫外-可见分光光度计进行操作控制，可以很方便地将信号处理、输出、显示、打印出来。

## 1.3 实验技术

### 1.3.1 样品的制备

紫外-可见吸收光谱的测定通常是在溶液中进行的。固体样品需转变成溶液，无机样品需用合适的酸溶解或用碱熔融，有机样品需用有机溶剂溶解或抽提。有时需先用湿法或干法将样品消化，然后再转化成适用于光谱测定的溶液。溶剂的选择，除要满足溶解能力强、挥发性小、毒性小等要求外，特别要注意的是要在被测波长范围内没有明显的吸收。表 1-1 给出了紫外-可见吸收光谱测定中常用的溶剂的截止波长。

表 1-1 紫外-可见吸收光谱测定中常用溶剂的截止波长

| 溶剂 | 波长/nm | 溶剂 | 波长/nm | 溶剂 | 波长/nm | 溶剂 | 波长/nm |
|---|---|---|---|---|---|---|---|
| 水 | 200 | 异丙醇 | 210 | 乙酸 | 250 | 苯 | 280 |
| 正己烷 | 200 | 环己烷 | 210 | 乙酸戊酯 | 250 | 石油醚 | 297 |
| 正庚烷 | 200 | 甘油 | 230 | 甲酸 | 255 | 吡啶 | 305 |
| 甲醇 | 210 | 氯仿 | 245 | 乙酸乙酯 | 255 | 丙酮 | 330 |
| 乙醇 | 210 | 二氯乙烷 | 245 | 四氯化碳 | 265 | 二甲基亚砜 | 265 |

注：截止波长即为紫外响应信号的终止波长。

### 1.3.2 测量条件的选择

**(1) 吸光度范围**

根据 Lambert-Beer 定律可以推导出当 $T=36.8\%$，或 $A=0.434$ 时，吸光度测量误差最小。一般选择 $A$ 测量范围为 $0.2\sim0.8$（$T\%$ 为 $65\%\sim15\%$），在此范围内，浓度测量相对误差较小。

**(2) 入射光波长**

入射光的波长一般选择 $\lambda_{max}$。这是因为在 $\lambda_{max}$ 处测量时灵敏度最高，由仪器单色性变化引起的测量误差小。当然在待测组分浓度较大、超出吸光度测量范围或者该波长下存在共存杂质干扰等因素时，也可以选择其他的波长进行测定。

**(3) 狭缝宽度**

有两种表示狭缝宽度的方法：一种是狭缝实际宽度（用 mm 表示），另一种是光谱带宽（用 nm 表示）。

狭缝宽度直接影响测定的灵敏度和工作曲线的线性范围。狭缝宽度小，杂散光小，但入射光较弱；狭缝宽度大，单色性差，工作曲线的线性范围窄。狭缝宽度的选择应该在保证吸光度不减小的前提下，尽量选择宽度较大的狭缝，一般选择试样吸收峰半宽 $W_{1/2}$ 的 1/10。

**(4) 溶液的酸度**

溶液的酸度直接影响被测组分存在的形式及数量，从而严重影响吸收峰的形状、位置和强度。在进行紫外-可见光谱测定中应严格控制被测溶液的 pH，一般可通过加入缓冲溶液来控制。强酸、强碱以及弱酸-弱碱盐等都可作为缓冲溶液。

**(5) 参比溶液**

通常采用以下三种参比溶液。

① 溶剂参比溶液　当待测组分溶液的组成较为简单，共存的组分在测定波长的光吸收很小时，可用溶剂作为参比溶液，这样可以消除溶剂、吸收池等因素的影响。

② 试剂参比溶液　如果显色剂或其他试剂在测定波长有吸收，用与显色反应相同的条件，但不加入试样，同样加入试剂和溶剂作为参比溶液。这种参比溶液可消除试剂中的组分产生吸收的影响。

③ 试样参比溶液　如果试样基体（除被测组分以外的）在测定波长处有吸收，而与显色剂不起显色反应时，可不加显色试剂但按与显色反应相同的条件处理试样，作为参比溶液。这种参比溶液适用于试样中有较多共存组分，加入的显色剂的量不大，且显色剂在测定波长处无吸收的情况。

**(6) 测定条件**

在建立紫外-可见分光光度方法时，应进行显色剂用量、溶液酸度、显色反应时间、温度等因素对该方法影响的条件实验，确定最佳值。

## 1.4 特点与应用

### 1.4.1 紫外-可见吸收光谱法的特点

紫外-可见吸收光谱法是根据分子对紫外和可见光谱区辐射能的吸收特性所建立起来的一种研究物质组成和结构的分析方法，具有应用范围广、灵敏度高、选择性好、准确度高、仪器成本低及操作简单等特点。

### 1.4.2 紫外-可见吸收光谱法的应用

紫外-可见吸收光谱法是结构分析、定性、定量分析的常用手段，同时还可以测定某些化合物的物理化学参数。

**(1) 紫外-可见吸收光谱在结构分析上的应用**

紫外-可见吸收光谱的吸收带与化合物的结构有关。共轭体系会产生很强的 K 吸收带，通过绘制吸收光谱，可以判断化合物是否存在共轭体系或共轭的程度。有机物的不少基团（生色团），如羰基、苯环、硝基、共轭体系等，都有其特征的紫外或可见吸收带。

Woodward 和 Fieser 在大量观测的基础上，提出了计算共轭体系和 $\alpha,\beta$-不饱和醛酮化合物的最大吸收波长经验规则，称为 Woodward-Fieser 规则。如表 1-2 所示，$\lambda_{max}=\lambda_{基}+\Sigma n_i \lambda_i$。

表 1-2　计算二烯烃或多烯烃的最大吸收位置

| 化合物 | $\lambda_{max}$/nm |
|---|---|
| 母体是异环的二烯烃或无环多烯烃类型 | 基数 217 |

续表

| 化合物 | $\lambda_{max}$/nm |
|---|---|
| 母体是同环的二烯烃或这种类型的多烯烃 | 基数 253 |
| 增加一个共轭双键 | 30 |
| 环外双键 | 5 |
| 每个烷基或环基取代基 | 5 |
| —O—乙酰基(—酰氧基) | 0 |
| —O—R | 6 |
| —S—R | 30 |
| —Cl、—Br | 5 |
| —NR$_2$ | 60 |
| 溶剂校正值 | 0 |

注：当两种情况的二烯烃体系同时存在时，选择波长较长的为其母体系统，即选用基数为253nm。

Woodward-Fieser 规则的详细内容，可以阅读有关参考书。

**(2) 紫外-可见吸收光谱在定性分析上的应用**

通过分析吸收谱图推测化合物的结构。吸收光谱的产生取决于化合物中的发色团和助色团。大多数化合物的紫外光谱带数目不多，而且谱宽较宽，不像红外光谱的特征区和指纹区能够表明一些结构。但紫外光谱带的波长范围、溶剂效应以及 pH 效应等，同样能提供一些信息。例如，样品溶液的吸收谱图随 pH 的变化而变化，那么就说明样品化合物含有酚或芳香胺的结构。将化合物吸收曲线与标准谱图对比，是有机化合物结构鉴定的一个重要的辅助手段。

**(3) 紫外-可见吸收光谱在定量测定上的应用**

① 标准对照法　在相同条件下，在 $\lambda_{max}$ 下平行测定试样和某一浓度 $c_s$（应与试液浓度接近）的标准溶液的吸光度 $A_x$ 和 $A_s$，则

$$标准溶液\quad A_s = kc_s$$
$$被测溶液\quad A_x = kc_x$$

将两者进行比较，由 $c_s$ 可计算试样溶液中被测物质的浓度 $c_x$，即

$$c_x = c_s A_x / A_s$$

因为此法只使用单个标准，引起误差的偶然因素较多，故结果不一定可靠。

② 标准曲线法　首先配制一系列浓度的标准溶液，以不含被测组分的空白溶液作为参比，在 $\lambda_{max}$ 处分别测定标准溶液的吸光度，绘制吸光度-浓度曲线（A-c 曲线），称为标准曲线（也叫校正曲线或工作曲线）。在完全相同条件下测定试样溶液的吸光度，从标准曲线上找出与之对应的浓度。这是实际工作中最常用的一种方法。

**应用示例**：紫外-可见吸收光谱法测定沉香中色酮类化合物的含量。

a. 标准曲线制作

配制浓度为 1mg·mL$^{-1}$、5mg·mL$^{-1}$、10 μg·mL$^{-1}$、25mg·mL$^{-1}$、40mg·mL$^{-1}$、50mg·mL$^{-1}$、80mg·mL$^{-1}$ 的色酮标准溶液，在 250nm 波长下测定其吸光度，绘制标准曲线，如图 1-4 所示。

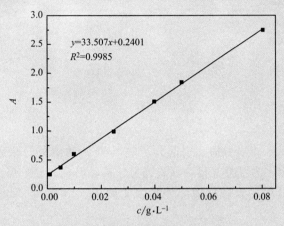

图 1-4　色酮类化合物标准曲线

b. 紫外-可见分光光度计测定

精确称取 1.000g 过 40 目筛的沉香药材粉末，用乙醇加热回流提取 2h，冷却至室温，过滤，浓缩，重复 2 次，得到沉香的乙醇提取物，将提取物配制成 0.1g·L$^{-1}$ 的待测溶液。在 250nm 处测吸光度，根据标准曲线，测定样品中色酮类化合物的含量。

# 第2章 红外光谱法

物质的分子吸收了红外辐射后，引起分子的振动-转动能级的跃迁而形成的光谱，因为出现在红外区，所以称之为红外光谱，又称为分子振动转动光谱，属分子吸收光谱。利用红外光谱进行定性定量分析的方法称为红外吸收光谱法（Infrared Absorption Spectrometry, IR），简称红外光谱法。

一般红外吸收光谱图的横坐标有波长（$\lambda$）和波数（$\sigma$）两种标度。波数是波长的倒数，单位是 $cm^{-1}$，表示每厘米长度的光波数。红外光谱中波长以 $\mu m$ 为单位，波数与波长的关系为 $\sigma(cm^{-1}) = \dfrac{10^4}{\lambda}(\mu m)$。以透光率 $T(\%)$ 为纵坐标，以波数 $\sigma$ 为横坐标绘制得到的苯甲酸乙酯的红外标准谱图如图 2-1 所示。

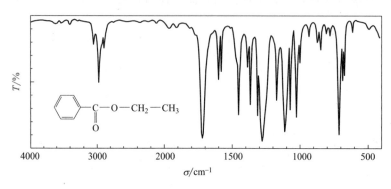

图 2-1 苯甲酸乙酯的红外标准谱图

红外光谱区是指波长 $400 \sim 4000 cm^{-1}$ 的电磁波辐射区，根据实验技术和应用的不同，可将红外区划分为近红外光区、中红外光区和远红外光区。其中中红外光区是研究和应用最多的区域，一般说的红外光谱就是指中红外光区的红外光谱。

## 2.1 方法原理

红外光谱是一种分子吸收光谱。当样品受到频率连续变化的红外光照射时，分子吸收了某些频率的辐射，产生分子振动和转动能级从基态到激发态的跃迁，使相应于这些吸收区域的透射光强度减弱。当满足以下两个条件时，物质分子会产生红外吸收光谱：①辐射光子具有的能量与发生振动跃迁所需的能量相匹配；②辐射与物质分子之间有耦合作用，即分子振动必须伴随偶极矩的变化。

记录 $T$-$\sigma$ 关系的曲线，得到红外光谱。根据红外光谱上分子的特征吸收可以鉴定化合物和分子结构，进行定性和定量分析。

### 2.1.1 分子振动方式

**(1) 双原子分子的振动**

双原子分子间的伸缩振动，即两原子之间距离（键长）的改变，可以近似地看作简谐振动，振动模型如图 2-2 所示。

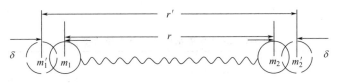

图 2-2 双原子分子的振动示意图

根据经典力学胡克定律（Hooke law），把双原子分子的振动形式用两个刚性小球的弹簧振动来模拟，弹簧的长度 $r$ 就是分子化学键的长度。该体系的基本振动频率的计算公式为：

$$v = \frac{1}{2\pi c}\sqrt{\frac{K}{u}}$$

式中，$v$ 为频率，Hz；$c$ 为光速；$K$ 为化学键力常数；$u$ 为折合质量，g，其计算公式为：

$$u = \frac{m_1 m_2}{m_1 + m_2}$$

**(2) 多原子分子的振动**

对于多原子分子，由于一个原子可能同时与几个其他原子形成化学键，不易直观地加以解释，但可以把它的振动分解为许多简单的基本振动，即简正振动。一般将振动形式分成两类：伸缩振动和变形振动。

① 伸缩振动（$v_s$，$v_{as}$）。原子沿键轴方向伸缩，键长发生变化而键角不变的振动称为伸缩振动。它又分为对称伸缩振动（$v_s$）和不对称伸缩振动（$v_{as}$）。

② 变形振动（又称弯曲振动或变角振动，用符号 $\delta$ 表示）。基团键角发生周期变化而键长不变的振动称为变形振动。变形振动又分为面内变形振动和面外变形振动。

下面以水分子的振动为例加以说明：水分子是非线型分子，振动自由度：$3\times3-6=3$ 个，有 3 种振动形式，分别为不对称伸缩振动、对称伸缩振动和变形振动。这三种振动皆有偶极矩的变化，表现为红外活性，如图 2-3 所示。

### 2.1.2 特征吸收

红外光谱中 $4000\sim1250\text{cm}^{-1}$ 的区域称为基团特征频率区。其特点是：吸收峰的数目少，有鲜明特征，易鉴别，可用于鉴定官能团（包括含 H 原子的单键，各种叁键、双键伸缩基频峰，部分含 H 单键面内弯曲基频峰）。

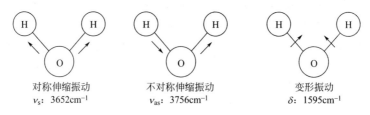

图 2-3　水分子的振动模式

红外光谱中 1250～650cm$^{-1}$ 区域常称作指纹区。由于各种单键的伸缩振动、含氢基团的弯曲振动以及它们之间发生的振动耦合大部分出现在这一区域，使该区域吸收带变得很复杂，许多谱峰无法归属。化合物结构上的微小差异也许并不影响基团特征频率区的谱峰，但会使指纹区的谱峰产生明显差别，犹如人的指纹因人而异一样。通常将指纹区划分为九个区段，见表 2-1。

表 2-1　红外光谱指纹区的九个重要区段

| $\sigma/\mathrm{cm}^{-1}$ | 振动形式 | $\sigma/\mathrm{cm}^{-1}$ | 振动形式 |
| --- | --- | --- | --- |
| 3750～3000 | $\nu_{OH}$、$\nu_{NH}$ | 1675～1600 | $\nu_{C=C}$、$\nu_{C=N}$ |
| 3300～3000 | $\nu_{\equiv CH} > \nu_{=CH} \approx \nu_{Ar-H}$ | 1475～1300 | $\beta_{CH}$、$\beta_{OH}$（各种面内弯曲振动） |
| 3000～2700 | $\nu_{CH}$（—$CH_3$，—$CH_2$ 及 $CH$，—$CHO$） | 1300～1000 | $\nu_{C-O}$（酚、醇、醚、酯、羧酸） |
| 2400～2100 | $\nu_{C\equiv C}$、$\nu_{C\equiv N}$ | 1000～650 | $\gamma_{=CH}$（不饱和碳氢面外弯曲振动） |
| 1900～1650 | $\nu_{C=O}$（酸酐、酰氯、酯、醛、酮、羧酸、酰胺） | | |

## 2.2　仪器结构与原理

目前红外光谱仪主要有两种，即色散型红外光谱仪和傅里叶变换（Fuorier）红外光谱仪。

### 2.2.1　色散型红外光谱仪

色散型红外光谱仪的基本结构和工作原理如图 2-4 所示。

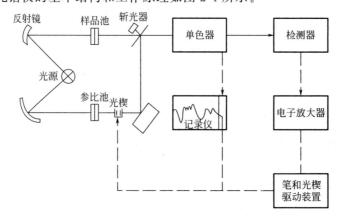

图 2-4　色散型红外光谱仪工作原理示意图

① 光源　红外光谱仪中所用的光源通常是一种惰性固体，通电加热使之发射出高强度的连续红外辐射。通常用的是 Nernst 灯或硅碳棒。

② 吸收池　红外吸收池要用可透过红外光的 NaCl、KBr、CsI、KRS-5（TiI58%、TiBr42%）等晶体材料制成窗片。

③ 单色器　单色器由色散元件、准直镜和狭缝构成，与紫外不同的是单色器在吸收池之后。

④ 检测器　常用的红外检测器有高真空热电偶、热释电检测器和碲镉汞检测器。

### 2.2.2　傅里叶变换红外光谱仪

傅里叶变换红外光谱仪主要由光源（硅碳棒、高压汞灯）、Michelson 干涉仪、检测器、计算机和记录仪组成，如图 2-5 所示。核心部分为 Michelson 干涉仪。光源发出的红外辐射，经干涉仪调制后得到一束干涉光。干涉光通过样品后成为带有样品信息的干涉图，到达检测器。但这种干涉信号难以进行光谱解析，将它通过模数转换器（A/D）输入计算机系统进行傅里叶变换的快速计算，干涉图经数字/模拟转换得到普通的红外光谱图。它与色散型红外光谱仪相比，具有扫描速度快、信噪比高、灵敏度高的特点。

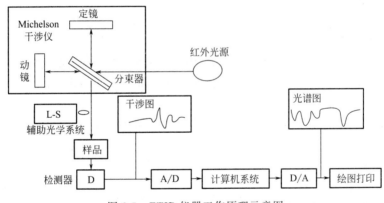

图 2-5　FTIR 仪器工作原理示意图

其核心 Michelson 干涉仪的工作原理如下：由光源发出的光被分束器分裂成两束光，并分别被动镜和固定镜反射到达样品。当动镜连续移动时，可连续改变两束光的光程差，直至两束光发生干涉，产生干涉条纹。当多种频率的光进入干涉仪后叠加，便可以产生所有光谱信息的干涉图。

测试样品时，由于样品对某些频率的红外光产生吸收，使检测器接收到的干涉光强度发生变化，从而得到各种不同样品的干涉图。红外光是复合光，检测器接收的信号是所有频率的干涉图的加合，如图 2-6 所示。最后在计算机控制的终端打印出与经典红外光谱仪同样的光强随频率变化的红外吸收光谱图（简称红外谱图）。

傅里叶变换红外光谱仪的特点是同时测定所有频率的信息，得到光强随时间变化的谱图，称时域图。这样可以大大缩短扫描时间，同时由于不采用传统的色散元件，提高了测量的灵敏度和测定的频率范围，分辨率和波数精度较好。

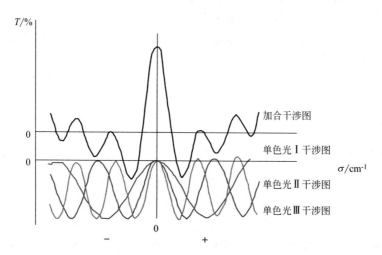

图 2-6　三个单色光干涉图及其加合干涉图

## 2.3　实验技术

**(1) 对试样的要求**

① 试样应该是单一组分的纯物质，纯度应大于 98%，便于与纯化合物的标准进行对照。

② 试样中不含游离水。水本身有红外吸收，会严重干扰样品谱，而且还会侵蚀吸收池的盐窗。

③ 试样的浓度和测试厚度选择适当，以使光谱图中的大多数吸收峰的透射比处于 10%~80% 范围内。

**(2) 制样方法**

① 液体样品的制备

a. 液膜法　对沸点较高的液体，将样品直接滴在两块盐片之间，形成没有气泡的毛细厚度液膜，然后用夹具固定，放入仪器光路中进行测试。

b. 液体吸收池法　对于低沸点液体样品和定量分析，用固定密封液体池。制样时液体池倾斜放置，样品从下口注入，直至液体被充满为止，用聚四氟乙烯塞子依次堵塞池的入口和出口，进行测试。

② 固体样品的制备

a. 压片法　将 1~2mg 固体试样与 200mg 纯 KBr 研细混合，研磨到粒度小于 2μm，在油压机上压成透明薄片，即可用于测定。

b. 糊状法　研细的固体粉末和石蜡油调成糊状，涂在两盐窗上，进行测试。此法可消除水峰的干扰。液体石蜡本身有红外吸收，此法不能用来研究饱和烷烃的红外吸收。

③ 气态样品的制备　气态样品一般都灌注于气体池内进行测试。

④ 特殊样品的制备——薄膜法

a. 熔融法　对熔点低，在熔融时不发生分解、升华及其他化学变化的物质，用熔融法制备。可将样品直接用红外灯或电吹风加热熔融后涂制成膜。

b. 热压成膜法　对于某些聚合物,可把它们放在两块具有抛光面的金属块间加热,样品熔融后立即用油压机加压,冷却后揭下薄膜夹在夹具中直接测试。

c. 溶液制膜法　将试样溶解在低沸点的易挥发溶剂中,涂在盐片上,待溶剂挥发成膜后来测定。如果溶剂和样品不溶于水,使它们在水面上成膜也是可行的。比水重的溶剂在汞表面成膜。

## 2.4　特点与应用

红外光谱在物质的定性分析中应用较为广泛,它操作简便、分析速度快、样品用量少且不破坏样品,能提供丰富的结构信息,红外光谱法往往是对物质进行定性分析时优先考虑的手段。对有机化合物的红外光谱进行解析,首先进行不饱和度计算,然后根据原理中提到的官能团区和指纹区可对图谱信息进行定性分析。

不饱和度 $\Omega$ 的计算公式为:$\Omega = 1 + n_4 + \dfrac{1}{2}(n_3 - n_1)$

式中,$n_1$、$n_3$ 和 $n_4$ 分别为分子中一价、三价和四价原子数目。

不饱和度与结构的规律为:若 $\Omega = 0$,表示分子是饱和的,为链状烃及其不含双键的衍生物;若 $\Omega = 1$,表示分子含有双键或饱和环状结构;$\Omega = 2$,表示分子中可能含有叁键或 2 个双键;若 $\Omega = 4$,表示分子中可能含有苯环;若 $\Omega = 5$,则可能含苯环及双键等。

一般解析红外谱图时,遵循"四先""四后""相关"法。(先特征区,后指纹区;先最强峰,后次强峰;先粗查,后肯定;抓住一组相关峰,避免孤立解析;对照验证。)

**应用示例**:亚麻籽油红外光谱。

测定结果如图 2-7 所示。

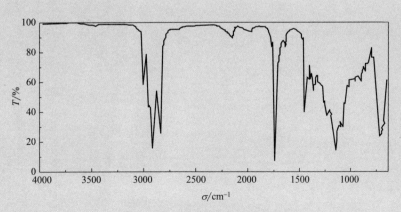

图 2-7　亚麻籽油红外光谱图

图中吸收峰信息如表 2-2 所示:

表 2-2 亚麻籽油红外吸收光谱图吸收峰

| 波数/cm$^{-1}$ | 官能团 | 振动类型 | 备注 |
| --- | --- | --- | --- |
| 3010 | CH | 伸缩振动 | =C—H |
| 2924 | CH | 反对称伸缩振动 | —CH$_2$ |
| 2854 | CH | 对称伸缩振动 | —CH$_2$ |
| 1744 | C=O | 伸缩振动 | 酯基 C=O |
| 1654 | C=C | 伸缩振动 | —CH=CH— |
| 1462 | CH | 剪式振动 | —CH$_2$ |
| 1377 | CH | 对称变角振动 | —CH$_3$ |
| 1237 | CH | 面外弯曲振动 | —CH$_2$ |
| 1160 | C—O | 伸缩振动 | 酯基 C—O |
| 721 | CH | 平面摇摆振动 | —CH$_2$ |

为了从红外谱图中获取正确的信息和合理的解释，尚需注意以下几点。

① 应了解样品的来源、用途、制备方法、分离方法、理化性质、元素组成，以及其他光谱分析数据如 UV、NMR、MS 等有助于对样品结构进行归属和辨认的信息。

② 注意红外谱图中的峰位、强度和峰形三个要素，吸收峰的波数和强度都在一定范围时，才可推断某些基团的存在。

③ 在谱图解析时还应注意同一基团出现几个吸收峰之间的相关性。例如，醇羟基吸收峰应在 3300cm$^{-1}$ 附近和 1050~1150cm$^{-1}$ 附近同时出现吸收峰。

④ 对化合物结构的最终判定必须借助于标准样品或标准谱图。Sadtler 谱图库收集达 20 余万张标准化合物的红外谱图。亦可用计算机网络检索。

# 第3章 分子荧光光谱法

物质吸收光子能量被激发后，从激发态的最低振动能级返回到基态时所发射出的光称为荧光（Fluorescence）。根据物质的荧光谱线位置（波长）和强度进行物质鉴定和物质含量测定的方法称为荧光分析法（Fluorometry），也称荧光分光光度法。

## 3.1 方法原理

### 3.1.1 荧光的产生

所有电子自旋都配对的分子的电子态，称为单重态（Singlet State），用 S 表示。分子中电子对的电子自旋平行的电子态称为三重态（Triplet State），用 T 表示。

基态分子吸收了特定频率辐射能量后，由基态（$S_0$）跃迁至第一、第二激发单重态（$S_1$，$S_2$）的任一振动能级，处于激发态的分子，通过无辐射跃迁的形式放出部分能量（转化为分子的振动能或转动能等）回至 $S_1$ 态的最低振动能级，然后再以辐射跃迁的形式放出能量，回至 $S_0$ 态的各振动能级，该过程就产生了荧光（$S_1 \rightarrow S_0$）；当 $S_1$ 态与激发三重态（$T_1$）之间发生振动耦合，以无辐射跃迁的形式回至 $T_1$ 态，并经 $T_1$ 态的最低振动能级回至 $S_0$ 态的各振动能级，则产生磷光（$T_1 \rightarrow S_0$），如图 3-1 所示。

振动弛豫（VR）是在分子的同一电子能级中，分子由高振动能级向该电子态的最低振动能级的非辐射跃迁。振动弛豫过程的速率极大，在 $10^{-14} \sim 10^{-12}$ s 内即可完成。$V=0$ 表示基态的最低振动能级。内转化（ic）是相同多重态的两个电子态之间（$S_2 \rightarrow S_1$，$S_1 \rightarrow S_0$）的非辐射跃迁。体系间窜跃（isc）是指不同多重态的两个电子态间的非辐射跃迁。

### 3.1.2 荧光激发光谱

荧光激发光谱是指不同激发波长的辐射引起物质发射某一波长荧光的相对效率。是通过固定荧光发射波长，扫描荧光激发波长，以荧光强度（$F$）为纵坐标，激发波长（$\lambda_{ex}$）为横坐标，所绘制得到的曲线。

### 3.1.3 荧光发射光谱

荧光发射光谱通常称为荧光光谱（Fluorescence Spectrum），表示在所发射的荧光中各

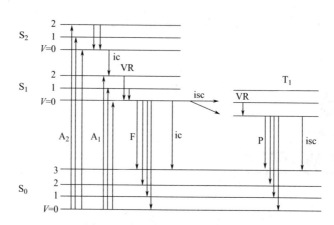

图 3-1　分子内的激发和衰变过程

$A_1$、$A_2$—吸收；F—荧光；P—磷光；VR—振动弛豫；ic—内转化；isc—体系间窜越

种波长组分的相对强度，是通过固定荧光激发波长，扫描荧光发射波长，以荧光强度（$F$）为纵坐标，发射波长（$\lambda_{em}$）为横坐标，所绘制得到的曲线。

图 3-2 是萘的荧光激发光谱和荧光发射光谱，其激发光谱有 2 个峰，而发射光谱仅一个峰。

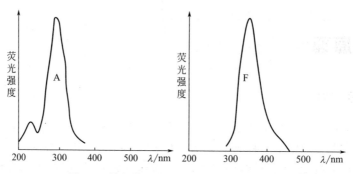

图 3-2　萘的荧光激发光谱及荧光发射光谱

A—激发光谱；F—发射光谱

但是荧光发射光谱的形状与激发波长无关。这是因为荧光分子发射荧光只是从第一电子激发态的最低振动能级开始，在其他激发态振动不发射荧光。

荧光发射光谱的形状与荧光激发光谱极为相似，且呈镜像对称关系。这是由于基态分子中能级的分布和第一电子激发态中最低振动能级的分布情况类似。如图 3-3 是蒽的激发光谱和发射光谱。

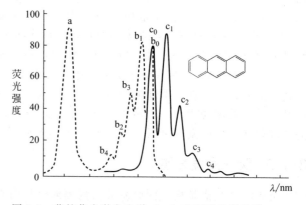

图 3-3　蒽的荧光激发光谱（---）和荧光发射光谱（—）

### 3.1.4　荧光强度与浓度的关系

荧光是物质在吸光之后所发射的辐射，溶液的荧光强度（$I_f$）与该溶液吸收的光强度（$I_a$）以及该物质的荧光量子产率（$Y_f$）有关，即：

$$I_f = Y_f I_a$$

而吸收的光强度等于入射的光强度（$I_0$）减去透射的光强度（$I_t$），于是有：

$$I_f = Y_f(I_0 - I_t) = Y_f I_0\left(1 - \frac{I_t}{I_0}\right)$$

由朗伯-比尔（Lambert-Beer）定律可知：

$$\frac{I_t}{I_0} = 10^{-abc}$$

代入得：

$$I_f = Y_f I_0(1 - 10^{-abc}) = Y_f I_0(1 - e^{-2.303abc})$$

由 $e^x = 1 + x - \dfrac{x^2}{2!} - \dfrac{x^3}{3!} - \cdots$ 得

$$e^{-2.303abc} = 1 - 2.303abc - \frac{(-2.303abc)^2}{2!} - \frac{(-2.303abc)^3}{3!} - \cdots$$

当 $abc$ 非常小（$\ll 0.05$）时，则 $e^{-2.303abc} = 1 - 2.303abc$，所以

$$I_f = 2.303 Y_f I_0 abc$$

当用摩尔吸光系数 $\varepsilon$ 代替 $a$ 时，得：

$$I_f = 2.303 Y_f I_0 \varepsilon bc$$

由上述可知，某种荧光物质在一定频率及强度的激发光照射下，只有当溶液的浓度足够小，对激发光的吸光度很低时，所测得溶液的荧光强度才与该物质的浓度成正比。若浓度较高，荧光强度与浓度之间的线性关系将发生偏离，有时甚至随溶液浓度的增大而降低。

利用低浓度下荧光物质的荧光强度与浓度成正比的特点，可对物质进行定量测定。

## 3.2 仪器结构与原理

荧光分光光度计主要由光源、激发单色器（第一单色器）、样品池、发射单色器（第二单色器）、检测器和信号记录与显示系统等组成，其基本结构如图3-4所示。

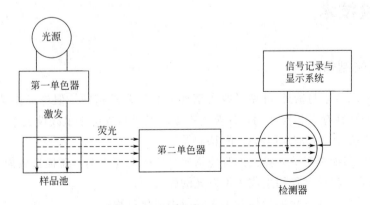

图 3-4 荧光分析仪器结构示意图

由光源发出的光经第一单色器分光后入射到样品池上，产生的荧光经第二单色器分光后进入检测器，检测器把荧光强度信号转化成电信号并经过放大器放大后，经信号记录与显示

系统输出信号。通常在激发单色器与样品池之间及样品池与发射单色器之间还装有各种滤光片，为了消除或减小 Rayleigh 散射光及拉曼散射等因素的影响。在更高级的荧光仪器中，激发和发射装置之间安装偏振片以备荧光偏振测量时选用。

### 3.2.1 光源

荧光物质的荧光强度与激发光的强度成正比，作为一种理想的激发光源应具备：① 足够的强度；② 在所需光谱范围内有连续的光谱；③ 其强度与波长无关；④ 光强要稳定。

常见的光源有氙灯和高压汞灯。也有荧光光谱仪使用脉冲氙灯，氙灯需要优质电源，以保持氙灯的稳定性和延长其使用寿命。此外，激光器也可用作激发光源，它可提高荧光测量的灵敏度。

### 3.2.2 单色器

荧光分光光度计的单色器通常有光栅和棱镜两种，用得最多的是光栅单色器。

### 3.2.3 样品池

荧光用的样品池必须用弱荧光的材料制成，因光源发出的光和比色皿之间是 90°的关系，通常用四面透光的石英，形状以方形和长方形为宜。

### 3.2.4 检测器

荧光的强度一般较弱，所以要求用于荧光的检测器具有较高的灵敏度。现代荧光光谱仪中普遍使用光电倍增管作为检测器，新一代荧光光谱仪中使用了电荷耦合器件检测器，可一次获得荧光二次光谱。

### 3.2.5 信号记录和显示系统

现在大部分荧光分光光度计都配有计算机，可利用相关软件，通过计算机对操作进行控制，也可对数据进行相关处理。

## 3.3 实验技术

### 3.3.1 样品的制备

样品制备要求基本与紫外-可见吸收光谱样品制备要求相同。但样品中荧光物质、溶剂和溶质分子之间往往存在相互作用，使荧光强度降低或与浓度不呈线性关系。上述现象称为荧光猝灭。发生荧光猝灭的原因有以下几点。

① 荧光物质与能引起荧光猝灭的其他物质（即荧光猝灭剂）碰撞造成能量损失；
② 荧光物质与猝灭剂作用生成了不发光的配合物；
③ 荧光物质中加入溴化碘后易发生无辐射去活化过程；
④ 荧光物质发生自吸收或聚合；
⑤ 溶解氧引发的氧化或促进无辐射去活化过程。

溶剂对样品中荧光物质的荧光强度影响表现为：溶剂极性增大使荧光波长向高波长方向移

动，强度增强；溶剂黏度减小，分子间碰撞机会增加，无辐射跃迁机会增加，导致荧光减弱；溶剂与荧光物质形成化合物或溶剂改变荧光物质的电离状态。每种荧光物质都有适合的pH范围。

### 3.3.2 荧光分析新技术

在实验中，除了前面讲到的荧光光谱技术，还包括时间分辨发光光谱技术、同步扫描技术、三维荧光、固体表面荧光测定等新技术。

**(1) 时间分辨发光光谱技术**

时间分辨发光光谱技术是基于不同发光体的发光衰减速率的不同，配置带时间延迟设备的脉冲光源和带有门控时间电路的检测器件，通过选择延迟时间 $t_d$ 和门控时间 $t_g$，对发射单色器进行扫描，得到时间分辨发射光谱，从而实现对光谱重叠但发光寿命不同的组分的分辨和分别测定。也可以固定激发波长与发射波长，对门控时间进行扫描，得到发光强度随时间的衰减曲线，从而实现发光寿命的测量。

**(2) 同步扫描技术**

根据激发和发射单色器在扫描过程中彼此间所保持的关系，同步扫描技术可分为固定波长差、固定能量差和可变角（可变波长）同步扫描。同步扫描技术具有光谱简化、谱线窄化、分辨率提高、光谱重叠减少、选择性提高、散射光影响减少等诸多优点。

同步荧光光谱分析法是提高分析选择性、解决多组分荧光物质同时测定的良好手段之一。

**(3) 三维荧光**

普通荧光分析所测得的光谱是二维谱图，包括固定激发波长、扫描发射波长所获得的发射光谱，及固定发射波长、扫描激发波长所获得的激发光谱。但是，实际上荧光强度应是激发波长和发射波长这两个波长变量的函数。描述荧光强度随激发波长、发射波长变化的关系图谱，即为三维荧光光谱。

由于三维荧光光谱反映了发光强度随激发波长和发射波长变化的情况，因而能提供比常规荧光光谱和同步荧光光谱更完整的光谱信息，可作为一种很有价值的光谱指纹技术。

**(4) 固体表面荧光测定**

固体表面荧光测定有两种方法：一种是直接测定固体物质表面的荧光；另一种是将待测组分吸附在固体物质表面，然后进行荧光测定。采用的固体物质品种众多，有硅胶、氧化铝、滤纸、硅酮橡胶、乙酸钠、溴化钾、纤维素等。

固体表面荧光测定常与薄层色谱法或高效薄层色谱法联合使用。样品点滴在薄层色谱板上，经分离后对各个组分进行荧光强度的测定以及荧光发射光谱和荧光激发光谱的测绘。用样品的荧光强度和标准物质的荧光强度对比可以进行定量分析。

## 3.4 特点与应用

### 3.4.1 特点

荧光分析法是根据物质的荧光光谱进行定性，根据荧光强度进行定量的一种分析方法。荧光分析法具有灵敏度高、选择性好、工作曲线线性范围宽，且能够提供激发光谱、发射光谱、发光强度、发光寿命、量子产率、荧光偏振等诸多信息等特点。

### 3.4.2 应用

荧光分析法主要用于分子的定性和定量分析，由于自身能够产生强荧光的物质比较少，荧光分析法的应用不如紫外-可见分光光度法广泛。但由于它的高灵敏度以及许多生物物质都具有荧光性质，所以该方法在环境、生物化学分析、生理医学研究、临床和药物分析领域具有重要意义。

**（1）无机化合物的荧光分析**

在紫外线或可见光照射下会直接产生荧光的无机化合物很少，所以能直接应用无机化合物自身的荧光进行测定的物质很少。但许多无机化合物能与有机试剂发生作用，生成配合物。在辐射光的作用下，这些配合物能发出不同波长的荧光，由其荧光强度的变化可测定元素的含量。目前可采用与有机试剂作用进行荧光分析的元素已有70余种。

**（2）有机化合物的荧光分析**

芳香族有机化合物因具有共轭不饱和体系，易于吸光，其中分子庞大而结构复杂的芳香族有机化合物多数能产生荧光，可以直接用荧光法测定。有时为了提高测定方法的灵敏度和选择性，常使弱荧光性的芳香族有机化合物与某种有机试剂作用使其生成强荧光的产物，然后再进行测定。对于具有致癌活性的多环芳烃，荧光分析法已成为最主要的测定方法。

对于自身不产生荧光的有机化合物（如脂肪族化合物，醇、醛和酮类，酸类，糖类等），其荧光分析主要依赖它们与某种有机试剂的反应，可用于定性和定量分析。

**应用示例**：分子荧光光谱法测定食品接触材料中荧光增白剂。

荧光增白剂是一种在纸制品、塑料制品、洗涤制品等中应用广泛的化学物质。荧光增白剂的不合理使用会对人体健康造成危害。通过分子荧光光谱法既可对荧光增白剂进行定性分析，也可对其进行定量分析。

F-7000 型分子荧光光度计，设定仪器分析条件为激发光狭缝（EX slit）5nm，发射光狭缝（EX slit）5nm，光电倍增管检测器电压（PMT Voltage）400 V。

选用一较低的激发波长，发射波长在 350～600nm 范围内进行扫描，可获取不同荧光增白剂的最大发射波长，在最大发射波长条件下，设定激发波长 200～400nm 范围进行扫描，可获取不同荧光增白剂的最大激发波长。单独采用最大激发波长或最大发射波长不能很好地对一些荧光增白剂进行定性鉴别，但是利用最大激发波长和最大发射波长组合，大大提高了定性鉴别性能。如图 3-5 和图 3-6 所示，分别为 BA、VBL、CXT 三种荧光增白剂的最大发射波长和最大激发波长图。图 3-7 为 BA、VBL、CXT 三种荧光增白剂的标准曲线。

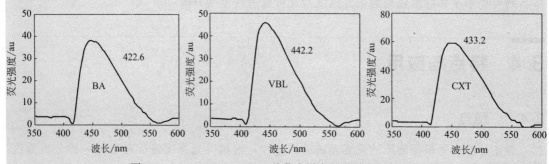

图 3-5　BA、VBL、CXT 三种荧光增白剂的最大发射波长

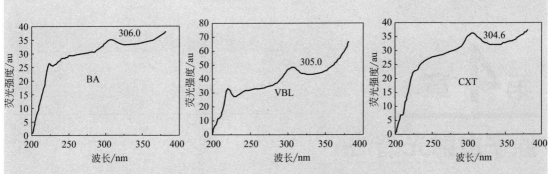

图 3-6 BA、VBL、CXT 三种荧光增白剂的最大激发波长

另外，可选取 305nm 为激发波长，442nm 为发射波长，对 BA、VBL、CXT 三种荧光增白剂进行定量分析，标准曲线如图 3-7 所示。

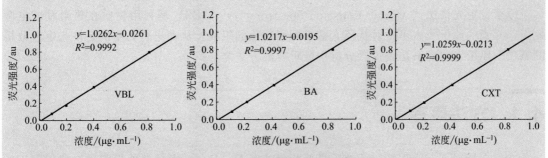

图 3-7 VBL、BA、CXT 三种荧光增白剂的标准曲线

# 第4章 原子发射光谱法

原子发射光谱法（Atomic Emission Spectrometry，AES）是利用物质在热激发或电激发下，元素的原子或离子发射特征光谱来判断物质的组成，从而进行元素的定性与定量分析的方法。原子发射光谱法是仪器分析中最重要的方法之一。

## 4.1 方法原理

在通常情况下，物质的原子处于最低能量的基态（$E_0$），当受到外界能量（热能等）的作用时，核外电子跃迁至较高的能级（$E_n$），即处于激发态。激发态的原子十分不稳定，其寿命约为 $10^{-8}$ s。当原子从高能级跃迁至低能级或基态时，多余的能量以辐射的形式释放出来，形成一条谱线，其能量与波长之间的关系为：

$$\lambda = \frac{hc}{E_2 - E_1} = \frac{hc}{\Delta E}$$

式中，$E_2$、$E_1$ 分别为高能级与低能级的能量；$\lambda$ 为波长；$h$ 为 Planck 常量，$6.626 \times 10^{-24}$ J·s；$c$ 为光速。

当外加的能量足够大时，可以将原子中的外层电子从基态激发至无限远，使原子成为离子，这种过程称为电离。当外加能量更大时，原子可以失去两个或三个外层电子成为二级离子或三级离子。离子的外层电子受激发后产生的跃迁形成离子光谱。原子光谱和离子光谱都是线状光谱。同种元素的原子和离子所产生的原子线和离子线都是该元素的特征光谱，习惯上统称为原子光谱。

原子发射光谱法包括以下三个主要的过程。

① 由光源提供能量使样品蒸发，形成气态原子，并进一步使气态原子激发而产生光辐射。
② 将光源发出的复合光经单色器分解成按波长顺序排列的谱线，形成光谱。
③ 用检测器检测光谱中谱线的波长和强度。

## 4.2 仪器结构与原理

原子发射光谱仪主要由激发光源、分光系统（单色器）、检测器和数据处理系统等组成，见图 4-1。

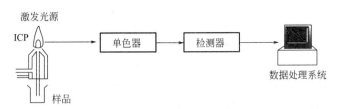

图 4-1 原子发射光谱仪基本结构

### 4.2.1 激发光源

激发光源的基本功能是提供试样中被测元素原子化和原子激发发光所需要的能量。对激发光源的要求是：灵敏度高、稳定性好、光谱背景小、结构简单、操作安全。常用的激发光源有电弧光源、电火花光源、电感耦合等离子体光源（即 ICP 光源）等。下面对几种光源进行比较，见表 4-1。

表 4-1 几种光源的比较

| 激发光源 | 蒸发温度 | 激发温度/K | 放电稳定性 | 应用范围 |
|---|---|---|---|---|
| 直流电弧 | 高 | 4000～7000 | 稍差 | 定性分析,矿物、纯物质、难挥发元素的定量分析 |
| 交流电弧 | 中 | 4000～7000 | 较好 | 试样中低含量组分的定量分析 |
| 高压电火花 | 低 | 瞬间 10000 | 好 | 金属与合金、难挥发元素的定量分析 |
| 电感耦合等离子体 | 很高 | 6000～8000 | 很好 | 溶液的定量分析 |

从表 4-1 我们可以看出：直流电弧电极头温度高，蒸发能力强，绝对灵敏度高，但电弧不稳定、易漂移，因此重现性较差，适合做定性分析。交流电弧蒸发温度比直流电弧低，分析的灵敏度低，但放电稳定性好，适合做定量分析。高压电火花蒸发温度最低，但是瞬间的激发温度最高，适合做难激发元素的定量分析。ICP 光源的性能是最好的，是目前发射光谱分析最常用的光源，而交流电弧、直流电弧，高压电火花各有其优缺点，分析范围受到限制，已逐渐减少使用。本书重点介绍电感耦合等离子体光源。

电感耦合等离子体原子发射光谱法（Inductively Coupled Plasma Atomic Emission Spectrometry，ICP-AES），也有人把它称为电感耦合等离子体光学发射光谱法（Inductively Coupled Plasma Optical Emission Spectrometry，简称 ICP-OES）。ICP-AES 分析装置如图 4-2 所示，它主要由高频发生器、氩气源、等离子体发生器、进样装置（包括雾化器等）、光谱仪及计算机信息处理部分组成。

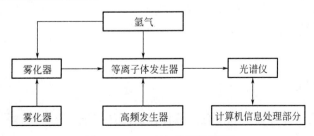

图 4-2 ICP-AES 分析装置图

在 ICP-AES 中，试液被雾化后形成气溶胶，由氩气载气携带进入等离子体焰矩，在焰矩的高温下，溶质的气溶胶经历多种物理化学过程而被迅速原子化，成为原子蒸气，并进而被激发，发射出元素特征光谱，经分光后进入摄谱仪而被记录下来，从而对待测元素进行分析。

### 4.2.2 分光系统（单色器）

分光系统的作用是将光源发射的电磁辐射经色散后，得到按波长顺序排列的发射光谱，并对不同波长的辐射进行检测与记录。分光系统的主要部件是色散元件，分为棱镜摄谱仪与光栅摄谱仪。

光栅摄谱仪的优点是：①适用的波长范围广；②具有较大的线色散率和分辨率，且色散率仅取决于光栅刻线条数，而与光栅材料无关；③线色散率与分辨率大小基本上与波长无关。其不足之处是光栅会产生罗兰鬼线以及多级衍射线间的重叠而出现谱线干扰。

### 4.2.3 检测器

原子发射光谱的检测系统是将原子发射产生的光信号转换、放大、记录、显示的单元。检测器必须在特定的波长范围内具有灵敏且线性的光谱响应，本书主要介绍感光板、光电倍增管和电耦合器件。目前采用摄谱法和光电检测法两种。前者用感光板，后者用光电倍增管或电荷耦合器件（CCD）作为接收与记录光谱的主要器件。

感光板又称光谱干板或像板，通常将卤化银（常用溴化银）均匀地分散在明胶中，然后涂布在玻璃板上制成。其作用是把来自光源的光信号以像的形式记录下来，以便于辨认和测量。经历曝光、显影、定影三个阶段将光信号转换为影像。光电倍增管（PMT）将光能转换为电能，是一种具有极高灵敏度和快响应的光电探测器件，是在光电效应和电子光学基础上，利用二次电子倍增现象制成的真空光电器件。电荷耦合器件是基于金属氧化物半导体（MOS）工艺的光敏元件，即由金属电极（M）、氧化物（绝缘体，O）和半导体（如P型半导体，S）三层组成，接收来自光源的光谱信号，可产生光生电荷，电荷量与入射光强度和积分之间有着线性关系。CCD的基本工作过程就是信号电荷的产生、存储、传输和检测的过程。

### 4.2.4 数据处理系统

原子发射光谱仪数据处理系统是由工作站和计算机组成的，主要依赖于软件控制系统。调控仪器各个部分的工作状态，测试所得的响应值都需要进行数据处理，在对数据处理之前，应将测得的光谱保存。

## 4.3 实验技术

### 4.3.1 样品预处理

样品预处理分为固体样品的预处理、液体样品的预处理，其中固体样品又分为导电样品与非导电样品。

**(1) 固体金属及合金等导电样品的预处理**

块状金属及合金试样：用金刚砂纸将金属表面打磨成均匀光滑表面。表面不应有氧化层，试样应有足够的质量和大小（至少应大于燃斑的直径 3~5nm）。

棒状金属及合金试样：用车床加工成直径 8~10nm 的棒，顶端为直径 2nm 的平面。若加工成锥体，放电更加稳定。圆柱形棒状金属也不应有氧化层，以免影响导电。

丝状金属及合金试样：细金属丝可作成卷状置于石墨电极孔中，或者重新熔化成金属块，较粗的金属丝可卷成直径 8~10nm 的棒状。

碎金属屑试样：首先用酸或丙酮洗去表面污物，烘干后磨成粉状，用石墨电极全燃烧法测定，或者将粉末混入石墨粉末后压成片状进行分析。

**(2) 非导电固体样品的预处理**

非金属氧化物、陶瓷、土壤等试样在 400℃ 烧 20~30 min 后，磨细，加入缓冲剂及内标，置于石墨电极孔用电弧激发。

植物试样：将植物样品置于坩埚内放在马弗炉中灰化，在灰化后的灰粉中混入缓冲剂及内标进行分析，或将灰化后的灰粉用酸溶解，滴在用液体石蜡涂过的平头石墨电极上进行分析。

生物试样：可用高压罐溶样法处理，然后滴到电极上分析。

**(3) 液体试样的预处理**

① 干灰化法　将试样在马弗炉中制备成灰分，经酸溶解使预测试样转变成可溶性化合物，然后进行测定。此法具有简单、快速、干扰少、污染少等优点，但在灰化过程中因一些元素易挥发而产生成分损失。

② 湿法消化法　选用适当的试剂使被测组分变成可溶性物质。此法设备简单，但较为耗时耗力，且极易带入污染物。

③ 微波消解法　微波消解溶样技术与传统的加热消解样品方法相比，其方法快速、准确、省费用、试剂用量少，不仅避免了样品交叉污染，同时又避免了易挥发元素的损失。尤其是降低了测量极限的空白值。此法是目前使用较多的方法。

**(4) 经典光源光谱分析用标准试样的制备**

块状、棒状固体金属分析用标准试样均应用相应组成和形状的标准试样，一般由相应金属熔炼而成，然后再确定其化学成分。

溶液样品分析用标准试样也采用相应组成的液体标准试样，它可由相应的金属或盐类溶解后按比例合成。由于经典光源稳定性较差，故应该加入内标元素。

**(5) 等离子体光源光谱分析用标准样品的制备**

通常用合成法配制标准溶液。应用纯金属或高纯盐配制成单一元素的储备液，然后按试剂组成要求混合在一起，并调整酸度为一定值。这种方法制备标准溶液时应考虑混合后的阴离子的影响等因素。

另外，制备等离子体光源光谱分析用标准溶液是用相应组成的固体标准样品溶于酸来制成的。这种方法比较简单，阴离子种类容易控制，但目前尚不能按需要得到想用的固体标准样品。

## 4.3.2 背景干扰及扣除

光谱背景是指在线状光谱上，叠加着由于连续光谱和分子带状光谱等造成的谱线强度。

背景干扰主要有分子辐射、连续辐射。

分子辐射是指在光源作用下，试样与空气作用生成的氧化物、氮化物等分子发射的带状光谱。连续辐射是指在经典光源中炽热的电极头，或蒸发过程中被带到弧焰中去的固体质点等炽热的固体发射的连续光谱。分析线附近有其他元素的强扩散性谱线（或谱线宽度较大的谱线），如 Zn、Sb、Pb、Bi、Mg 等元素含量较高时，会有很强的扩散线。仪器的杂散光也会造成不同程度的背景。

背景可以用射谱法扣除。测出背景的黑度 $S_B$、然后测出被测元素谱线黑度即分析线与背景相加的黑度 $S_{L+B}$。由乳剂特征曲线查出 $\lg I_{L+B}$ 与 $\lg I_B$，再计算出谱线的表观强度 $I_{L+B}$ 与背景强度 $I_B$，两者相减，即可得出被测元素的谱线强度 $I_L$，同样方法可得出内标谱线强度 $I_{IS}$。注意：背景的扣除不能用黑度值直接相减，必须用谱线强度相减。光电直读光谱仪由于检测器将谱线强度积分的同时也将背景积分，因此需要扣除背景。光电直读光谱仪中都带有自动校正背景的装置。

### 4.3.3　ICP 光源分析性能的优化

在 ICP 光源中发射谱线的强度和信噪比受到各种因素影响，这些因素构成了主要分析性能参数，通过对主要分析参数进行最优化后可得到理想的分析结果。ICP 光源分析最主要的分析参数是 ICP 功率与发射强度信噪比、载气流量和 ICP 观察高度。

**（1）ICP 功率与发射强度信噪比**

随阳极电流的增大，发射强度的信噪比下降，因此在具体的实验中不能一味强调信噪比。因为等离子体高频功率太低会降低 ICP 光源的激发温度，导致有些难激发的元素可能检测不到，而大大降低分析灵敏度。

**（2）载气流量**

载气流量的大小直接影响到分析样品在等离子体中停留时间的长短。载气流量太大，样品在等离子体中停留的时间缩短，光谱的发射强度减小；载气流量太小，样品在等离子体中单位时间内的浓度降低，同样使光谱发射强度减小。所以在实验中要根据样品的特点（溶液的密度、表面张力和黏度）选取最佳的载气流量。

**（3）ICP 观测高度**

等离子体焰炬分为三个区域：焰心区（也称感应区），内焰区（也称标准分析区），尾焰区。感应区在耦合线圈中心，温度可达 10000 K；标准分析区位于感应区上方，这是光谱分析的观测区（或称测光区），温度为 6000～8000 K；尾焰区在标准分析区上方。高频感应线圈上方 8～20mm 的 ICP 火焰部位为发射光谱分析的观测区。

发射光谱分析是多元素同时进行测定，在具体的样品分析中找出各分析元素观测高度的共性，选取最佳的分析观察高度，见图 4-3。

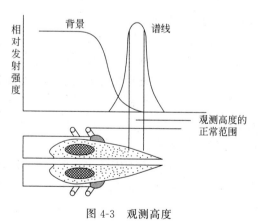

图 4-3　观测高度

综上所述，电感耦合等离子体分析条件选择应遵循的几条原则为：高频功率不宜过高，在确保分析元素的灵敏度的前提下尽量用低功率，功率低有利于延长高频等离子体仪器的使用寿命；在确保雾化进样系统稳定工作的条件下，低的载气流量有利于增强谱线发射强度；优先选用元素的离子谱线作为分析线，多数离子谱线不仅发射强度大，而且其最佳观测高度受分析条件变化影响小，还具有接近的最佳观测高度。

## 4.4 特点与应用

### 4.4.1 特点

原子发射光谱分析具有以下优点。

① 具有多元素同时检测能力，可同时测定一个样品中的多种元素。

② 分析速度快 若利用光电直读光谱仪，可在几分钟内同时对几十种元素进行定量分析。用电弧或电火花作为光源分析试样不需要进行化学处理，固体、液体样品都可直接测定。

③ 检出限低 一般光源可达 $0.1 \sim 10 mg \cdot g^{-1}$（或 $mg \cdot mL^{-1}$），绝对值可达 $0.01 \sim 1g$。电感耦合等离子体原子发射光谱（ICP-AES）检出限可达 $ng \cdot mL^{-1}$ 级。

④ 准确度较高 一般光源相对误差为 $5\% \sim 10\%$，ICP-AES 相对误差可达 $1\%$ 以下。

⑤ 试样消耗少。

⑥ ICP 光源校准曲线线性范围宽，可达 $4 \sim 6$ 个数量级。

同时，原子发射光谱分析的缺点如下：原子发射光谱是线状光谱，反映的是原子及其离子的性质，与原子或离子的来源分子无关，因此，原子发射光谱法只能用来确定物质的元素组成或含量，不能给出物质分子的有关信息。对高含量元素分析的准确度较差，常见的非金属元素如氧、硫、氮、卤素等谱线在远紫外区，一般的光谱仪尚无法检测，还有一些非金属元素，如磷、硒、碲等由于其激发电位高，灵敏度较低。随着现代仪器的不断发展，有些新型原子发射光谱仪的光谱测量波长范围已经做到 $120 \sim 800nm$，可以检测某些非金属元素，但这样的仪器售价昂贵。

### 4.4.2 应用

原子发射光谱分析常用于以下领域：①钢铁及其合金（碳钢、高合金钢、低合金钢、铸铁、铁合金等）的分析；②有色金属及其合金（纯铝及其合金、纯铜及其合金、铅合金、贵金属、稀土金属等）的分析；③环境样品（土壤、水体、固体废物、大气飘尘、煤飞灰、污水、岩石和矿物、地质样品等）的分析；④ 生物化学样品（血液和生物体）的分析；⑤ 食品和饮料（粮食、饮料、点心、油类、茶、海产等）的分析。

**(1) 定性分析**

处于高能级的电子也可经过几个中间能级跃迁回到基态能级，这时可产生几种不同波长的光，在光谱中形成几条谱线，它们组成该元素的原子光谱。由于不同元素的电子结构不同，因而其原子光谱也不同，具有明显的特征。然而，各元素的所有谱线并不是在任何条件下都会同时出现。例如镉，当它的含量为 $1\%$ 时，有 10 条谱线出现；含量为 $0.01\%$ 时，有 7 条谱线出现；含量为 $0.001\%$ 时，有 2 条谱线出现，其波长分别为 $226.502nm$ 和

228.802nm，这两条谱线称为镉的最后线，又称灵敏线。根据灵敏线的存在与否即可进行定性分析，判断试样中是否含有该元素。元素含量很低时仍然能够出现的光谱线一般是共振线，或是激发电位最低的谱线，这样的谱线跃迁概率是最大的。当然，有的谱线跃迁概率较大但不是共振线。

① 标准试样光谱比较法　将待检查元素的纯物质与试样并列摄谱于同一光谱感光板上定性，一般用于指定元素的定性鉴定。

② 铁谱比较法　以铁谱为尺度，将试样与铁并列摄谱于同一光谱感光板上，然后将试样光谱与铁光谱标准谱图对照定性，铁谱如图4-4所示。

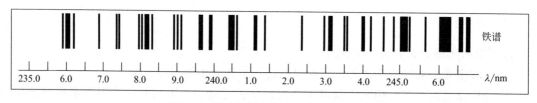

图 4-4　原子发射光谱（以铁原子为例）

**（2）半定量分析**

摄谱法可以迅速地给出试样中待测元素的大致含量，常用的方法有谱线黑度比较法和显线法。

① 谱线黑度比较法　将试样与已知不同含量的标准样品在一定条件下摄谱于同一光谱感光板上，然后在印谱仪上用目视法直接比较被测试样与标准样品在光谱中分析线的黑度，若黑度相等，则表明被测试样中待测元素的含量近似等于该标准样品中待测元素的含量。该法的准确度取决于待测试样与标准样品组成的相似程度以及标准样品中待测元素含量间隔的大小。

② 显线法　元素含量低时，仅出现少数灵敏线与当元素含量增加时相继出现的较弱的谱线，可以编成一张谱线出现与元素含量的关系表，以后就可以根据某一谱线是否出现来估测试样中该元素的大致含量。该法简便快速，但准确度受试样组成与分析条件的影响较大。

**（3）定量分析**

光谱定量分析的基础是光谱线强度和元素浓度的关系，通常用赛伯和罗马金（Schiebe-Lomakin）所提出的经验公式：

$$I = Ac^b$$

式中，$b$ 是自吸系数；$I$ 是谱线强度；$c$ 是元素含量；$A$ 是发射系数。

发射系数 $A$ 与试样的蒸发、激发和发射的整个过程有关，与光源的类型、工作条件、试样的组分、元素化合物形态以及谱线的自吸收现象也有关，由激发电位及元素在光源中的浓度等因素决定。

元素的原子从中心发射某一波长的电磁辐射，必然要通过边缘到达检测器，这样所发射的电磁辐射就可能被处在边缘的同一元素基态或较低能级的原子吸收，接收到的谱线强度就减弱了。这种原子在高温发射某一波长的辐射，被处在边缘低温状态的同种原子所吸收的现象称为自吸。自吸严重时，谱线中心强度都被吸收，完全消失，这种现象称为自蚀。谱线自吸轮廓见图4-5。

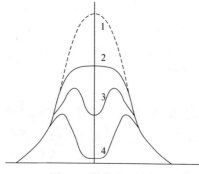

图 4-5　谱线自吸轮廓
1，2—自吸；3—自蚀；4—严重自蚀

元素含量很低时谱线自吸很小，这时 $b=1$；元素含量较高时，谱线自吸较大，这时 $b<1$。只有当 $b=1$ 时才是直线，$b<1$ 时是曲线。当用赛伯-罗马金公式的对数形式时，只要 $b$ 是常数，就可得到 $I=Ac^b$ 校正曲线。自吸比较显著，一般用其对数形式绘制校正曲线。而在等离子体光源中，在很宽的浓度范围内 $b=1$，故用其非对数形式绘制校正曲线仍可获得良好的线性关系。

① 校正曲线法　在选定的分析条件下，用两个以上含有不同浓度待测元素的标准试样作为激发光源，以分析线与内标线强度比的对数 $\lg R$ 对待测元素浓度的对数 $\lg c$ 建立校正曲线。在同样的分析条件下，测量未知样的 $\lg R$，由校正曲线求得未知试样中被测元素的含量 $c$。

如用摄谱法记录光谱，则分析线与内标线的黑度都应落在感光板乳剂特性曲线的正常曝光部分，经过暗室处理，用映谱仪读取谱线黑度，得两者黑度之差 $\Delta S$，根据 $\Delta S \propto \lg c$ 建立校正曲线，进行定量分析。

校正曲线法是发射光谱定量分析的基本方法，特别适用于成批样品的分析。

② 标准加入法　在标准样品与未知样品基体匹配有困难时，采用标准加入法进行定量分析，可以得到比校正曲线法更好的分析结果。在几份未知试样中，分别加入不同已知量的被测元素，在同一条件下激发光谱，测量不同加入量时的分析线和内标线强度比。在被测元素浓度低时，自吸系数 $b$ 为 1，谱线强度比 $R$ 直接正比于浓度 $c$，将校正曲线 $R \sim c$ 延长交于横坐标，交点至坐标原点的距离所对应的含量，即为未知试样中被测元素的含量。标准加入法可用来检查基体纯度、估计系统误差、提高测定灵敏度等。

值得注意的是，除 ICP 外，定量分析并不是原子发射光谱分析的强项，很多情况下不必勉为其难，可以根据具体条件灵活采用原子吸收光谱分析法或其他方法进行定量分析。

**应用示例**：使用电感耦合等离子体发射光谱法（ICP-AES）测定镀锡钢板中的镀锡量。

a. 加标样品溶液的配制　在 4 个装有相同样品量的 100mL 容量瓶中分别加入浓度为 $1000\mu g \cdot mL^{-1}$ 的锡标准溶液 0.5mL，1.5mL，2.5mL 和 3.5mL（$3.0 mol \cdot L^{-1}$ 盐酸介质），定容后得到锡的浓度分别为 $5mg \cdot L^{-1}$、$15mg \cdot L^{-1}$、$25mg \cdot L^{-1}$ 和 $35mg \cdot L^{-1}$ 的标准溶液。

b. 实验方法　将镀锡钢板制成直径为 48mm 的圆片，用盐酸溶液溶解后，定容至 100mL，取 20mL 于 100mL 容量瓶中，加入锡标准溶液，待测。

按表 4-2 ICP 仪器工作条件进行检测，以浓度为横坐标，强度为纵坐标绘制曲线。未加标准样品溶液在曲线上对应的横坐标的绝对值即为所测溶液中锡元素浓度。根据锡元素浓度可计算得出镀锡钢板单位面积上的镀锡量。

表 4-2　ICP 仪器工作条件

| 功率/W | 分析延迟/s | 吹扫气流速度/ $L \cdot min^{-1}$ | 进样速度/ $mL \cdot min^{-1}$ | 雾化器流速/ $mL \cdot min^{-1}$ | 等离子体流速/ $mL \cdot min^{-1}$ | 辅助离子体流速/ $mL \cdot min^{-1}$ |
|---|---|---|---|---|---|---|
| 1300 | 30 | 1 | 1.5 | 0.7 | 12 | 0.3 |

c. 实验结果　根据镀锡钢板中锡的大概值，加入标准溶液的量。待测样品中锡含量约为 $20mg \cdot L^{-1}$，配制加标量分别为 $5mg \cdot L^{-1}$、$15mg \cdot L^{-1}$、$25mg \cdot L^{-1}$ 和 $35mg \cdot L^{-1}$

的溶液，线性回归方程（锡强度 $y$，待测镀锡溶液中锡浓度 $x$）及相关系数见表 4-3。可以看出，在标准加入量为 $5\sim 35\mathrm{mg\cdot L^{-1}}$ 时，锡的线性关系较好。用此方法，根据样品中所含锡量的范围，可改变锡标准溶液的加入量。

表 4-3　工作曲线及相关系数

| 序号 | 加标量/mg·L⁻¹ | 锡强度 | 线性回归方程 | 相关系数 $R$ |
| --- | --- | --- | --- | --- |
| 1 | 0 | 80 | | |
| 2 | 5 | 103 | | |
| 3 | 15 | 147 | $y=4.4x+80$ | 0.9988 |
| 4 | 25 | 190 | | |
| 5 | 35 | 232 | | |

样品中的镀锡量（$\mathrm{g\cdot m^{-2}}$）可用下面公式进行计算：

$$镀锡量=\frac{c_{\mathrm{Sn}}\times V_3/10^6}{2\pi r^2}\times \frac{V_1}{V_2}$$

式中，$c_{\mathrm{Sn}}$ 为待测溶液中的锡浓度，$\mathrm{mg\cdot L^{-1}}$；$V_1$ 为将镀锡钢板溶解后稀释的体积，mL；$V_2$ 为将镀锡钢板溶解后分取的体积，mL；$V_3$ 为加入标准溶液后定容的体积，mL；$r$ 为镀锡钢板的半径，m。

根据上述公式，可以算出样品中镀锡量为 $2.8\mathrm{g\cdot m^{-2}}$。

# 第5章 原子吸收光谱法

原子吸收光谱法（Atomic Absorption Spectroscopy，AAS）是基于从光源辐射射出具有待测元素特征光谱线的光，通过试样蒸气时，被蒸气中待测元素基态原子所吸收，由特征辐射谱线光强被减弱的程度来测定试样中待测元素含量的方法。目前 AAS 可直接测定元素多达 70 多种，是有机和无机样品中测定痕量金属成分灵敏且可靠的方法。

## 5.1 方法原理

### 5.1.1 原子吸收光谱的产生

原子可具有多种能级状态，通常情况下原子处于基态。当有辐射通过原子蒸气且入射辐射的频率等于原子由基态跃迁到较高能态所需要的能量频率时，原子就能从入射辐射中吸收能量产生共振吸收，从而产生吸收光谱。使电子从基态跃迁至第一激发态所产生的吸收谱线称为共振吸收线。各种元素的原子结构和外层电子排布不同，不同元素的原子从基态跃迁至第一激发态时，吸收的能量也不同，故各种元素的共振吸收线不同，且各具特征，因此其又称为元素的特征谱线。原子吸收光谱法就是利用基态的待测原子蒸气对光源辐射的共振线的吸收来进行分析的。

### 5.1.2 原子吸收光谱分析的定量基础

锐线光源是能发射出谱线半宽度很窄的发射线的光源。Walsh 证明了当使用很窄的锐线光源进行原子吸收光谱测量时，测得的吸光度 $A$ 与待测元素的基态原子数呈线性关系。

$$A = kN_0L$$

式中，$k$ 在一定实验条件下是一个常数；$N_0$ 为单位体积原子蒸气中吸收辐射的基态原子数，即基态原子密度；$L$ 为辐射透过的光程。

在一定的实验条件下，基态原子浓度正比于待测元素的总原子浓度，而待测元素的总原子浓度又与样品中待测元素的浓度 $c_x$ 成正比，因此通过测定吸光度便可求出待测元素的浓度。

$$A = kc_x$$

## 5.2 仪器结构与原理

原子吸收光谱仪也称原子吸收分光光度计，主要由光源、原子化器、分光系统、检测系统、数据显示与记录系统五部分组成，基本结构如图 5-1 所示。

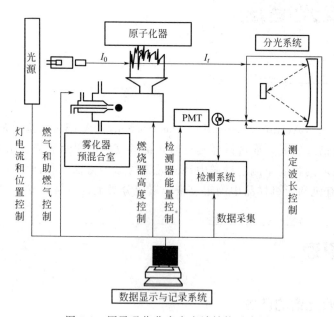

图 5-1 原子吸收分光光度计结构示意图

### 5.2.1 光源

光源的作用是辐射能被待测元素吸收的原子谱线。对光源的基本要求是稳定性好、背景低、辐射强度大及寿命长。最常用的光源是空心阴极灯。

原子吸收分析需要使用锐线光源，光源发射的共振辐射的半宽度明显小于被测元素吸收线的半宽度。一般采用空心阴极灯，其结构如图 5-2 所示，一般用纯金属作为阴极材料，阳极材料为金属镍、钨或钛等。内充惰性气体氖气或氩气，当施加工作电压时，惰性气体部分电离产生正离子，在电场作用下，轰击阴极表面，使阴极上的原子被溅射出来，并与电子碰撞后激发，激发态回到基点，辐射出该元素的特征谱线。

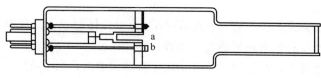

图 5-2 空心阴极灯结构

## 5.2.2 原子化器

原子化器的作用是提供能量,使样品中的待测元素转化为气态原子。常用的有火焰原子化器、石墨炉原子化器和石英管原子化器。

**(1) 火焰原子化器**

火焰原子化器包括雾化器和燃烧器两部分。常用的燃烧器为预混合型,如图 5-3 所示。雾化器将试液雾化,喷出的雾滴碰在撞击球上,进一步分散成细雾。试液经雾化后,进入预混合室,与燃气混合,较大的雾滴凝聚后经废液管排出,较细的雾滴进入燃烧器。这种原子化器火焰噪声小,稳定性好,易于操作。缺点是试样利用率大约只有10%,大部分试液由废液管排出。

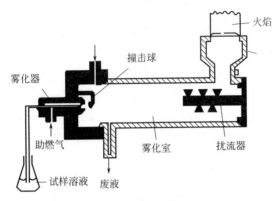

图 5-3 火焰原子化器示意图

雾化器效率除与雾化器的结构有关以外,还取决于溶液的表面张力、黏度、助燃器的压力、流速和温度。

常用的缝式燃烧器,缝长 100~110nm,缝宽 0.5~0.6nm,适用于空气-乙炔火焰。另一种缝长 50mm,缝宽 0.46nm,适用于氧化亚氮-乙炔火焰。

气路系统是火焰离子化器的供气部分。气路系统中,用压力表、流量计及调节阀门控制、测量气流量。

**(2) 石墨炉原子化器**

与火焰原子化器相比,石墨炉原子化器分析检测限低,耗样量少。利用石墨炉中高温碳蒸气还原气氛显著提高原子化效率,同时原子在管内的停留时间较长,达秒级,因此,石墨炉法具有较好的分析灵敏度。石墨炉法还可以直接分析悬浮液样、乳浊样、生物材料和有机样品,试样在灰化阶段直接处理,避免了消解过程引起的玷污和损失。石墨管温度不均匀将引起测定的精度较差、基体干扰比较严重、校准曲线易于变动。采用石墨炉平台技术和横向加热石墨炉技术,可以有效地消除石墨炉的不等温问题,减少基体干扰。石墨炉原子化器示意图如图 5-4 所示。

一般石墨管长 20~60mm,外径 6~9mm,内径 4~8mm,管中央开一小孔,用于加样和使保护气体流通。外电源加于石墨管两端,供给原子化器能量,电流通过石墨管可在 1~2s 内产生高达 3000℃ 的温度。原子化器的外气路中的氩气沿石墨管外壁流动,以保护石墨管,内气路中的氩气由管两端流向管中心,从管中心孔流出,用于除去干燥和灰化过程中产

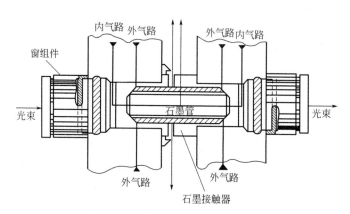

图 5-4　石墨炉原子化器示意图

生的基体蒸气，同时保护已原子化的试样不被氧化。

**(3) 石英管原子化器**

一些元素如砷、硒、碲、锡等通过化学反应可发生还原反应生成共价型氢化物，其产物具有沸点低、易分解的特点。同时这些元素灵敏线的波长一般较短，使用烃类火焰时光谱干扰较严重。石英管外绕电热丝的电热石英管原子化器常用于氢化物的原子化，它具有光程长、管内原子化温度和气流流速可以调控等优点，可以有效地提高氢化物的原子化效率和分析灵敏度。

### 5.2.3　分光系统

分光系统由入射狭缝、出射狭缝、反射镜、聚光镜和色散元件组成。色散元件主要是光栅，其作用是把待测元素的分析线与其他谱线分开，以便进行测定。

### 5.2.4　检测系统

检测系统包括检测器及信号处理系统和显示记录器件。检测器通常是光电倍增管，其结构如图 5-5 所示，它是一种利用二次电子发射放大光电流来将微弱的光信号转变为电信号的器件。由一个光电发射阴极、一个阳极以及若干个电子倍增极所组成。当辐射光子撞击光电发射阴极时发射光电子，该光电子被电场加速落在第一倍增极上，产生更多的二次电子，依次类推，阳极最后收集到的电子数将是阴极发出的电子数的 $10^5 \sim 10^8$ 倍。

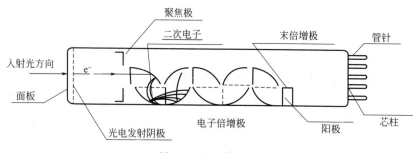

图 5-5　光电倍增管

## 5.3 实验技术

### 5.3.1 样品预处理

原子光谱分析通常是以溶液状态进样，被测样品需事先转化为溶液样品。分解试样最常用的方法是酸溶解和碱熔融。有机样品可先进行灰化处理，以除去有机基体。样品预处理主要采用干法灰化和湿法消化。

干法灰化是在较高的温度下，用氧来氧化样品的方法。准确称取一定量的样品，放在石英坩埚或铂坩埚中，于 80~150℃ 低温加热赶去大量有机物，然后置于高温炉中，加热至 450~550℃ 进行灰化处理。冷却后，用硝酸、盐酸或其他试剂溶解。对于易挥发性元素（汞、砷、镉、铅、硒等），不能采用干法灰化，因为这些元素在灰化过程中损失严重。

湿法消化是在样品升温条件下用合适的酸加以氧化的方法。最常用的酸是盐酸、硝酸、硫酸和高氯酸及其混合酸。

传统的分解和溶解试样方法不仅费时，而且在试样的预处理中还会引入许多误差，近年来微波溶样法获得了广泛的应用。微波分解用聚四氟乙烯耐压密封罐，在加压条件下，样品分解效率很高、快速简便、不易挥发损失、试剂用量少、空白值低，在处理复杂基体样品方面优于干法灰化和湿法消化。

### 5.3.2 仪器使用注意事项

**(1) 气体使用注意事项**

① 乙炔　要尽量纯，一般要求达到 98% 以上，以点火前后减压阀数据无变化为好。乙炔瓶内压力低于 0.5 MPa 就要更换，否则乙炔内溶解物会流出并进入管道，造成仪器内乙炔气路堵塞，不能点火。

② 空气　要用经过除油除水后的空气，空压机产气量要达到 $24L·min^{-1}$ 以上，要注意空压机的排水及油水分离器的排油排水，空压机的减压阀出口压力为 0.35 MPa，注意观察空压机润滑油的液面高度在两红线之间，太低要更换空压机油。

③ 氩气　纯度要求 99% 以上，流量 $1.2~1.5L·min^{-1}$ 氩气可以保护石墨管和元素不被氧化。

④ 点火前要先开空气后开乙炔气，熄火时要先关乙炔后关空气，防止回火事故的发生。

**(2) 火焰原子化器使用注意事项**

① 燃烧头　保持燃烧头清洁，燃烧头狭缝上不应有任何沉积物，因这些沉积物可能引起燃烧头堵塞，使雾化室内压力增大，使液封盒中的液体被压出，或残渣从燃烧狭缝中落入雾化室将燃气引燃。可用水或中性溶剂进行清洗，不可用硬物将结碳从燃烧的火焰中刮去。

② 雾化室　确保雾化室及液封盒干净，如溶液较脏（如有机溶液）一定要经常清洗雾化室及液封盒。拆下雾化器和雾化室，检查雾化器状态，可用清洗剂和去离子水清洗，保证无沉积颗粒物，不堵塞。每次用完后，保持火焰点燃，用去离子水清洗 10 min；如果是高盐样品或高浓度样品，建议分别用 0.5% 的清洗剂和去离子水喷洗。

③ 废液管　如要测量有机溶剂溶解的样品，且雾化室下的废液管是透明管，请更换为

有机溶剂专用废液管，否则，原废液管会破裂，导致有机溶剂漏到仪器内部，发生危险；如废液管是较硬的白色塑料管，就不需要更换。

④ 样品　处理样品后要无颗粒物质，否则很容易堵塞雾化器进样毛细管。如有颗粒，要过滤样品。毛细管堵塞后，样品灵敏度会大大下降，一般此时要取下雾化器，用专用的钢丝（仪器自带）疏通，疏通时注意不要把撞击球捅掉。

**(3) 石墨炉原子化器使用注意事项**

① 电源　使用石墨炉时，石墨炉电源要与主机电源使用不同的电源插座，要求220V、30A以上的供电，最好不要用接线板。如果石墨炉与主机使用相同的电源插座，瞬间电流很大，如果供电容量不足，会造成电压下降，主机供电不足，数据不稳，甚至损坏主机。

② 冷却水　冷却水的压力为0.1MPa，流量大于$1L \cdot min^{-1}$。

③ 样品浓度　石墨炉可以分析$ng \cdot mL^{-1}$级浓度的样品，因此，不能盲目进样，浓度太高会造成石墨管被污染，可能经多次高温清残也清不干净，造成石墨管报废。

## 5.4　特点与应用

### 5.4.1　特点

原子吸收法之所以发展迅速，是因为它本身具有以下优点：①准确度、灵敏度都很高；②干扰小、选择性高；③火焰原子化法的精密度、重现性也比较好；④分析速度快、操作简单、应用范围广。

传统原子吸收法也有不足之处：①除了少数较先进的仪器可以进行多元素的同时测定外，目前大多数仪器都不能进行多元素的同时测定；②由于原子化温度比较低，对于一些易形成稳定化合物的元素，如W、Nb、Ta、稀土等金属元素以及非金属元素来说，原子化效率低，检出能力差，受化学干扰较严重，所以结果不能令人满意；③对多数非金属元素的测定，目前尚有一定的困难；④石墨炉原子化器虽然原子化效率高，检测限低，但是重现性和准确性较差。

### 5.4.2　应用

原子吸收光谱法主要用于元素的定量分析，在冶金、地质、采矿、石油、轻工业、农业、医药、卫生、食品及环境监测等领域都有广泛的应用。定量分析方法所依据的原理是光吸收定律，常用的方法有标准曲线法、标准加入法、浓度直读法、双标准比较法和内标法等。

① 标准曲线法　在浓度合适的范围内，配制一系列浓度不同的标准溶液，按照低浓度到高浓度的顺序，依次在原子吸收光谱仪上测定其吸光度$A$，再以吸光度为纵坐标，以待测元素的浓度$c$或含量为横坐标绘制标准曲线，有时也采用峰高对浓度或含量作图绘制标准曲线，然后根据待测样品的峰高（或吸光度），从标准曲线上查得其相应的浓度或含量。

标准曲线法适用于测定与标准溶液组成相近似的批量试液，但由于基体及共存元素的干扰，其分析结果往往会产生一定的偏差。如果基体组成和含量是恒定的或已知的，则可以配制与试样基体尽量相同的标准系列,以克服基体的干扰。另外,要注意将浓度控制在线性范围内进行工作。

② **标准加入法** 标准加入法(Standard Addition Method)是将标准溶液加入到试液中进行测定的一种定量分析方法,可分为计算法和作图法两种。

a. **计算法** 计算法是将试样分成完全等同的两份:一份不加标准溶液,设待测元素的浓度为 $c_x$,测得其吸光度为 $A_x$;另一份加入标准溶液的浓度为 $c_0$,在此溶液中待测元素的总浓度为 $(c_x+c_0)$,在完全相同的条件下测得其吸光度为 $A_0$,则

$$A_x = Kc_x \qquad A_0 = K(c_x+c_0)$$

$$c_x = \frac{A_x}{A_0 - A_x}$$

该式必须在测定的线性范围内使用,加标量不可太多。

b. **作图法** 取四五份等体积的试液,从第二份开始分别按比例加入不同量的待测元素的标准溶液,然后用溶剂定容到相同的体积,测定各溶液的吸光度,以吸光度 $A$ 对各溶液中标准溶液的浓度 $c$(或待测物质的含量)作图,把曲线外推至横轴,如图5-6所示,自原点到相交处的截距即为待测元素的浓度 $c_x$(或含量)。

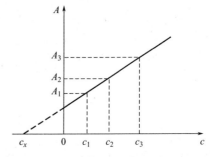

图5-6 标准加入法示意图

标准加入法要求待测元素的浓度在加入标准溶液后,其作图仍呈良好的线性,所以应注意标准溶液的加入量。由于每个溶液都含有相同量的试样,可以消除基体效应的干扰,适用于基体未知,成分复杂的试液。但是标准加入法不能消除分子吸收和背景吸收等因素的影响,且直线的斜率太小时容易引进较大的误差,该法比较费时,工作效率低,不适用于大批样品的测定。

c. **浓度直读法** 浓度直读法是在标准曲线的工作范围内,用仪器中的量程扩展和数字直读装置进行测量。工作时,用待测元素的标准溶液将原子吸收光谱仪上指示值调到相应的浓度指示值,然后测定待测液并使其浓度在仪表上直接读出。该法不用绘制标准曲线,快速简便,但必须保证仪器工作条件稳定,试液与标准溶液操作条件相同。在整个工作过程中,要注意反复用标准溶液进行校正,避免引入较大的误差。

d. **双标准比较法** 双标准比较法也称紧密内插法,它是采用两个标准溶液进行工作的,其中一个比试液稍浓 $(c_1)$,而另一个比试液的浓度稍稀 $(c_2)$,在相同的条件下与试液一起测定吸光度,假设吸光度分别为 $A_1$、$A_2$ 和 $A_x$,则试液的浓度 $c_x$ 按下式计算:

$$c_x = c_2 + \frac{c_1 - c_2}{A_1 - A_2} \times (A_x - A_2)$$

e. **内标法** 内标法(Internal Standard Method)是在标准溶液和待测试液中分别加入一定量试样中不存在的内标元素,同时测定分析线和内标线的强度比,并以吸光度的比值对待测元素含量绘制标准曲线。

内标元素与待测元素在原子化过程中应具有相似的性质。内标法的优点是可以补偿因燃气流量、助燃气流量、基体组成、进样速率等因素变化而造成的误差,提高了测定的精密度和准确度,但要求使用双波道原子吸收光谱仪,应用上受到限制。

**应用示例**：现行版《中华人民共和国药典》二部明胶空心胶囊总铬含量测定。

对照品溶液：用2%硝酸溶液稀释成每1mL含铬0~80ng。临用时现配。

供试品溶液：精密称取明胶空心胶囊0.5g，置聚四氟乙烯消解罐内，加硝酸5~10mL，混匀，浸泡过夜，盖上内盖，旋紧外套，置适宜的微波消解。消解完全后，取消解罐置电热板上缓慢加热至红棕色蒸气挥尽并近干，用2%硝酸转移至50mL容量瓶中，并加2%硝酸稀释至刻度，摇匀，作为供试品溶液；同法制备试剂的空白溶液，作为空白校正。

测定：取供试品溶液与对照品溶液适量，以石墨炉为原子化器，在357.9nm的波长处测定，计算得出明胶药用空心胶囊中铬的含量。

# 第6章 核磁共振波谱法

核磁共振波谱（Nuclear Magnetic Resonance Spectroscopy，NMR）也称核磁共振谱，是指在外加磁场的作用下，一些具有磁性的原子核分裂成两个或两个以上量子化的能级，用一定频率的电磁波照射分子，引起原子核自旋能级的跃迁，所产生的波谱。核磁共振波谱法类似于紫外或红外吸收光谱法，是吸收光谱的另一种形式，不同之处在于待测物必须置于强磁场中，研究具有磁性的原子核对射频辐射的吸收。核磁共振波谱用波谱很长（1~100nm）、频率很小（4~600MHz）、能量很低的射频电磁波照射分子，不会引起分子的振动或转动能级跃迁，更不会引起电子能级的跃迁。

目前，核磁共振波谱法是进行化合物结构解析及定性、定量分析常用的方法。应用最多的主要是氢核磁共振谱（简称氢谱，$^1$HNMR）和碳-13核磁共振谱（简称碳谱，$^{13}$CNMR）。两种方法互相补充，与元素分析、紫外光谱、红外光谱、质谱等方法配合，成为化合物结构解析不可缺少的一部分。

## 6.1 方法原理

### 6.1.1 核磁共振波谱法的基本原理

**(1) 原子核的自旋与磁矩**

核磁共振的研究对象是原子核，原子核是带正电粒子，其自旋运动会产生磁矩，具有自旋运动的原子核都具有一定的自旋量子数 $I$，原子核可按 $I$ 的值分为以下三类：①中子数和质子数均为偶数（$I=0$；如$^{12}$C、$^{16}$O、$^{32}$S）；②中子数和质子数之一为偶数，另一为奇数，则 $I$ 为半整数（$I=1/2$：$^1$H、$^{13}$C、$^{15}$N、$^{31}$P 等；$I=3/2$：$^7$Li、$^9$Be、$^{33}$S、$^{37}$Cl 等；$I=5/2$：$^{17}$O、$^{25}$Mg 等；$I=7/2$，$I=9/2$ 等）；③中子数和质子数均为奇数，则 $I$ 为整数（如 $I=1$：$^2$H(D)、$^6$Li 等；$I=2$：$^{58}$Co 等；$I=3$：$^{10}$B 等）。①类原子核不能用核磁共振法进行研究，而②、③原子核是核磁共振的研究对象。其中，$I=1/2$ 的原子核，其电荷分布为球形，这样的原子核具有电四极矩（电四极矩就是在相隔一个很小的距离，排列着的两个大小相等方向相反的电偶极矩），其核磁共振谱线窄，最宜于用核磁共振检测。

原子核的磁矩取决于原子核的自旋角动量 $P$，其大小

$$P = \sqrt{I(I+1)}\frac{h}{2\pi}$$

式中，$h$ 为普朗克（Planck）常数，$h = 6.626 \times 10^{-34}$ J·s；$I$ 为自旋量子数，凡 $I$ 值非零的原子核即具有自旋角动量 $P$，也就具有磁矩 $\mu$，$\mu$ 与 $P$ 之间的关系为：

$$\mu = \gamma P$$

式中，$\gamma$ 称为磁旋比，是原子核的重要属性。

**(2) 核磁共振现象的产生**

以氢原子为例，由于氢原子是带电体，当氢原子自旋时，可生成一个磁场，因此，可以把一个自旋的原子核看作一块小磁铁。氢的自旋磁量子数 $m_s = \pm 1/2$。

原子的磁矩在无外磁场影响下，取向是紊乱的，在外磁场中，它的取向是量子化的，只有两种可能的取向，如图 6-1 所示。

当 $m_s = +1/2$ 时，取向与外磁场方向相同，则为低能级（低能态）；当 $m_s = -1/2$ 时，取向与外磁场方向相反，则为高能级（高能态）；两个能级间的能量差 $\Delta E$ 随外磁场强度 $H_0$ 的增大而增大。该现象称为能级裂分，如图 6-2 所示。

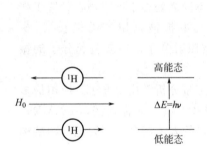

图 6-1 氢原子在外加磁场中的取向

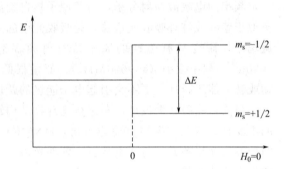

图 6-2 $I = 1/2$ 核的能级裂分

$$\Delta E = h\nu = h\frac{\gamma}{2\pi}H_0$$

$\Delta E$ 与磁场强度（$H_0$）成正比。给处于外磁场的质子辐射一定频率的电磁波，当辐射所提供的能量恰好等于质子两种取向的能量差（$\Delta E$）时，质子就吸收电磁辐射的能量，从低能级跃迁至高能级，这种现象称核磁共振。原则上，凡是自旋量子数不等于零的原子核，都可发生核磁共振。

**(3) 弛豫过程**

对磁旋比为 $\gamma$ 的原子核外加一静磁场 $H_0$ 时，原子核的能级会发生分裂。处于低能级的粒子数 $n_1$ 将多于高能级的离子数 $n_2$，这个比值用玻尔兹曼定律计算。由于能级差很小、$n_1$ 和 $n_2$ 很接近，设温度为 300K，外磁场强度为 1.4029T（即 14092G，相应于 60MHz 射频仪器的磁场强度），则

$$\frac{n_1}{n_2} = e^{-\frac{\Delta E}{KT}} = e^{-\frac{2\mu H_0}{KT}}$$

在射频作用下，$n_1$ 减少，$n_2$ 增加，当 $n_1 = n_2$ 时不再有净吸收，核磁共振信号消失，称作"饱和"，处于高能级的核通过某种途径把多余的能量传递给周围介质或其他核而返回

低能态，这个过程即称为"弛豫"。

弛豫过程有两类，一类是纵向弛豫（自旋-晶格弛豫），即一些高能级的核把能量转移至周围的分子（固体的晶格，液体中周围的同类分子或溶剂分子）而转变成热运动，纵向弛豫反映了体系与环境的能量交换；另一类是横向弛豫（自旋-自旋弛豫），即一些高能级的核通过与低能级的核发生自旋交换而把能量转移至另一个核，横向弛豫并没有增加低能级的数目，而是缩短了核处于高能级或低能级的时间。类似于化学反应动力学中的一级反应，纵向弛豫和横向弛豫过程的快慢分别用 $1/T_1$ 和 $1/T_2$ 来描述。$T_1$ 叫纵向弛豫时间，$T_2$ 叫横向弛豫时间。

## 6.1.2 核磁共振波谱

**（1）屏蔽效应和化学位移**

① 化学位移（Chemical Shift） 氢质子（$^1$H）用扫场的方法产生的核磁共振，理论上都在同一磁场强度（$H_0$）下吸收，只产生一个吸收信号。但分子中的各种氢因处于不同的环境，因而共振频率有所不同，在不同 $H_0$ 下发生核磁共振，给出不同的吸收信号。

图 6-3 是乙醇分子使用低分辨率和高分辨率的核磁共振波谱仪得到的谱图。这种由于氢原子在分子中的化学环境不同，因而在不同共振磁场产生吸收峰的现象称为化学位移。

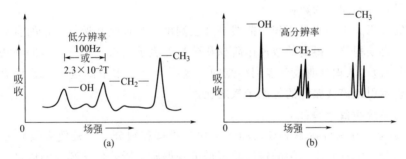

图 6-3 乙醇核磁共振波谱示意图

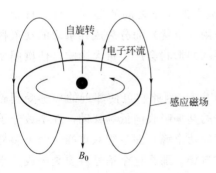

图 6-4 电子对核的屏蔽作用

② 屏蔽效应——化学位移产生的原因 分子中的原子核不是裸核，核外包围着电子云，在磁场作用下，核外电子会在垂直于外磁场的平面上绕核旋转，形成电子环流，同时产生对抗外磁场的感应磁场，如图 6-4 所示。

感应磁场的方向与外磁场相反，强度与外磁场强度 $H_0$ 成正比。感应磁场在一定程度上减弱了外磁场对核的作用，这种感应磁场对外磁场的屏蔽作用称为电子屏蔽效应。通常用屏蔽常数 $\sigma$ 来衡量屏蔽作用的强弱。核实际感受的磁场强度称为有效磁场强度，即

$$H = (1-\sigma)H_0$$

处于不同化学环境的质子，核外电子云分布不同，$H$ 值不同，核磁共振吸收峰出现的位置亦不同。在以扫频方式测定时，核外电子云密度大的质子，$\sigma$ 值大，吸收峰出现较低频；相反，核外电子云密度小的质子，吸收峰出现在较高频。若以扫场方式进行测定，则电子云密度大的质子吸收峰出现在较高场，电子云密度小的质子吸收峰出现在较低场。

③ 化学位移值　同一化学环境的核在不同磁感应强度下，共振频率是不同的，为消除漂移以及不同频源等因素对测量的影响，通常采用一个无量纲的相对差值来表示化学位移。由于化学位移值很小，因此将它扩大 $10^6$ 倍。化学位移 $\delta$(ppm) 表示为

$$\delta=(H_s-H_x)\times 10^6/H_s$$

$$\delta=(\nu_s-\nu_x)\times 10^6/\nu_s \approx (\nu_s-\nu_x)\times 10^6/\nu_0$$

式中，$\nu_s$、$\nu_x$ 分别为标准参考物和样品中该核的共振频率；$H_s$、$H_x$ 分别为标准参考物和样品中该核共振所需的磁感应强度；$\nu_0$ 为操作仪器选用的频率，与 $\nu_s$ 相差很小。

测定化学位移的标准参考物是人为规定的，不同核素用不同标准物，目前公认用四甲基硅烷［$(CH_3)_4Si$，TMS］作为 $^1H$ 及 $^{13}C$ 核的标准参考物，规定其 $\delta$ 为零，若采用其他标准参考物（如苯、氯仿、环己烷等），都必须换算成以 TMS 为零点的 $\delta$。

④ 影响化学位移的因素　化学位移是由核外电子云的屏蔽作用造成的，凡是影响核外电子云密度分布的各种因素都会影响化学位移，包括诱导效应、共轭效应、磁各向异性效应（电子环流效应）、溶剂效应以及氢键作用等。

**(2) 峰面积与氢原子数**

在核磁共振谱图中，每一组吸收峰都代表一种氢，每种共振峰所包含的面积是不同的，其面积之比刚好是各种氢原子数之比。因此核磁共振谱不仅提供了各种不同 H 的化学位移，并且也表示了各种不同氢的数目之比。

共振峰的面积大小一般是用积分曲线高度法测出，是核磁共振仪上带的自动分析仪对各峰的面积进行自动积分，得到的数值用阶梯积分高度表示出来。积分曲线的画法是由低场到高场（从左到右），从积分曲线起点到终点的总高度与分子中全部氢原子数目成比例。各阶梯的高度比表示引起该共振峰的氢原子数之比。

**(3) 峰的裂分和自旋偶合**

① 峰的裂分　在高分辨率下吸收峰产生化学位移和裂分。这种使吸收峰分裂增多的现象称为峰的裂分。由有机化合物的核磁共振谱可获得质子所处化学环境的信息，进而可确定化合物的结构。

② 自旋偶合　核磁共振峰的裂分是因为相邻两个碳上的质子之间的自旋偶合（自旋干扰）而产生的。这种由于邻近不等性质子自旋的相互作用（干扰）而分裂成几重峰的现象称为自旋偶合。自旋偶合作用不影响化学位移，但对共振峰的形状会产生重大影响，使谱图变得复杂。但也为结构分析提供了更多的信息。

自旋方式有两种：与外加磁场同向（↑）或异向（↓），因此它可使邻近的核感受到磁场强度的加强或减弱。这样就使邻近质子在半数分子中的共振吸收向低场移动，在半数分子中的共振吸收向高场移动。原来的信号裂分成强度相等的两个峰，即一组双重峰。两个裂分峰间的距离为偶合常数（$J$）。若邻近有两个不等性核在自旋，那么这个信号就要裂分成三重峰，它们的强度比是 1∶2∶1。同理，邻近有三个核在自旋时，信号将裂分成四重峰，其强度之比为 1∶3∶3∶1。所以峰的裂分情况与邻近碳上的不等性质子数（$n$）有关。

③ 裂分峰数与峰面积　某组环境相同的氢核，与 $n$ 个环境相同的氢核（或 $I=1/2$ 的核）偶合，裂分后的峰数是邻近不等性质子数加一，这就是所谓裂分的 $n+1$ 规律。它们的相对强度之比是二项式 $(a+b)^n$ 的展开系数。$n+1$ 规律只适合于互相偶合的质子的化学位移差远大于偶合常数，即 $\Delta\delta\gg J$ 时的一级谱。其中 $J$ 为偶合常数，它是相邻两裂分峰之间的距离，单位为赫兹（Hz）。在实际谱图中，互相偶合的两组峰强度会出现内侧高、外侧低

的情况,称为向心规则。利用向心规则,可以找到吸收峰间互相偶合的关系。某组环境相同的氢核,分别与 $n$ 个和 $m$ 个环境不同的氢核(或 $I=1/2$ 的核)偶合,则被裂分为 $(n+1)(m+1)$ 条峰(实际谱图可能出现谱峰部分重叠,裂分峰数少于计算值)。

另外,峰面积与同类质子数成正比,仅能确定各类质子之间的相对比例。

## 6.2 仪器结构与原理

核磁共振波谱仪(NMR)也称核磁共振谱仪。分为连续波核磁共振波谱仪和超导脉冲傅里叶变换核磁共振波谱仪。连续波核磁共振谱仪中一般用永久磁铁或电磁铁,在固定射频下进行磁场扫描或固定磁场下进行频率扫描,使不同的核依次满足共振条件而得出共振谱线。由于连续波核磁共振波谱仪测试样品时间长,灵敏度又低,所以无法完成碳谱和多维谱的测试工作,现已基本被超导脉冲傅里叶变换核磁共振谱仪取代,这里只介绍超导脉冲傅里叶变换核磁共振波谱仪的主要结构和工作原理。

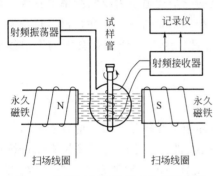

图 6-5 PFT-NMR 谱仪工作原理框图

超导脉冲傅里叶交换核磁共振波谱仪主要由五个部分组成:射频振荡器、磁场系统、探头、信号接收检测系统以及信号处理与控制系统,如图 6-5 所示。

脉冲傅里叶变换核磁共振仪(Pulse Fourier-transform-NMR,PFT-NMR)是在外磁场保持不变的情况下,使用一个强而短的射频脉冲(一般频率为 300~900MHz)照射样品,这个射频脉冲中包括所有不同化学环境的同类核的共振频率。在这样的射频脉冲照射下所有这类核同时被激发,从低能级跃迁到高能级,然后通过弛豫逐步恢复 Boltzmann 平衡。在这个过程中,射频接收线圈中可以接收到一个随时间衰减的信号,称为自由感应衰减信号(Free Induction Decay,FID)。FID 信号中虽然包含所有激发核的信息,但是这种随时间改变而变化的信号(称作时间域信号)很难识别,所以要将 FID 信号通过傅里叶变换转化为我们熟悉的以频率为横坐标的谱图,即频率域谱图。PFT-NMR 工作原理示意图如图 6-6 所示。

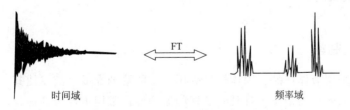

图 6-6 PFT-NMR 工作原理示意图

### 6.2.1 探头

探头是整个仪器的心脏,固定在磁极间隙中,为圆柱形。探头的中心放置装有样品的样品管,测试时样品管高速旋转,可以进一步改善磁场的均匀性。探头中还备有向样品管发射射频场的发射线圈和用于接收共振信号的接收线圈。对于不同种类的核，所施加的射频波可通过波段选择及调谐来实现。

### 6.2.2 磁场系统

磁场系统用来提供一个强的、稳定的、均匀的静磁场，以便观测化学位移微小差异的共振信号。现在的核磁共振谱仪都是采用超导磁体，谱仪中采用超导体绕成螺旋形线圈。为了获得稳定的磁场（静磁场）强度，对于超导磁体，必须用足够的液氮、液氦维持其正常工作。

### 6.2.3 射频振荡器

射频振荡器是将一个稳定的、已知频率的石英晶体振荡器（即主钟）产生的电磁波，经频率综合器精确地合成出待观测核、被辐照核和锁定核的三个通道所需要的频率射频源。射频源所发生的射频场经过受到脉冲程序控制的发射门，产生相应的射频脉冲，再经过功率放大器发射很强功率的多种射频脉冲，最终输送到探头部件中缠绕在样品管套上的发射线圈上。发射线圈、接收线圈以及磁场方向三者互相垂直。

### 6.2.4 信号接收检测系统

当射频发射门打开时，接收机是关闭的。当射频脉冲施加在样品上后，射频发射门是关闭的，NMR 的 FID（自由感应衰减）信号通过开启的接收机门，才由信号接收检测系统接收下来。信号经前置放大器、混频器、单相相敏检波器或数字正交检波系统、低频放大器、滤波器得到 FID 信号的模拟信号，模拟信号经模数转换器转换成数字信号，最后由计算机进行快速采样，将 FID 数字信号存储下来。

### 6.2.5 信号处理与控制系统

信号处理与控制系统负责对接收的 FID 信号进行累加、傅里叶变换等处理，转换成正常的 NMR 谱，计算机软件对 NMR 谱处理获取峰面积、峰位等信息，并将处理的信号显示在计算机屏幕上。

## 6.3 实验技术

### 6.3.1 样品的制备

测定时一般采用液体样品，固体样品需用合适的溶剂配成溶液，使其不含有未溶解的固体微粒、灰尘或顺磁性的杂质，且具有良好的流动性，常用惰性溶剂稀释，以避免导致谱线加宽。理想的溶剂要求不含被测的原子核，沸点低，对试样的溶解性能好，不与样品发生化学反应或缔合，且吸收峰不与样品峰重叠。$CCl_4$ 无 $^1H$ 信号峰，价廉，是测定 $^1H$ 谱常用的溶剂，而在精细测定时，可采用氘代溶剂，如 $D_2O$、$CDCl_3$ 等。不同溶剂由于极性、溶剂化作用、氢键的形成等而具有不同的溶剂效应。

## 6.3.2 标准参考样品

测定试样的化学位移 $\delta$ 必须用标准物质为参考,按加入的方式可分为外标(准)法和内标(准)法。外标法是将标准参考物装于毛细管中,再插入含被测试样的样品管内,同轴测定。内标法是将标准参考物直接加入样品中测量,以抵消磁化率的差别,内标法优于外标法。内标物应具有较高的化学惰性、易挥发、便于回收且有易于辨认的谱峰。对 $^1H$ 及 $^{13}C$ 谱,四甲基硅烷(TMS)是一个较理想的内标物,它有 12 个等价质子,只有一个尖锐的单峰。它的峰出现在高场,人为地规定其 $\delta$ 为零。一般化合物的谱峰常出现在它的左边,$\delta$ 为正值,若在其右边出峰,$\delta$ 为负值。TMS 化学惰性,沸点较低(26.5℃),易回收。在高温操作时,则需改用六甲基二硅醚(HMDS)为内标物。在 $D_2O$ 做溶剂的样品测量时,由于 TMS 不溶于水,应选用 4,4-二甲基-4-硅代戊磺酸钠 $[(CH_3)_3SiO_3Na, DSS]$ 为内标。测定不同核所用的内标物不同,如对于 $^{31}P$ 核,用 85% 磷酸。内标物的用量应视试样量而定,测 $^1H$ 用四甲基硅烷(TMS)为内标时,一般制备 0.4mL 约 10% 样品溶液,加 1%~2% TMS。

## 6.3.3 谱图解析

从核磁共振图谱上可以获得三种主要的信息:①从化学位移判断核所处的化学环境;②从峰的分裂个数及偶合常数鉴别谱图中相邻的核,以说明分子中基团间的关系;③积分线的高度代表了各组峰面积,而峰面积与分子中相应的各种核的数目成正比,通过比较积分线高度可以确定各组核的相对数目。综合应用这些信息就可以对所测定样品进行结构分析和鉴定,确定其相对分子质量,也可用于定量分析。但有时仅依据其本身的信息来对试样结构进行准确的判断是不够的,还要与其他方法相结合。

① 化合物的结构信息

a. 共振吸收峰的数目　提供分子中质子的不同类型情况。

b. 共振吸收峰的位置　提供每种质子的电子环境,即邻近有无吸电子或推电子的基团。

c. 共振吸收峰的强度　提供各类氢核(各基团)的数量比。

d. 共振吸收峰的裂分情况　判断相邻碳原子上氢核数、质子类型情况,以及所处化学环境。

② 解析顺序

a. 了解清楚样品的基本情况,以便对样品有大概的认识;检查基线是否平稳,检查内标物 TMS 峰位是否准确、正常;积分曲线在无峰处应平直,区别溶剂峰、杂质峰。

b. 根据化合物分子式,计算不饱和度,确定不饱和单元,然后根据积分曲线高度算出各个信号的对应得 H 数。可能条件下,宜在 $\delta×10^{-6}$ 的区域先找出如 $CH_3O—$、$CH_3$、$CH_3—Ar$、$CH_3CO—$、$CH_3C=C$、$CH_3—C—$ 等孤立的 $CH_3$ 基(3H,S)信号,并按其积分曲线高度去复核其他信号相应的氢数,算出氢分布。

c. 根据化学位移、耦合常数等特征,识别一些强单峰及特征峰。对于含活泼氢的未知物,可对比 $D_2O$ 交换前后光谱的改变,确定活泼氢的峰位及类型。

d. 若在化学位移 $\delta(6.5\sim8.5)×10^{-6}$ 的范围内出现强的单峰或多重峰,往往要考虑其是苯环上氢的信号。根据这一区域氢的数目,可以判断苯环的取代数。

e. 参考化学位移、小峰数目及耦合常数，计算 $\delta$、$J$，确定图谱中耦合部分。由共振峰的化学位移及峰裂分，确定归属。解析比较简单的多重峰，根据每组峰的化学位移及相对应的质子数，推测本身及相邻的基团结构。

f. 对难解析的高级耦合系统，如有必要，可换用不同的溶剂再测定一次，有时由于化学位移的变化，共振谱会简化。如果条件允许可加入位移试剂或采用去耦实验、NOE（核的Overhauser）测定等特殊技术，或改用强磁场 NMR 仪测定，以利简化图谱，方便解析。

g. 通过以上几个程序，一般可初步推断出可能的一种或几种结构式。然后从可能的结构式按照一般规律预测可能产生的 NMR 谱，与实际图谱对照，看其是否符合，进而推断出某种最可能的结构式。

**应用示例**：某化合物的化学式为 $C_9H_{13}N$，其 $^1$H-NMR 谱如图 6-7 所示，试推断其结构。

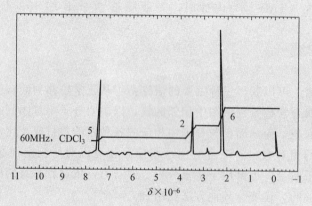

图 6-7　化合物 $C_9H_{13}N$ 的 $^1$H-NMR 谱图

**解**：① 计算不饱和度

$$\Omega = \frac{2+2\times 9+1-13}{2}=4$$

② 根据谱图上的积分曲线高度计算每组峰代表的氢核数。

| 化学位移 $\delta$/ppm | 峰裂分数 | 积分线高度 | 氢核数 |
| --- | --- | --- | --- |
| 7.2 | 1 | 5 | 5 |
| 3.4 | 1 | 2 | 2 |
| 2.1 | 1 | 6 | 6 |

因不饱和度为 4，且在 7.2 处有共振峰，表明有苯环存在，且苯环有 5 个质子，表明为单取代苯环。

③ 代表 2 个 $^1$H 的 $\delta$3.4/ppm 吸收峰为亚甲基，而 6 个氢的 $\delta$3.4/ppm 的吸收峰为两个亚甲基，且均为单峰，表明两者与之直接相连的原子上无氢的存在，两者没有直接相连。

④ 根据分子式 $C_9H_{13}N$ 可知结构中有一个 N 存在。因甲基与亚甲基没有直接相连，故可初步判定分子中有—$CH_2N(CH_3)_2$ 存在。

⑤ 结合以上推断，此化合物可能的结构为

$$\text{C}_6\text{H}_5\text{-CH}_2\text{-N(CH}_3\text{)}_2$$

## 6.4 特点与应用

### 6.4.1 特点

① 核磁共振谱仪提供的信息量大。一张 $^1$HNMR 图谱就可以提供化学位移、耦合常数、积分面积等参数，也可以测 $^{13}$C 谱、$^{31}$P 谱、$^{29}$Si 谱、一维谱、二维谱等，还可以用来确定一些物理常数。所以核磁共振谱仪能提供的信息量之大，是一般仪器无法匹敌的。

② 核磁共振谱仪对所检测的对象不具有破坏性。正是由于这一特点，医院在对患者进行核磁共振检测时就能够确保其人身安全，才使得核磁共振谱仪成为当今医学诊断的常用手段。在教学与科研方面，也由于这一特点，样品可以再利用，从而节省了大量的人力和物力。

### 6.4.2 应用

核磁共振波谱法主要用于有机化合物和生化分子结构鉴定，在某些情况下也可用于定量测定。

**(1) 化合物结构鉴定**

NMR 可以提供的主要参数有化学位移、质子的裂分峰数、耦合常数及各组分相对峰面积。与红外光谱一样，对于简单的分子，仅根据其本身的图谱即可进行鉴定。对于复杂的化合物，则需在已知其化学式（质谱或元素分析结果）及红外光谱提供的部分信息上进行进一步分析鉴定。

**(2) 定量分析**

NMR 图谱中积分曲线的高度与引起该共振峰的氢核数成正比，这不仅是结构分析的重要参数，也是定量分析的依据。用 NMR 技术进行定量分析的最大优点是：不需要用被测物质的纯物质作为标准，也不必绘制校准曲线或引入校准因子，而只要与适当的标准参照物（不必是被测物质的纯物质）相对照就可得到被测物质的量。对标准参照物的基本要求是其 NMR 谱的共振峰不会与试样峰重叠。常用的标准参照物为有机硅化合物，其质子峰大多在高场，便于比较，如六甲基环三硅氧烷和六甲基环三硅胺等。标准参照物和试样分析物的各参数见表 6-1。

表 6-1 标准参照物和试样分析物的各参数

| 物质 | 质量 | 分子量 | 分子基团中质子数 | 分析峰面积 |
| --- | --- | --- | --- | --- |
| 标准参照物 R | $m_R$ | $M_R$ | $n_R$ | $A_R$ |
| 试样分析物 S | $m_S$ | $M_S$ | $n_S$ | $A_S$ |

由标准参照物分析峰，求得每摩尔质子的相对峰面积 $A_R^H$ 为

$$A_R^H = \frac{A_R}{\frac{m_R}{M_R}n_R} = \frac{A_R}{m_R}\frac{M_R}{n_R}$$

同样，试样分析物每摩尔质子的相对峰面积 $A_S^H$ 为

$$A_S^H = \frac{A_S M_S}{m_S n_S}$$

因为 $A_R^H = A_S^H$，所以

$$\frac{A_R M_R}{m_R n_R} = \frac{A_S M_S}{m_S n_S}$$

则分析物的质量

$$m_S = \frac{A_S M_S n_R}{A_R M_R n_S} m_R$$

定量分析方法有两种：内标法和外标法。

① 内标法　把标准参照物与试样混合在一起，以合适的溶剂配制适宜浓度的溶液，绘制 NMR 谱，按上式进行计算。这种方法准确度高，操作方便，较常应用，尤其是在一些较简单试样的分析中更常用。

② 外标法　当分析较复杂的试样时，难以找到合适的内标，可用外标法分析，把标准参照物和试样在同样条件下分别绘制 NMR 谱。计算方法一样。而标准参照物可以用待分析物的纯物质，此时计算式简化为

$$m_S = \frac{A_S}{A_R} \cdot m_R$$

NMR 可用于多组分混合物分析及元素分析等。但 NMR 定量分析的广泛应用受到仪器价格的限制。另外共振峰重叠的可能性随样品复杂性的增加而增加，而且饱和效应也必须克服。因此，往往 NMR 可以分析的试样，用别的方法也可以方便地完成。

**(3) 其他方面的应用**

① 相对分子质量的测定　在一般碳氢化合物中，氢的质量分数较低，因此，单纯由元素分析的结果来确定化合物的相对分子质量是较困难的。如果用核磁共振技术测定其质量分数，则可按下式计算未知物的相对分子质量或平均相对分子质量，即 $M_S = \frac{A_R n_S m_S}{A_S n_R m_R} M_R$

② 分子动态效应的研究　分子动态效应的研究包括分子中活泼氢化学交换的研究及某些分子内旋转的研究等。例如 $N$，$N$-二甲基乙酰胺（见图 6-8）中的 N—C 键，在室温时该键具有部分双键性质，阻碍了键的自由旋转，因此与 N 原子相连的两个甲基处于不同的化学环境，其共振峰分别出现在 $\delta$ 约 3.0 ppm 和 $\delta$ 约 2.84 ppm。

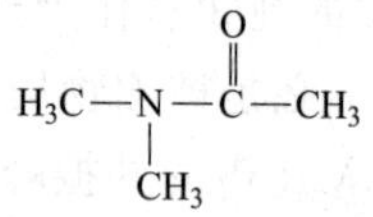

图 6-8　$N$，$N$-二甲基乙酰胺结构式

但在较高的温度下（如 150℃），分子的热运动能量超过了 N—C 键的活化能，N—C 键便可以自由旋转。此时，N 原子上的两个甲基的位置差异被平均化了，因此，NMR 谱上只出现一个 $\delta$ 约 2.9 ppm 的单峰。利用这个原理可以研究化学键的临界转动速率。所谓临界转动速率，指化学键转动速率等于两个单峰的吸收频率之差。在 100℃时，两峰正好合并，此时的转动速率为 $(3.0-2.84) \times 10^{-6} \times 60\text{MHz} =$

9.6Hz，还可以计算该过程的活化自由能。

③ 研究氢键的形成　由于形成氢键后，该质子化学位移发生变化，所以可用于研究体系中是否形成氢键，如果形成氢键，还可以判断该氢键是形成分子内氢键还是分子间氢键。

④ 研究互变异构现象　2,4-二戊酮（乙酰丙酮）的 $^1$HNMR 谱如图 6-9 所示，其共振信号说明该化合物有酮式和烯醇式两种异构体，不同质子的 δ 值标于质子旁，如图 6-10 所示。

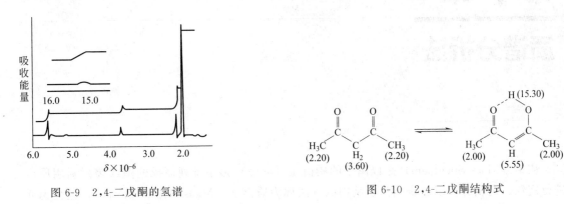

图 6-9　2,4-二戊酮的氢谱　　　　　图 6-10　2,4-二戊酮结构式

在烯醇结构中，典型的烷烯质子的 δ 值约为 5.5 ppm。δ=15.3 ppm 处有一宽峰，如此高的 δ 值反映了该质子同时受两个氧原子的影响，这是因为羰基氧原子与羟基质子生成氢键。互变异构体的比例与溶剂性质、温度等的关系也可利用氢谱进行研究。

# 第 7 章 质谱分析法

质谱（Mass Spectrum）是以离子的质荷比（$m/z$）为序排列而成的图或表。利用质谱进行定性、定量分析以及研究分析结构的方法称为质谱法（Mass Spectrometry），也称为质谱分析法。质谱仪通过电离装置把样品电离成离子，再利用分析装置把不同质荷比的离子分开，然后经过检测系统检测之后得到样品的质谱图。

近年来质谱仪器发展很快，色谱-质谱联用以及质谱与等离子体发射光谱联用等使质谱分析法的应用范围日益扩大。质谱分析法广泛地应用于能源、环境保护、医药卫生、石油化工等多个领域，是一种重要的仪器分析方法。

## 7.1 方法原理

质谱法分析主要包括三个步骤：①将待测试样转化成气相离子，在离子化过程中转移给分子过多的能量可引起分子断裂；②利用不同离子在电场或磁场的运动行为差异，把离子化的分子和荷电的分子断裂片段按质荷比（$m/z$）排序；③用适宜的检测器检测经过分离的离子流产生质谱，或用列表方法表示质谱数据。

**(1) 质谱图**

质谱图（Mass Spectrum，MS）：横坐标为离子质荷比（$m/z$）、纵坐标为离子峰的相对强度。典型的质谱图如图 7-1 所示。

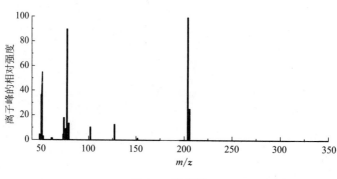

图 7-1　质谱图

质荷比（Mass Charge Ratio，$m/z$）：离子质量（以相对原子量单位计）与它所带电荷（以电子电量为单位计）的比值。

峰（Peaks）：质谱图中的离子信号通常称为离子峰或简称为峰。

离子丰度（Abundance of Ions）：检测器检测到的离子信号强度。

离子相对丰度（Relative Abundance of Ions）：以质谱图中指定质荷比范围内最强峰为100%，其他离子峰对其归一化所得的强度。现在，标准质谱图均以离子相对丰度值为纵坐标。

基峰（Base Peak）：在质谱图中，指定质荷比范围内强度最大的离子峰称作基峰，其相对丰度为100%。

**（2）离子类型及其特性**

① 分子离子 （Molecular Ion，$M^+$）：分子失去一个电子生成的离子。它既是一个正离子，又是一个游离基，用 $M^+$ 表示。

质谱中一般出现单电荷分子离子，其质荷比 $m/z$ 相当于相对分子质量。偶尔也出现双电荷分子离子，常记作 $M^{2+}$，质子比写成 $m/2z$，相当于相对分子质量的1/2。

因化合物结构不同，分子离子的稳定性有差异，故分子离子峰的相对丰度不同。

分子离子峰强弱的大致顺序是：芳环＞共轭烯＞烯＞酮＞直链烃＞醚＞酯＞胺＞酸＞醇＞高分子支烃。结构中具有高度分支的化合物，其分子离子峰的稳定性的次序是叔正离子＞仲正离子＞伯正离子，化合物结构中的支链多，分子离子就容易通过裂解生成较稳定的碎片离子。

② 碎片离子（Fragment Ions） 分子离子在离子源中经一级或多级裂解生成的产物离子。

碎片离子中包含重要的结构信息，键能大小、碎片稳定性（诱导效应、π电子系统、杂原子共轭）、空间等因素会导致不同碎片离子产生。所以，不同的化合物结构有不同的裂解方式，研究碎片离子的信息，对于鉴定、解析化合物很有意义。

③ 同位素离子 自然界中，许多元素都存在一定天然丰度。表7-1列出了几种常见元素同位素的质量及天然丰度。在质谱图中，化合物就会呈现同位素形成的离子峰。通常把丰度较小的同位素形成的离子称为同位素离子（Isotopic Ion），对应的峰为同位素峰。

表 7-1 几种常见元素同位素的质量及天然丰度

| 元素 | 同位素 | 确切质量 | 天然丰度/% | 元素 | 同位素 | 确切质量 | 天然丰度/% |
| --- | --- | --- | --- | --- | --- | --- | --- |
| H | $^1$H | 1.007825 | 99.98 | P | $^{31}$P | 30.971761 | 100.00 |
|  | $^1$H(D) | 2.014102 | 0.015 | S | $^{32}$S | 31.972072 | 95.02 |
| C | $^{12}$C | 12.000000 | 98.9 |  | $^{33}$S | 32.971459 | 0.85 |
|  | $^{13}$C | 13.003335 | 1.07 |  | $^{34}$S | 33.967868 | 4.21 |
| N | $^{14}$N | 14.003074 | 99.63 |  | $^{35}$S | 35.967079 | 0.02 |
|  | $^{15}$N | 15.000109 | 0.37 | Cl | $^{35}$Cl | 34.968853 | 75.53 |
| O | $^{16}$O | 15.994915 | 99.76 |  | $^{37}$Cl | 36.965903 | 24.47 |
|  | $^{17}$O | 16.999131 | 0.03 | Br | $^{79}$Br | 78.918336 | 50.54 |
|  | $^{18}$O | 17.999159 | 0.02 |  | $^{81}$Br | 80.916290 | 49.46 |
| F | $^{19}$F | 18.998403 | 100.00 | I | $^{127}$I | 126.904447 | 100.00 |

例如，天然碳有同位素 $^{12}C$ 和 $^{13}C$，二者丰度之比为 100∶1.1，如果由 $^{12}C$ 组成的化合物质量为 $m$，那么，由 $^{13}C$ 组成的同一化合物的质量则为 $m+1$。因此，同一个化合物生成的分子离子的质量可能为 $m$ 或 $m+1$。如果化合物中含有一个碳，则 $m+1$ 离子强度为 $m$ 离子强度的 1.1%；如果含有两个碳，则 $m+1$ 离子强度为 $m$ 离子强度的 2.2%。因此，根据 $m$ 离子强度与 $m+1$ 离子强度之比，可以推测碳原子的数目。

若分子离子中含有多个同位素，同位素峰强之比可用二项式 $(a+b)^n$ 展开后的各项之比表示。$a$ 和 $b$ 分别为轻质及重质同位素的丰度比，$n$ 为原子数目。

④ 亚稳离子  离开离子源的离子若发生裂解，生成某种离子和中性碎片，则该离子称为亚稳离子（Metastable Ion），记作 $m^*$，对应得质谱峰为亚稳峰。

亚稳峰的特点：a. 峰较弱，强度为 $m_1$ 峰的 1%~3%；b. 钝峰：一般跨 2~5 个原子质量单位（amu）；c. 质荷比常常为非整数。亚稳离子与离子室内母离子（Parent Ion，$m_1^+$）、子离子（Daughter Ion，$m_2^+$）之间的关系为 $m^* = \dfrac{m_2^2}{m_1}$。

对亚稳离子峰进行观测，可以判断分子断裂的途径。如乙酰苯有两种可能的断裂途径：

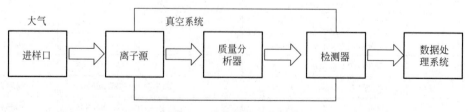

可能有两种亚稳离子峰 $m_1^* = \dfrac{77^2}{105} = 56.5$；$m_2^* = \dfrac{77^2}{120} = 49.4$。从亚稳离子峰的出现可以判断是哪种途径或两种途径同时发生。

## 7.2 仪器结构与原理

质谱仪分成有机质谱仪、无机质谱仪和同位素质谱仪等几类。但是，无论是哪种类型的质谱仪，它的基本组成都是一样的，都主要由真空系统、进样系统、离子源、质量分析器、检测器以及数据处理系统组成（如图 7-2 所示）。下面我们分别来介绍这几个组成部分。

图 7-2  质谱仪的基本结构

不同类型的样品具有不同的形态、性质以及不同的分析要求，所以对于不同类型的样品所用的电离装置、分析装置以及检测系统都有所不同。

## 7.2.1 真空系统

质谱分析中，为了降低背景以及减少离子间或离子与分子间的碰撞，离子源、质量分析器以及检测器必须处于高真空状态。一般先用机械泵或分子泵预抽真空，然后用高效扩散泵抽至高真空。

## 7.2.2 进样系统

质谱仪的进样系统多种多样，一般有间接进样、直接进样、色谱进样三种方式。一般气体或易挥发液体试样的进样常选用间接进样方式进样，试样进入贮样器，调节温度使试样蒸发，依靠压差使试样蒸气经漏孔扩散进入离子源。对于高沸点的试液和固体试样可用探针或直接进样器送入离子源，进行直接进样。在色谱-质谱联用仪器中，色谱仪就作为质谱仪的进样器，样品经色谱分离后进入离子源。

## 7.2.3 离子源

离子源（Ion Source）的作用是使被分析的物质电离成为离子，并将离子会聚成有一定能量和一定几何形状的离子束。由于被分析物质的多样性和分析要求的差异，物质电离的方法和原理也各不相同。质谱分析中的电离方法有电子轰击、离子轰击、原子轰击、真空放电、表面电离、场致电离、化学电离和光致电离等。

离子源都必须满足以下一些要求。

①产生的离子流稳定性高，强度能满足测量精度；②离子束的能量和方向分散小；③记忆效应小；④量歧视效应小；⑤工作压强范围宽；⑥样品和离子的利用率高。

一般常用于气相色谱质谱联用的离子源有电子轰击离子源和化学电离源两种。

## 7.2.4 质量分析器

质量分析器（Mass Analyzer）是质谱仪器中使离子按其质荷比大小进行分离的部件。质量分析器是质谱仪器的主体部分。一个理想的质量分析器应具备分辨率高、质量范围宽、分析速度快、灵敏度高、无质量歧视效应等特点。目前气相色谱质谱联用仪中最常用的是四极杆质量分析器。

四极杆质量分析器由四根相互平行并均匀安置的金属杆构成。金属杆的截面大都是双曲线，但也有简单地做成圆形或其他形状的。如图 7-3 所示。

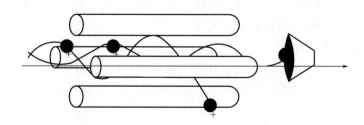

图 7-3　四级杆质量分析器结构示意图

相对的两根极杆连在一起，在两组极杆上分别施加极性相反的电压。电压由直流分量和交流分量叠加而成。这样在电极间形成一个对称 $z$ 轴的电场分布。离子束进入电场后，在交变电场作用下产生了振荡，在一定的电场强度和频率下，只有某种质量的离子能通过电场到达检测器，其他离子则由于振幅增大而最后撞到极杆上。

### 7.2.5 检测器

在质谱仪器中，离子源内生成的离子经过质量分析器的分离后，由离子检测系统按离子质荷比大小接收和检测。作为质谱仪器的检测器，一般要求其具有稳定性好、响应速度快、增益高、检测的离子流范围宽、在检测的质量范围内无质量歧视效应等特点。一般检测方法有直接电测法、二次效应电测法、光学法等。

### 7.2.6 数据处理系统（工作站）

经离子检测器检测后的电流，经放大器放大后，经过计算机的处理得到质谱图。

## 7.3 实验技术

### 7.3.1 制样要求

有机质谱仪分析的液体、固体有机样品，试样应尽可能为纯净的单一组分。

### 7.3.2 质谱解析程序

对未知化合物，一般可按以下程序来解析试样质谱。

**(1) 解析分子离子峰区域**

① 按判断分子离子峰的原则确认分子离子峰，定出试样的分子量，并注意分子离子峰的强度，由此可以了解分子离子的稳定性。一般芳香类化合物、共轭多烯类化合物以及环状化合物的分子离子峰较强，有时是基峰；而分支多的脂肪族化合物、脂肪醇类化合物以及脂肪酯类化合物的分子离子峰较弱，有时在质谱中不出现。

② 注意试样分子的奇偶性，如为奇数，则试样分子肯定含奇数个氮原子；如为偶数，还需根据其他信息判断试样分子中是否含有氮原子。

③ 根据同位素离子峰强度，初步推测试样的分子式。含氯、溴以及硫元素的试样很容易根据 $M+2$ 峰的强度加以确认。

④ 可能的话，使用高分辨质谱仪，精确测出试样分子离子的质量，推出分子式。

⑤ 根据分子式，计算出试样的不饱和度。

**(2) 解析碎片离子峰区域**

① 找出主要碎片离子峰，并根据碎片离子的质荷比，确定碎片离子的组成，并注意碎片离子质荷比的奇偶性，判断生成碎片离子的开裂类型，由此可了解试样的官能团和结构信息。

② 注意分子离子有何重要碎片脱去，由此也可了解到试样结构方面的信息。

③ 找出亚稳离子峰，利用 $m^* = \dfrac{m_2^2}{m_1}$，确定 $m_1$ 和 $m_2$ 两种离子的关系，确定开裂类型。

④ 可能的话，使用高分辨质谱仪，精确测出重要的碎片离子的质量，确定碎片离子的

元素组成。

**(3) 列出部分结构单元**

① 根据分子离子脱去的碎片，以及一些主要的大碎片离子，列出试样结构中可能存在的部分结构单元。

② 根据分子式以及可能存在的结构单元，计算出剩余碎片的组成及不饱和度。

③ 推测剩余碎片的结构。

**(4) 推测试样可能的结构式**

① 按可能的方式连接所推出的结构单元以及剩余碎片，组成可能的结构式。

② 根据质谱或其他信息排除不合理结构，最后确定试样的结构式。

**应用示例**：已知某化合物分子式为 $C_8H_8O_2$，红外光谱显示在 $3100 \sim 3700 \text{cm}^{-1}$ 之间无吸收，其质谱如图 7-4 所示，试推测其结构。

图 7-4  $C_8H_8O_2$ 的质谱图

解：化合物的不饱和度 $\Omega = \dfrac{2+2\times 8-8}{2} = 5$

不饱和度为 5，且谱图有 $m/z$ 77、51、39 离子峰，说明含有苯环；基峰 $m/z$ 为 105，说明碎片离子可能是 $C_6H_5CO^+$；$m/z$ 77 峰为 [105—28]，即为分子离子丢失 31 质量后，再丢失 CO；56.5、33.8 的亚稳离子表明开裂过程为

$$C_6H_5CO^+ \xrightarrow{-CO} C_6H_5^+ \xrightarrow{-C_2H_2} C_4H_3^+$$
$$m/z\,105 \qquad m/z\,77 \qquad m/z\,51$$

剩下的结构碎片为 $CH_3O-$ 或 $-CH_2OH$。由于红外光谱显示在 $3100 \sim 3700\text{cm}^{-1}$ 之间无吸收，因而只有可能是 $CH_3O-$。因此，该化合物结构为

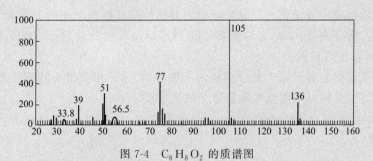

## 7.4 特点与应用

### 7.4.1 特点

① 根据质谱图提供的信息可以进行多种有机物及无机物的定性和定量分析、复杂化合物

的结构分析、样品中各种同位素比的测定及固体表面的结构和组成分析等；②被分析的样品可以是气体、液体或固体；③灵敏度高，可达 $10^{-12} \sim 10^{-9}$ g，样品用量少，一次分析仅需几微克样品；④分析速度快，完成一次全谱扫描一般仅需一至几秒；⑤准确度高，分辨率高；⑥可实现各种色谱-质谱的在线联用；⑦与其他仪器相比，仪器结构复杂，价格昂贵，使用及维修比较困难，对样品有破坏性。

### 7.4.2 应用

质谱可以进行相对分子质量和化学式的确定及结构鉴定等定性分析。

**(1) 相对分子质量的测定**

通过质谱图上分子离子峰的 $m/z$ 可以准确地确定该化合物的相对分子质量，通常位于质谱图最右端。

**(2) 化学式的确定**

① 高分辨质谱确定分子式　高分辨质谱可分辨质荷比相差很小的分子离子或碎片离子。例如，CO 和 $N_2$ 分子离子的 $m/z$ 均为 28，但其准确质荷比分别为 28.0040 和 27.9949，使用高分辨质谱可以进行识别。

② 低分辨质谱确定分子式　低分辨质谱不能分辨 $m/z$ 相差很小的碎片离子，如 CO 和 $N_2$。通常通过同位素相对丰度法来确定分子的化学式。

例如，对于化合物 $C_w H_x N_y O_z$，其同位素离子峰 $(M+1)^+$ 和 $(M+2)^+$ 与分子离子峰的强度比分别为

$$\frac{I_{M+1}}{I_M} = \left[ w\left(\frac{1.1}{98.9}\right) + x\left(\frac{0.015}{99.98}\right) + y\left(\frac{0.37}{99.63}\right) + z\left(\frac{0.04}{99.76}\right) \right] \times 100\%$$

$$\frac{I_{M+2}}{I_M} = \left\{ \frac{1}{2}\left[ \left(\frac{1.1}{98.9}\right)^2 w(w-1) + \left(\frac{0.015}{99.98}\right)^2 x(x-1) + \left(\frac{0.37}{99.63}\right)^2 y(y-1) \right. \right.$$

$$\left. \left. + z\left(\frac{0.04}{99.76}\right)^2 z(z-1) \right] z\left(\frac{0.2}{99.76}\right) \right\} \times 100\%$$

忽略 $^2H$、$^{17}O$ 的影响，可写成如下形式：

$$\frac{I_{M+1}}{I_M} = (1.1w + 0.37y) \times 100\%$$

$$\frac{I_{M+2}}{I_M} = \left[ \frac{(1.1w)^2}{200} + 0.2z \right] \times 100\%$$

含 Cl、Br、S 等同位素天然丰度较高的化合物，同位素离子峰相对强度可由 $(a+b)^n$ 展开式计算。式中，$a$ 和 $b$ 分别为该元素轻、重同位素的相对丰度；$n$ 为原子数目。

**(3) 结构式的确定**

根据质谱图，找出分子离子峰、碎片离子峰、亚稳离子峰、$m/z$、相对峰高等质谱信息，根据各类化合物的裂解规律，重组整个分子结构，还要与标准谱库对照。

质谱中常见的中性碎片与碎片离子如表 7-2 与表 7-3 所示。

表 7-2　常见的由分子离子脱掉的碎片

| 离子 | 碎片 | 离子 | 碎片 |
|---|---|---|---|
| M−1 | H | M−16 | O, $NH_2$ |
| M−15 | $CH_3$ | M−17 | OH, $NH_3$ |

续表

| 离子 | 碎片 | 离子 | 碎片 |
|---|---|---|---|
| M－18 | $H_2O$ | M－41 | $C_3H_5$ |
| M－19 | F | M－42 | $CH_2CO, C_3H_6$ |
| M－26 | $C_2H_2, CN$ | M－43 | $C_3H_7, CH_3CO$ |
| M－27 | $HCN, CH_2=CH$ | M－44 | $CO_2, C_3H_8$ |
| M－28 | $CO, C_2H_4$ | M－45 | $COOH, OC_2H_5$ |
| M－29 | HF | M－46 | $C_2H_5OH$ |
| M－29 | $CHO, C_2H_5$ | M－48 | SO |
| M－30 | $C_2H_6, CH_2O, NO$ | M－55 | $C_4H_7$ |
| M－31 | $OCH_3, CH_2OH$ | M－56 | $C_4H_8$ |
| M－32 | $CH_3OH, S$ | M－57 | $C_4H_9, C_2H_5CO$ |
| M－33 | $HS, CH_3+H_2O$ | M－58 | $C_4H_{10}$ |
| M－34 | $H_2S$ | M－60 | $CH_3COOH$ |

表 7-3 常见碎片离子

| $m/z$ | 组成或结构 | $m/z$ | 组成或结构 |
|---|---|---|---|
| 15 | $CH_3^+$ | 57 | $C_4H_9^+, C_2H_5CO^+$ |
| 18 | $H_2O^{+\cdot}$ | 58 | $C_3H_8\overset{+}{N}, CH_2=C(OH)CH_3^{+\cdot}$ |
| 26 | $C_2H_2^+$ | 59 | $COOCH_3^+, CH_2=C(OH)NH_2^+$ |
| 27 | $C_2H_3^+$ | 60 | $CH_2=C(OH)OH^{+\cdot}$ |
| 28 | $C_2H_4^{+\cdot}, CO^{+\cdot}, N_2^{+\cdot}$ | 61 | $CH_3C(OH)=\overset{+}{O}H, CH_2CH_2\overset{+}{S}H$ |
| 29 | $CHO^+, C_2H_5^+$ | 65 | $C_5H_5^+$ |
| 30 | $CH_2=\overset{+\cdot}{N}H_2$ | 66 | $H_2S_2^{+\cdot}$ |
| 31 | $CH_2=\overset{+}{O}, CH_3\overset{+}{O}$ | 68 | $CH_2CH_2CH_2CN^+$ |
| 39 | $C_3H_3^+$ | 69 | $CF_3^+, C_5H_9^+$ |
| 40 | $C_3H_4^+$ | 70 | $C_5H_{10}^+$ |
| 41 | $C_3H_5^+$ | 71 | $C_5H_{11}^+$ |
| 42 | $C_3H_6^+, C_2H_2O^+$ | 72 | $CH_2=C(OH)C_2H_5^{+\cdot}$ |
| 43 | $C_3H_7^+, CH_3CO^+$ | 73 | $C_5H_9O^+, COOC_2H_5^{+\cdot}$ |
| 55 | $C_4H_7^+$ | 74 | $H_2C=C(OH)C_2H_5^{+\cdot}$ |
| 56 | $C_4H_8^+$ | 75 | $C_2H_5\overset{+}{C}(OH)_2$ |

续表

| $m/z$ | 组成或结构 | $m/z$ | 组成或结构 |
|---|---|---|---|
| 77 | $C_6H_5^+$ | 91/93 (3:1) | 氯代环戊基正离子 |
| 78 | $C_6H_6^{+\cdot}$ | 93/94 (3:1) | $CH_2Br^+$ |
| 79 | $C_6H_5^+$ | 97 | $C_5H_5^+$, $C_7H_{13}^+$ |
| 79/81 (1:1) | $Br^+$ | 105 | $C_6H_5CO^+$, $C_8H_9^+$ |
| 80/82 (1:1) | $HBr^{+\cdot}$ | 106 | $C_7H_8N^+$ |
| 80 | $C_5H_6N^+$ | 107 | $C_7H_7O^+$ |
| 81 | $C_5H_5O$ | 107/109 (1:1) | $C_2H_4Br^+$ |
| 85 | 吡喃鎓, 戊内酯鎓 | 122 | $C_6H_5COOH$ |
| 86 | $CH_2=(O)C_5H_7^{+\cdot}$, $C_4H_9CH=NH_2^+$ | 123 | $C_6H_5COOH_2^+$ |
| 87 | $CH_2=CH-\overset{+}{\underset{\parallel}{C}}-OCH_3$ (O) | 127 | $I^+$ |
| 91 | $C_7H_7^+$ | 128 | $HI^+$ |
| 92 | $C_7H_8^{+\cdot}$, $C_6H_6N^+$ | 130 | $C_9H_8N^+$ |

# 第 8 章
## 气相色谱法

色谱分析法（Chromatography）简称色谱法，是分离分析混合物的一种有效的物理或物理化学方法。由固定相（有巨大表面积的固定床）、流动相（通过或沿着固定床渗滤的液体）和待分离混合物构成色谱三要素，利用混合物中共存组分在两相间迁移速度的差异，实现先分离，然后逐个进行测定。图 8-1 为利用色谱法分离混合色素的示意图，玻璃管中碳酸钙为固定相（Stationary Phase），淋洗用的石油醚为流动相（Mobile Phase）。

气相色谱（GC）是色谱法中重要的一种，主要应用于气体和沸点低于 400℃ 的各类混合物的快速分离分析。可将其按不同的分类方式进行分类，如图 8-2 所示。

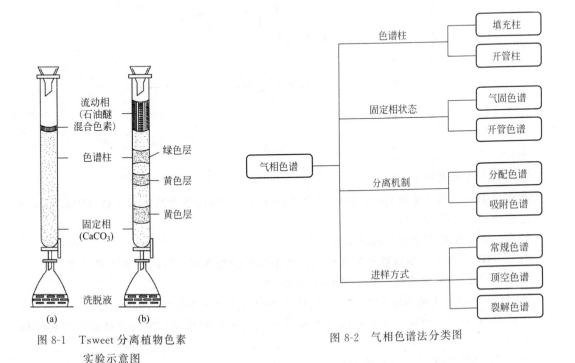

图 8-1 Tsweet 分离植物色素实验示意图

图 8-2 气相色谱法分类图

## 8.1 方法原理

### 8.1.1 气相色谱分离的原理

气相色谱的流动相为惰性气体，气-固色谱法以表面积大且具有一定活性的吸附剂为固定相。当多组分的混合物样品进入色谱柱后，由于吸附剂对每个组分的吸附力不同。经过一定时间后，各组分在色谱柱中的运行速度也就不同。吸附力弱的组分先解吸下来，而吸附力强的组分后解吸下来，顺序进入检测器中被检测、记录下来。

气-液色谱中，以均匀地涂在载体表面的液膜为固定相，这种液膜对各种样品组分有一定的溶解度。当样品中含有多个组分时，由于它们在固定相中的溶解度不同，在色谱柱中的运行速度也就不同，溶解度小的组分先离开色谱柱，而溶解度大的组分后离开色谱柱。分离后顺序进入检测器中被检测、记录下来。

色谱流出曲线又称色谱图，简称色谱，如图 8-3 所示。

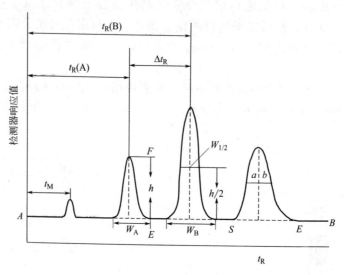

图 8-3 气相色谱图

色谱峰专业术语如下。

基线（$AB$）：当没有样品进入色谱仪检测器时噪声随时间变化的曲线（载气中杂质及柱中流出的一些成分的响应）。

峰高（$h$）：从峰最大值到峰底的距离。

峰宽（$W$）：在流出曲线拐点处做切线，交于基线的两点间的距离，又叫基线宽度。

峰面积（$A$）：色谱曲线与基线间所包围的面积。

死时间（$t_M$）：不被固定相保留的物质从进样到出现峰最大值所需的时间。

保留时间（$t_R$）：样品组分从进样到出现峰最大值所需的时间，即组分被保留在色谱柱中的时间。

调整保留时间（$t'_R$）：保留时间（$t_R$）减去死时间（$t_M$）。

$$t'_R = t_R - t_M$$

相对保留值（$r$）：在一定的分离条件下，保留时间大的组分 B 与保留时间小的组分 A 的调整保留值之比。

$$r = t'_{R(B)} / t'_{R(A)} = \frac{K_B}{K_A}$$

分配系数（$K$）：其定义为在平衡状态时，某一组分在固定相（浓度为 $c_L$）与流动相（浓度为 $c_G$）中的浓度之比，即 $K = c_L / c_G$。

容量因子（$k$）：也叫分配比或分配容量。它定义为平衡状态时，组分在固定相与流动相中的质量之比：

$$k = c_L V_L / c_G V_G = K V_L / V_G = (t_R - t_M)/t_M = \frac{t'_R}{t'_M}$$

分离度又称作分辨率，是色谱柱在一定的色谱条件下对混合物综合分离能力的指标。分离度有不同的计算方法，例如：

峰底分离度 $R$：等于相邻组分色谱峰保留值之差与色谱峰平均峰底之比。

$$R = \frac{t_{R_2} - t_{R_1}}{1/2(W_{t_2} + W_{t_1})} = \frac{2(t_{R_2} - t_{R_1})}{W_{t_2} + W_{t_1}}$$

峰高分离度 $R_h$：当一对物质分离较差时，过两峰相交点向基线做垂线，则色谱峰的高度（一般指较大峰的高度）和相交点的高度之差与峰高的比值定义为该色谱柱对此两种物质的分离度，见图 8-4。

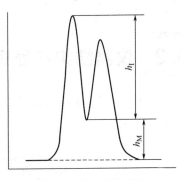

图 8-4 分离度示意图

$$R_h = (h_1 - h_M)/h_1$$

### 8.1.2 塔板理论

色谱柱是气相色谱的关键，根据塔板理论，可用塔板数和塔板高度描述柱效。

理论塔板数：$N = 16\left(\frac{t_R}{W}\right)^2 = 5.54\left(\frac{t_R}{W_{1/2}}\right)^2$

理论塔板高度用 $H$ 表示：$H = \frac{L}{N}$（$L$ 为柱长）

有效塔板数 $N_{eff}$ 为：$N_{eff} = 16\left(\frac{t'_R}{W}\right)^2 = 5.54\left(\frac{t'_R}{W_{1/2}}\right)^2$

假设 $W_{t_2} = W_{t_1}$，则 $R = \frac{t_{R_2} - t_{R_1}}{t_{R_2}} \times \frac{\sqrt{N}}{4}$，说明塔板数越高，分离度越大。

### 8.1.3 速率理论

色谱柱柱效的影响因素可用 Van Deemter 方程定量描述。

$$H = A + \frac{B}{u} + Cu$$

式中，$u$ 为载气线速度；$A$ 为涡流扩散项因素，$A = 2\lambda d_D$，其中，$\lambda$ 为常数相，称为填充不均匀性因素；$d_D$ 为填充物的平均颗粒直径，即粒度，单位为厘米，对于空心色谱柱，

$A$ 项为零；$B/u$ 为纵向分子扩散项因数，$B=2\gamma D_m$，其中，$\gamma$ 为扩散阻碍因子，反映流动相在柱内运动路径弯曲形成分子扩散障碍的情况。毛细管中，$\gamma=1$。$D_m$ 为扩散系数，与温度成正比，与分子量的平方成反比；$C_u$ 为传质因素，$C=C_m+C_s$，其中，$C_m$ 和 $C_s$ 分别是流动相和固定相的传质因素。

由 Van Deemter 方程可知，在载气流速 $u$ 很低时，纵向扩散项 $B/u$ 是引起谱带展宽的主要因素，随着 $u$ 的增加，$B/u$ 迅速减小，传质阻力项则逐渐增大。而当 $u$ 大于一定值后，传质阻力项就变成了影响谱带展宽的主要因素。所以，有一个最佳载气流速，在此条件下理论塔板高度最小，柱效最高。

总结起来，改善柱效率应选择颗粒较小的均匀填料，在不使固定液黏度增加太多的前提下，应在最低柱温下操作。另外，固定液应选取最低实际浓度，载气则应采用较大摩尔质量和最佳流速为宜。

## 8.2 仪器结构与原理

气相色谱仪主要由气路系统、进样系统、分离系统、检测系统和工作站组成，如图 8-5 所示。

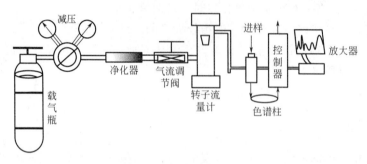

图 8-5 气相色谱仪的组成

### 8.2.1 气路系统

气路系统包括载气和检测器所用气体的气源（氮气、氦气、氢气、压缩空气等的钢瓶或气体发生器，气流管线）以及气流控制装置（压力表、针形阀，还可能有电磁阀、电子流量计）及相应气体净化装置。

气相色谱常用的载气有氢气、氦气、氮气（要求纯度 99.999%）。载气中的杂质主要是一些永久气体、低分子量有机化合物和水蒸气，一般可采用装有分子筛、硅胶等的过滤器吸附有机杂质和水蒸气。

实际操作中，高压钢瓶中的载气经过减压阀减压，再经过净化器进入仪器，仪器中有相应的电子流量压力控制装置（EPFC）调节其压力流量，在此过程中，应密切注意保持整个气路系统的气密性。

### 8.2.2 进样系统

进样系统的作用是有效地将样品导入色谱柱进行分离，包括自动进样器、气体进样阀、各种进样口（如填充柱进样口、分流/不分流进样口、冷柱上进样口、程序升温进样口等），以及顶空进样器、吹扫-捕集进样器、裂解进样器等辅助进样装置。

**（1）分流/不分流进样口**

分流进样时载气流路如图 8-6(a) 所示，进入进样口的载气总流量由一个总流量阀控制，而后载气分成两部分：隔垫吹扫气和进入气化室的载气。进入气化室的载气与样品气体混合后又分为两部分：大部分经分流出口放空，小部分进入色谱柱。分流进样的适用范围宽、灵活性很大、分流比可调范围广，特别是对于未经稀释或成分较复杂的样品，分流进样是理想的选择。而对于浓度较低或容易造成不同分流比的分流歧视效应较大的样品，应使用不分流进样，它的原理如图 8-6(b) 所示，不分流进样时，分流阀关闭，所有的样品都进入到色谱柱中。

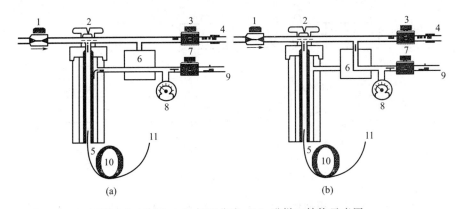

图 8-6 分流（a）与不分流（b）进样口结构示意图

1—总流量控制阀；2—进样口；3—隔垫吹扫器调节阀；4—隔垫吹扫器出口；5—分流器；6—分流/不分流电磁阀；7—柱前压调节阀；8—柱前压表；9—分流出口；10—色谱柱；11—接检测器

**（2）填充柱进样口**

填充柱进样口的原理类似于分流/不分流进样口的不分流模式，样品在气化后不经过分流，全部被载气带入色谱柱。

**（3）气体进样阀**

气体进样阀原理如图 8-7 所示。载样时，阀的①、②位置接在待测气体的气路上，气体样品通过①、⑥，经定量管，从③、②放空，进样时，阀的转子转动60°，载气通过定量管将气体样品带入色谱柱进行分离。

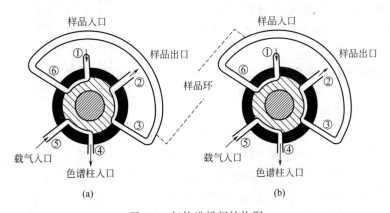

图 8-7 气体进样阀结构图

### 8.2.3 分离系统

分离系统包括柱温箱和色谱柱,其中色谱柱本身的性能是气相色谱的关键。

色谱柱包括填充柱和毛细管柱,如图 8-8 所示为填充柱和毛细管柱示意图,填充柱又分气固色谱柱与气液色谱柱。气固色谱柱常用的填充物有活性炭、硅胶、氧化铝和分子筛等几种。在气液色谱柱中,固定相是在一种化学惰性固体(在气相色谱中通常称为"担体")表面上涂一层很薄的高沸点有机化合物的液膜,这种高沸点有机化合物称为"固定液"。色谱用担体是一种化学惰性的物质,大部分都是多孔性的固体颗粒。

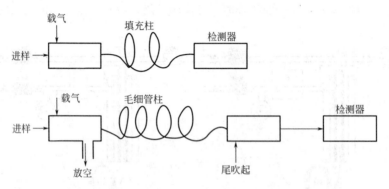

图 8-8 填充柱和毛细管柱示意图

固定液的选择一般采用"相似性原则",非极性物质一般选用非极性固定液分离。这时各组分基本上按沸点顺序出峰,沸点低的组分先流出。极性物质一般选用极性固定液分离,这时各组分基本上按极性由小到大顺序出峰。

毛细管柱常用的是壁涂开管柱,其材料为熔融石英,即弹性石英柱。有非极性柱、弱极性柱、中等极性柱和强极性柱这几种,毛细管柱分离效率高,分析速度快,应用范围相当广泛。

柱温箱可以快速升温降温,并能实现多阶升温程序,使样品获得更好的分离效果。

### 8.2.4 检测系统

气相色谱可使用的检测器有多种,常用的有热导池检测器(TCD)、氢火焰离子化检测器(FID)、火焰光度检测器(FPD)、氮磷检测器(NPD)、电子捕获检测器(ECD)和质谱检测器(MSD)等几种。

**(1) 氢火焰离子化检测器**

氢火焰离子化检测器是一种通用型检测器(见图 8-9),仅对惰性气体、水、$NH_3$、CO、$CO_2$、$CS_2$、卤代硅烷等无响应,它的检测机理是使从色谱柱流出的载气与氢气混合,由喷嘴喷出,遇到附近的空气后点燃形成火焰,在与喷嘴水平同轴处有一极化极(又称发射极),火焰上方是一圆筒形收集极,两极间施以恒定的电压,使离子在极化极和

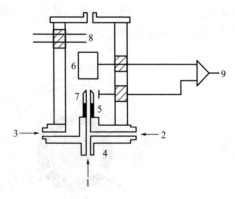

图 8-9 氢火焰离子化检测器的结构
1—色谱柱出口;2—氢气;3—空气;
4—底座;5—陶瓷管;6—收集极;
7—极化极;8—点火器;9—放大器

收集极之间做定向流动而形成电流。当只有载气通过检测器时,形成的离子很少,因此电流很低;当有样品组分通过检测器时,由于样品在氢火焰燃烧时生成的离子会使电流急剧增大,其强度与通过检测的样品量成正比。

**(2) 热导池检测器**

不同物质和载气有不同的热导率,当通过热导池孔道的气体组成及浓度发生变化时,就会从其中的热敏元件上带走不同的热量,使其温度发生变化,从而引起其阻值变化,这种阻值变化用电桥测量,其信号值被记录从而得到色谱峰。

热导检测器是一种通用型检测器,这种检测器的一般结构如图 8-10 所示。测量线路图如图 8-11 所示。它主要工作结构由池体和热敏元件组成,池体内装有两根电阻相等的热敏元件构成参比池和测量池。由于样品中不同物质与载气的热导率不同,它们带走的热量和参比池仅有载气通过时带走的热量不同,导致记录仪上产生信号(色谱峰)。在检测过程中 TCD 不会破坏样品,所以这种检测器可串联装在火焰离子检测器和其他检测器前面。

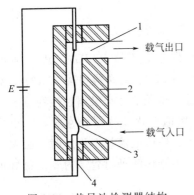 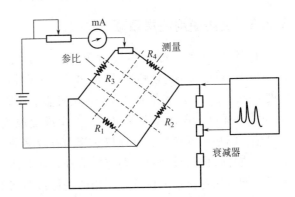

图 8-10 热导池检测器结构　　　　　图 8-11 热导池惠斯通电桥测量线路图
1—池槽;2—池体;3—热敏元件;4—绝缘体

**(3) 质谱检测器**

质谱检测器是质量型、通用型 GC 检测器,其原理与质谱(MS)相同,均是在电场磁场的综合作用下,收集碎裂的正电荷离子并记录成谱。它不仅能够给出一般 GC 检测器所能获得的色谱图(称为总离子流色谱图 TIC 或选择离子流色谱图 RIC),而且能够给出每个色谱峰所对应的质谱图。通过计算机对标准谱库的自动检索,可提供化合物分子结构的信息,故是 GC 定性分析的有效工具。

## 8.3　实验技术

### 8.3.1　样品制备

进入气相色谱仪的样品,必须在色谱柱的工作范围内能够完全气化,直接分析的样品应是可挥发的,而且是热稳定的,沸点一般不超过 300℃,不能直接进样的应进行前处理。气相色谱最常用的前处理技术有溶剂萃取、固相萃取、超临界萃取、衍生化、膜分离等。

### 8.3.2 进样操作要点

① 进样针取样时,先用被测试液洗涤 5~6 次,然后缓慢抽取一定量试液,若仍有气泡,可将针头朝上,待空气排除后,再排去多余试液便可进样。

② 进样时要求进样针垂直于进样口(见图 8-12)。左手扶针头以防弯曲,右手拿进样针,右手食指卡在进样针芯子和进样针管的交界处,即可避免当进针到气路管中时因载气压力较高而把芯子顶出,影响正确进样。

③ 将进样针插入到气化室内部,使针尖位于气化室加热块中部(固定相上方约 1~2cm 处),推入试样,停留 1~2s 后拔出进样针。整个过程要连贯、稳当、迅速。

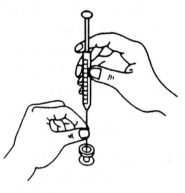

图 8-12 进样手法

④ 进样器上硅橡胶密封垫片要经常更换,该垫片经 20~50 次穿刺进样后,气密性降低,容易漏气。

### 8.3.3 仪器使用注意事项

① 气体纯度　对于热导检测器(TCD)、火焰离子化检测器(FID),载气纯度≥99.995%;对于火焰光度检测器(FPD)、电子捕获检测器(ECD)、氮磷检测器(NPD),载气纯度≥99.999%。助燃器不得含有影响仪器正常工作的灰尘、烃类、水分及腐蚀性物质。

② 进样口　通常在进样 50~100 次或发现色谱峰保留值变化及峰形异常时,需更换进样隔垫。隔垫出现裂口、进样口衬管内有较多的隔垫碎屑、柱压或流量不稳定时,必须进行更换。进样口内的玻璃衬管要定期清洗,需要注意分流及不分流两种衬管,衬管内最好加石英棉,同时注意添加的位置,不用的进样口要堵上。

③ 色谱柱　安装毛细管色谱柱时两端切口要平整,长时间不用或新的毛细管柱两头要切掉 2cm 左右,再分别接进样口和检测器。两边长度用附带的工具进行测量即可。色谱柱要进行老化后再接上检测器、以免柱流失造成检测器的污染或损坏。

④ 检测器　检测器不使用时使之处于关闭状态。使用电子捕获检测器排放空气时需要通过导管引出室外,平时使用时尽量避免把空气带入到电子捕获检测器中。在使用火焰光度检测器时,安装滤光片不要拧得过紧。

## 8.4 特点与应用

### 8.4.1 特点

气相色谱法作为一种重要的分析方法,具有以下几个特点。

① 应用范围广。适用于气体、液体和固体的测量。

② 灵敏度高。可用于痕量物质的测定。

③ 分析速度快。仅需要几分钟到几十分钟即可完成一次分析,操作简单,应用在工业上有利于指导和控制生产。

④ 高效能。可将组分复杂的样品分离开,适用于复杂组分的分离分析。
⑤ 选择性好。可有效地分离性质极为相近的各种同分异构体和各种同位素。
⑥ 所需试剂少,设备和操作比较简单。

另外,由于色谱柱的最高使用温度一般不超过 400℃,所以气相色谱对难以气化的样品或热不稳定的样品有一定的使用限制。

### 8.4.2 应用

**(1) 定性分析**

① 利用保留值定性　利用保留值定性是色谱分析中最普遍、最方便的一种方法。在一定的固定相和一定的操作条件(柱温、柱长、柱内径、载气流速等)下,任何一种物质都有一个确定的保留值(如 $t_R$ 或 $V_R$),因而在一定条件下测定各色谱峰出现的时间或相应的保留体积,通过与标准样品对照,便有可能判定某一色谱峰代表哪种物质。当样品组分较复杂而又不易推测的时候,相邻流出峰之间的距离往往很接近而难以判断,这时选用纯物质进行核对。其方法是把纯物质加入样品中,观察在色谱图上需要定性的峰是否增高,若增高即可能与纯物质为同一化合物。

碳数规律:一定温度下同系物的保留值 $Z$ 的对数和分子中的碳数 $n$ 呈线性关系($n=1$ 或 2 时可能有偏差),即:$\lg Z = a_1 n + b_1 (a_1, b_1$ 均为经验常数$)$。

沸点规律:具有相同碳原子数目的碳链异构体的保留值 $Z$ 的对数与其沸点 $T$ 呈线性关系:$\lg Z = a_2 T + b_2 (a_2, b_2$ 均为经验常数$)$。

② 利用保留指数定性　Kovats 保留指数是将两个相邻正构烷烃保留值(时间、体积)的对数之间的差值等分为 100 份,某一组分 $i$ 的保留指数 $I$ 就可以按照下式计算:

$$I = 100 \frac{\lg x(i) - \lg x(n_z)}{\lg x(n_{z+1}) - \lg x(n_z)} + 100Z$$

式中,$x$ 为校正保留值,可以用体积、时间表示;$n_z$ 为具有 $z$ 个碳原子数的正构烷烃;$n_{z+1}$ 为具有 $z+1$ 个碳原子数的正构烷烃。

**(2) 定量分析**

在气相色谱法中,可采用归一化法、外标法、内标法进行定量。

① 归一化法　试样中各组分经色谱柱分离后进入检测器被检测,在一定操作条件下,被测组分 $i$ 的质量($m_i$)或其在载气中的浓度与检测器响应信号(色谱图上表现为峰面积 $A_i$ 或峰高 $h_i$)呈正比,可写作:

$$m_i = f_i A_i$$

使用归一化法定量,要求试样中的各个组分都能得到完全分离,并且在色谱图上应能绘出其色谱峰,计算式为:

$$x_i = \frac{m_i}{\sum m_i} \times 100\% = \frac{f_i A_i}{\sum f_i A_i} \times 100\%$$

式中,$x_i$ 为待测样品中组分 $i$ 的含量(浓度);$A_i$ 为组分 $i$ 的峰面积;$f_i = m_i / A_i$ 称为被测组分 $i$ 的绝对质量校正因子。

由于同一种检测器,对不同物质具有不同的响应值,这样就不能直接用峰面积来计算物质的含量。为了使检测器产生的响应信号能真实地反映出物质的含量,需要对响应值进行校正,这就是校正因子的意义。

归一化法的优点是计算简便，定量结果与进样量无关，且操作条件不需严格控制，是常用的一种色谱定量方法。此法的缺点是不管试样中某组分是否需要测定，都必须全部分离流出，并获得可测量的信号，而且其校正因子也应为已知。

② 外标法　配置已知浓度的标准样品进行色谱分析，测得各组分的峰高或峰面积对应浓度的标准曲线，然后在同样的操作条件下分析试样并与标准样品进行比较。分析结果的准确性主要取决于进样量的重复性和操作的稳定性，其基本关系式为：

$$x_i = \frac{A_i}{A_E} \times E_i$$

式中，$E_i$ 为标准样品中组分 $i$ 的含量（浓度）；$A_E$ 为标准样品中组分 $i$ 的峰面积。

③ 内标法　将一定量的纯物质作为内标物加入样品中，然后进行色谱分析，测定内标物和某几个组分的峰面积和相对应值，就可以求出这几个组分在样品中的含量，其基本关系式为：

$$x_i = \frac{m_S A_i f_{i,S}}{m A_S} \times 100\%$$

式中，$m$ 指样品的质量；$m_S$ 指待测样品中加入内标物的量；$A_S$ 指待测样品中内标物的峰面积；$f_{i,S}$ 指组分 $i$ 与内标物的校正因子之比，即用标准物校正因子 $f_S$ 来校正其他物质校正因子 $f'_i$，称为相对校正因子。校正因子和相对校正因子关系式如下：

$$f_i = \frac{m_i}{A_i}; \quad f_{i,S} = \frac{f_i}{f_S}$$

内标法定量结果准确，对于进样量及操作条件不需严格控制。

**应用示例**：气相色谱法测定化妆品中的酞酸酯。

a. 标准液配制

准确称取 DMP（邻苯二甲酸二甲酯）、DEP（邻苯二甲酸二乙酯）、DBP（邻苯二甲酸二丁酯）、BBP（邻苯二甲酸丁基苄基酯）、DEHP［邻苯二甲酸二（2-乙基己）酯］、DOP（邻苯二甲酸二辛酯）各 50mL 置于 500mL 容量瓶中，用甲醇定容，振荡均匀，即得 6 种酞酸酯质量浓度各为 $1g \cdot L^{-1}$ 的混合标准储备液，再逐级用甲醇稀释至所需要的浓度。

b. 样品前处理

称取化妆品 0.5g（固体和膏体）置于 50mL 锥形瓶中，准确加入甲醇 25mL，超声 15min，以 $12000r \cdot min^{-1}$ 高速离心 15min，取上清液并在其中加入 5g 无水 $Na_2SO_4$ 脱水，经微孔滤膜过滤，滤液供测定用。称取液态化妆品（香水和爽肤水）0.1g，置于 20mL 比色管中，加甲醇到 10mL，摇匀，再加入 5g 无水 $Na_2SO_4$ 脱水，上清液经微孔滤膜过滤，滤液供测定用。

c. 结果分析

根据标准样品的 GC-FID 色谱图 6 种酞酸酯的保留时间，可以对样品中的酞酸酯定性；根据标准样品的 GC-FID 色谱图 6 种酞酸酯的峰面积，在测得样品酞酸酯峰面积的情况下，可计算样品中酞酸酯的含量。标准样品的 GC-FID 色谱图如图 8-13 所示。以峰面积 $y$ 对质量浓度 $x$（$mg \cdot L^{-1}$）进行线性回归，得各化合物的线性关系见表 8-1。对送检的 5 种化妆品中的 6 种酞酸酯进行测定，结果见表 8-2。

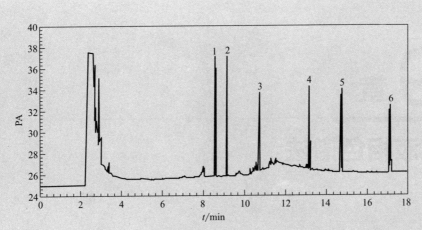

图 8-13 6 种酞酸酯混合标准品的 GC-FID 色谱图
1—DMP；2—DEP；3—DBP；4—BBP；5—DEHP；6—DOP

表 8-1 线性关系

| 样品 | $y=1.83x-0.08$ | $r$ |
| --- | --- | --- |
| DMP | $y=1.84x-0.10$ | 0.99998 |
| DEP | $y=1.73x+0.31$ | 0.99999 |
| DBP | $y=1.88x+0.34$ | 0.99998 |
| BBP | $y=2.21x+0.54$ | 0.99999 |
| DEHP | $y=2.21x+0.54$ | 0.99998 |
| DOP | $y=2.46x+0.35$ | 0.99999 |

表 8-2 化妆品中 6 种酞酸酯的测定结果

| 样品 | $w_{(DMP)}/\%$ | $w_{(DEP)}/\%$ | $w_{(DBP)}/\%$ | $w_{(BBP)}/\%$ | $w_{(DEHP)}/\%$ | $w_{(DOP)}/\%$ | $w_{(Total)}/\%$ |
| --- | --- | --- | --- | --- | --- | --- | --- |
| 1 | — | 0.66 | — | — | 0.21 | — | 0.87 |
| 2 | — | 1.49 | — | — | — | 0.034 | 1.52 |
| 3 | — | 0.024 | — | 0.038 | — | — | 0.062 |
| 4 | 0.31 | — | 0.15 | — | 0.020 | — | 0.48 |
| 5 | — | — | — | — | — | — | — |

# 第9章 高效液相色谱法

高效液相色谱法（High Performance Liquid Chromatography，HPLC）是色谱法的重要分支，以液体为流动相，采用高压输液系统，将具有不同极性的单一溶剂或不同比例的混合溶剂、缓冲液等流动相泵入装有固定相的色谱柱，在柱内各成分被分离后，进入检测器进行检测，从而实现对试样的分析。

可将其按不同的分类方式进行分类，如图 9-1 所示。

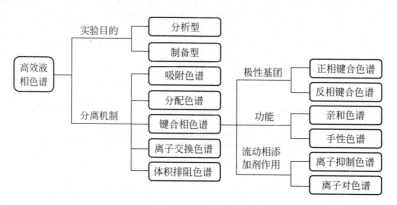

图 9-1　高效液相色谱法类型

## 9.1　方法原理

高效液相色谱法的基本原理与气相色谱法相似，因此气相色谱中的基本理论、基本概念也基本上适用于高效液相色谱，但由于气相色谱的流动相是气体，高效液相色谱的流动相是液体，在描述两种色谱基本理论时会有所不同。

### 9.1.1　液相色谱的速率方程

高效液相色谱也可以用气相色谱的塔板理论进行解释和计算。

气相色谱的速率理论修正后也可用于高效液相色谱，并能对影响柱效的各种动力学因素进行合理解释。液相色谱的 van Deemter 方程为

$$H = 2\lambda d_p + \frac{C'_d D_m}{u} + \left(\frac{C_s \cdot d_f^2}{D_s} + \frac{C_m \cdot d_p^2}{D_m} + \frac{C_{sm} \cdot d_p^2}{D_m}\right) \cdot u$$

$$(\text{I}) \quad (\text{II}) \quad (\text{III}) \quad (\text{IV}) \quad (\text{V})$$

式中，$C'_d$ 为常数；$C_s$、$C_m$、$C_{sm}$ 分别为固定相、流动相和停滞流动相的传质阻力系数，当填料一定时为定值；$D_m$、$D_s$ 为组分在流动相和固定相中的扩散系数；$d_f$ 为固定相层的厚度；$d_p$ 为固定相的平均颗粒直径；$u$ 为流动相线速率。

其中，（Ⅰ）和（Ⅱ）分别表示涡流扩散项和纵向扩散项。由于组分在液相中的扩散系数比气相中小 4～5 个数量级，因此纵向扩散项可以忽略不计。（Ⅲ）和（Ⅳ）分别为固定相传质阻力和在流动相区域内流动相的传质阻力；（Ⅴ）为在停滞区域内的流动相传质阻力，如果固定相的微孔小而深，其传质阻力会大大增加。采用以下措施来提高柱效：①采用颗粒小而均匀的填料填充色谱柱，且填充尽量均匀，以减少涡流扩散；②采用表面多孔的固定相做填料可减小填料的孔隙深度，以减小传质阻力；③使用小分子溶剂做流动相，以减小流动相黏度；④适当提高柱温以提高组分在流动相中的扩散系数；⑤降低流动相流速可降低板高，但太低又会引起组分分子的纵向扩散，故流动相流速应恰当。

由于 $H$ 与 $d_p^2$ 成正比，在减小填料粒度的同时，孔隙深度也随之减小，故减小填料粒度是提高柱效的最有效途径。

### 9.1.2 柱外效应

速率方程研究的是柱内溶质的色谱峰展宽，柱外效应也是影响高效液相色谱柱效的一个重要因素。所谓柱外效应是指色谱柱外各种因素引起的色谱峰扩展，是由于流动相在管壁邻近处的流速明显地比管中心区域快。当使用小内径柱时，柱外效应更严重，包括柱前峰展宽和柱后峰展宽。

为减少柱外效应的影响，应尽可能减小柱外死空间，即减小除柱子本身外，从进样器到检测池之间的所有死空间。例如，可采用零死体积接头来连接各部件。

## 9.2 仪器结构与原理

高效液相色谱仪可分为分析、制备、半制备、分析和制备兼用等类型；从仪器结构布局上又可分为整体和模块两种类型。每种仪器都有五个主要的部分：高压输液系统、进样系统、分离系统、检测系统和数据记录与显示系统。此外，还配有梯度淋洗、自动进样及数据处理等辅助系统。

图 9-2 是典型的高效液相色谱仪结构示意图。高压泵将储液瓶中的溶剂经进样器送入色谱柱中，然后从检测器的出口流出。当待测样品从进样器注入时，流经进样器的流动相将其带入色谱柱中进行分离，然后依次进入检测

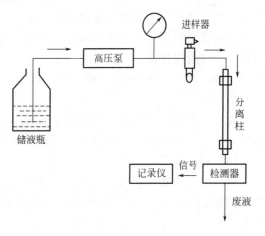

图 9-2 高效液相色谱仪的结构示意图

器，由记录仪将检测器送出的信号记录下来得到色谱图。

### 9.2.1 高压输液系统

该系统最基本的部件是高压输液泵（简称为高压泵）和贮液罐，此外，根据仪器的配置和性能的不同，尚有在线过滤器、梯度混合装置和在线脱气装置，其核心部件是高压泵。

**(1) 贮液罐**

贮液罐又称贮液瓶、储液瓶或贮液器，用于存贮流动相。其材质应耐腐蚀，可为玻璃、不锈钢、氟塑材料或特种塑料聚醚醚酮（PEEK），无色或棕色。棕色瓶可起到避光作用，盛放水溶液时可减缓菌类生长。

**(2) 高压输液泵**

高压输液泵也称高压泵，主要功能是将流动相连续输入色谱系统。从工作原理上，可分为恒流泵和恒压泵两类。恒压泵可输出恒定不变的液压。恒流泵则是输出恒定流量的泵，包括螺旋注射泵和柱塞往复泵。柱塞往复泵示意图如图 9-3 所示。该泵的泵腔容积小，易于清洗和更换流动相，特别适用于再循环和梯度洗脱；能方便地调节流量，流量不受柱阻影响。其主要缺点是输出的脉动性较大，现多采用双泵补偿法及脉冲阻尼器来克服。

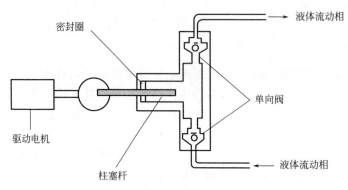

图 9-3　柱塞往复泵结构示意图

**(3) 梯度洗脱装置**

HPLC 有等度（Isocratic）和梯度（Gradient）两种洗脱方式。梯度洗脱即改变流动相的组成和极性以使溶质在两相中的分配系数改变，起到控制分离、调节出峰时间等目的。有低压梯度（外梯度）和高压梯度（内梯度）两种实现方式。

低压梯度是在常压下将两种或多种溶剂按一定比例在比例阀中混合后，再用高压泵将流动相以一定的流量输出至色谱柱。常见的是四元泵，其结构如图 9-4 所示，其特点是只需一个高压输液泵，由计算机控制四元比例阀来改变溶剂比例，即可实现二元至四元梯度洗脱。由于溶剂在常压下混合，易产生气泡，故需良好的在线脱气装置。

高压梯度用两个高压泵分别按比例输送两种不同溶液至混合器，将两种溶液进行混合，然后以一定的流量输出，如图 9-5 所示。

**(4) 脱气装置**

HPLC 的流动相必须预先脱气，否则容易在系统内逸出气泡，影响泵的工作；还会影响检测器的灵敏度、基线稳定性，甚至无法检测；在梯度淋洗时会造成基线漂移或形成鬼峰。

常用的脱气方法有在线脱气法和离线脱气法。在线脱气法采用在线真空脱气装置可实现

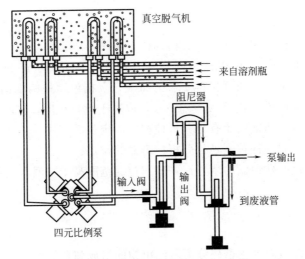

图 9-4　HPLC 四元泵结构示意图

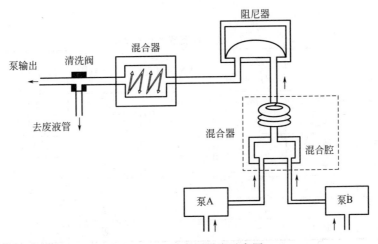

图 9-5　二元高压梯度示意图

流动相在进入输液泵前的连续真空脱气。离线脱气法有抽真空脱气、超声波振荡脱气、吹氦脱气。

### 9.2.2　进样系统

HPLC 常用的进样装置有以下三种。

① 隔膜进样器　与 GC 类似,在色谱柱顶端装一耐压弹性隔膜,试样用 $1\sim100\mu L$ 进样器穿过密封的隔膜注入到色谱柱内。它简单价廉,但重现性差。

② 六通进样阀　六通进样阀是目前普遍采用的进样方式。其结构和工作原理与气相色谱中所用的六通阀相同。由于进样体积由定量管严格控制,因此进样准确、重现性好。

③ 自动进样器　当有大批量样品需做常规分析时,可采用自动进样器进样。自动进样器由程序或微机控制,可自动进行取样、进样、清洗等,分为圆盘式、链式和笔标式三种。

### 9.2.3 分离系统

分离系统包括色谱柱、保护柱、柱温箱、柱切换阀等。

色谱柱是 HPLC 的心脏。色谱柱由固定相、柱管、密封环、筛板（滤片）、接头等组成。柱管材料多为不锈钢，其内壁材料要求镜面抛光。在色谱柱两端的柱接头内装有筛板，由不锈钢或钛合金烧结而成，孔径 $0.2\sim10\mu m$，取决于填料粒度，目的是防止填料漏出。

保护柱是接在分析柱前端的装有与分析柱相同固定相的短柱（长度为 $5\sim20mm$），可以经常而且方便地更换，起到保护、延长分析柱寿命的作用。

柱温箱是用来使色谱柱恒温的装置，一般其控温范围高于室温，也可低于室温，有些柱温箱还具有柱切换装置。

### 9.2.4 检测系统

检测器是用来连续检测经色谱柱分离后流出物的组成和含量变化的装置。它利用被测物质的某一物理或化学性质与流动相有差异的原理，当被测物质从色谱柱流出时，会导致流动相的背景发生变化，从而在色谱图上以色谱峰的形式表现出来。HPLC 各类检测器的性能比较见表 9-1。

表 9-1 各类检测器的性能比较

| 检测器 | 相应对象 | 检测限 /(g·L$^{-1}$) | 线性范围 | 流速敏感性 | 温度敏感性 | 梯度洗脱 |
| --- | --- | --- | --- | --- | --- | --- |
| 紫外检测器 | 有生色对象 | $10^{-9}$ | $10^5$ | 否 | 否 | 可以 |
| 荧光检测器 | 有荧光 | $10^{-12}$ | $10\sim10^3$ | 否 | 否 | 可以 |
| 示差折光检测器 | 通用 | $10^{-7}$ | $10^4$ | 是 | 是 | 不可以 |
| 蒸发光散射检测器 | 通用 | $10^{-8}$ | — | 否 | 否 | 可以 |
| 电导检测器 | 离子 | $10^{-8}$ | $10^6$ | 是 | 是 | 有限制 |
| 安培检测器 | 电化学活性 | $10^{-12}$ | $10^6$ | 是 | 是 | 部分可以 |
| 质谱检测器 | 通用 | $10^{-12}$ | $10^4$ | 否 | 否 | 可以 |

典型的是紫外检测器和示差折光检测器。

紫外检测器也称紫外吸收检测器，是一种选择性的浓度型检测器，是 HPLC 中应用最早、最广泛的检测器之一，它通过测定物质在流动池中吸收紫外光的大小来确定其含量。可分为固定波长检测器（单波长检测器）、可变波长检测器（多波长检测器）和光电二极管阵列检测器（Photo Diode Array Detector，PDAD）。

示差折光检测器（Refractive Index Detector，RID）又称折光指数检测器，它是通过连续监测参比池和测量池中溶液的折射率之差来测定样品的检测器。在多数情况下，被测物与流动相的折射率都有差异，所以 RID 是一种通用检测器。

其他检测器工作原理类似，可查阅有关教材或参考资料。

### 9.2.5 数据处理和显示装置

高效液相色谱的工作站，主要进行数据的采集和处理及控制多台仪器自动化操作、网络运行等。现在的工作站一般都可以实现在线模拟显示，数据自动采集、处理和储存，并可对整个过程实现自动控制。如果设置好相关的分析条件和参数，可自动给出最终的分析结果。

## 9.3 实验技术

### 9.3.1 溶剂处理技术

高效液相色谱对流动相的要求较高，因此溶剂在作为流动相之前要进行预处理，如下所示。

① 溶剂的纯化，去除干扰检测器的杂质。

② 流动相的脱气，防止气泡进入检测器而引起的基线不稳定。脱气可利用真空脱气、脱气膜脱气等方法进行。

③ 流动相过滤，一般用 $0.45\mu m$（或 $0.22\mu m$）的滤膜过滤，防止阻塞流路。

### 9.3.2 样品的制备

对于需要做 HPLC 检测的样品应具备以下要求。

① 需要了解样品的大致信息，不同的样品需要用不同的色谱柱分离和不同的检测器检测。

② 样品的酸碱性不能过强。现在大多数液相色谱的连接管路都是用不锈钢制成的，耐高压，但是不耐酸碱腐蚀。

③ 样品在进样之前需要用 $0.45\mu m$（或 $0.22\mu m$）的滤膜过滤。

### 9.3.3 分离方式的选择

选择何种类型的 HPLC 进行分析，一般总是从相对分子质量出发，考虑样品的水溶性、样品分子的结构和极性，参照图 9-6 来选择分离方式。

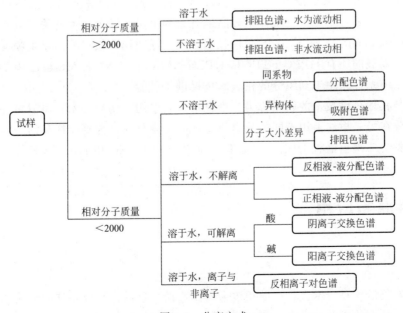

图 9-6 分离方式

### 9.3.4 衍生化技术

液相色谱中衍生化主要是为了改善检测能力，包括柱前衍生化和柱后衍生化。紫外检测器是液相色谱中使用最多的检测器，没有紫外吸收或紫外吸收很弱的化合物只能通过衍生化反应在分子中引入有强紫外吸收的基团后，才能被检测。常用的紫外衍生反应有苯甲酸化反应、2,4-二硝基氟代苯（DNFB）反应、苯基异硫氰酸酯（PITC）反应、苯基磺酰氯反应、酯化反应和羰基化合物的反应等。紫外衍生化反应应选择反应产率高、重复性好的反应，如果过量的试剂或试剂中的杂质会干扰下一步的分离和检测，在进色谱仪之前要进行纯化分离，同时还应注意介质对紫外吸收的影响。

除了可以进行上述液相衍生化反应外，还可以进行固相化学衍生化反应。后者将衍生化小型柱直接与色谱仪器的进样器连接，实际上也就是将固相有机合成反应移植到色谱分析中来。固定化酶反应器也是一类固相化学衍生剂。

### 9.3.5 梯度洗脱

HPLC 中的梯度洗脱（Gradient Elution）相当于 GC 中的程序升温。梯度洗脱是指在一个分析周期中，按一定的程序连续改变流动相中溶剂的组成（如溶剂的极性、离子强度、pH 等）和配比，使样品中的各个组分都能在适宜的条件下得到分离。

梯度洗脱可以改善峰形，提高柱效，减少分析时间，使强保留成分不易残留在柱上，从而保持了柱的良好性能。但梯度洗脱会引起基线漂移，有时重现性差，故需严格控制梯度洗脱的实验条件。

梯度洗脱可以分为高压梯度洗脱和低压梯度洗脱两类，目前多采用低压梯度洗脱。梯度洗脱是分析复杂混合物特别是分离保留性能相差较大的混合物的极为重要的手段。

### 9.3.6 联用技术

将 HPLC 与光谱或波谱技术联用是将 HPLC 的高分离效能和光谱、波谱仪的结构分析优势有机地结合起来，是分析复杂体系样品最有力的手段。联用技术的关键就在于接口。其中，最常用、最有效的是 HPLC-MS 联用技术，现广泛使用的接口技术是电喷雾技术和离子喷雾技术。已发展的还有 HPLC-FTIR 和 HPLC-NMR，LC-NMR-MS 也已用于研究中。联用技术为复杂体系样品中未知组分的在线解析提供了可能。

HPLC 与其他色谱技术的联用称为二维色谱，它采用柱切换技术，可以将一根色谱柱上未分开的组分在另一根柱上用不同的分离原理加以完全分离，为复杂样品的分析提供了有力的手段。常见的二维色谱有 HPLC-GC、LLC-SEC、LLC-IEC 和 HPLC-CE 等。

## 9.4 特点与应用

### 9.4.1 特点

高效液相色谱仪在技术上，流动相改为高压输送，色谱柱是以特殊的方法用小粒径的填料填充而成，从而使柱效大大高于经典液相色谱；同时柱后连有高灵敏度的检测器，可对流出物进行连续检测。高效液相色谱具有以下几个突出的特点。

① 高压　液相色谱法以液体为流动相（称为载液），液体流经色谱柱，受到阻力较大，为了迅速地通过色谱柱，必须对载液施加高压。一般可达（150～350）×$10^5$Pa。

② 高速　流动相在柱内的流速较经典色谱快得多，一般可达 1～10mL·$min^{-1}$。高效液相色谱法所需的分析时间较之经典液相色谱法少得多，一般少于 1h。

③ 高效　近来研究出许多新型固定相，使分离效率大大提高。

④ 高灵敏度　高效液相色谱已广泛采用高灵敏度的检测器，进一步提高了分析的灵敏度。如荧光检测器灵敏度可达 $10^{-12}$g·$mL^{-1}$。另外，用样量小，一般仅需要几个微升。

⑤ 适应范围宽　高效液相色谱法，只要求试样能制成溶液，不需要气化，因此不受试样挥发性的限制。对于高沸点、热稳定性差、相对分子量大的有机物，原则上都可应用高效液相色谱法来进行分离、分析。

### 9.4.2　应用

**(1) 定性分析**

① 利用保留时间定性　色谱利用保留时间定性的基本依据是：相同的物质在相同的色谱条件下应该有相同的保留时间（$t_M$）。在液相色谱中，利用保留时间定性的方法主要是用直接与已知标准物质对照的方法。

② 联机定性　质谱法、红外光谱法、紫外光谱法和核磁共振波谱法对有机物具有很强的定性分析能力，特别对于单一组分（纯物质）的定性。高效液相色谱能有效地将待测物成分分开，针对分开的待测物成分可以经由其他分析方法进一步得到更为详尽的信息。因此将色谱分析与这些仪器联用，就能发挥各自方法的长处，很好地解决组成复杂的混合物的定性分析问题，常用的联用方法如色质联用等。

**(2) 定量分析**

定量分析就是要确定样品中某一组分的准确含量。HPLC 定量分析是一种相对定量方法，而不是绝对定量方法。它是根据仪器检测器的响应值与被测组分的量在某些条件限定下呈正比的关系来进行定量分析的。也就是说，在色谱分析中，在某些条件限定下，色谱的峰高或峰面积（检测的响应值）与所测组分的数量（或浓度）成正比。色谱定量分析的基本公式为：

$$m_i(c_i) = f_i A_i(h_i)$$

式中，$m_i$ 为组分 $i$ 的质量；$c_i$ 为组分 $i$ 的浓度；$f_i$ 为组分 $i$ 的校正因子；$A_i$ 为组分 $i$ 的峰面积；$h_i$ 为组分 $i$ 的峰高。

色谱中常用的定量方法有归一化法、标准曲线法、内标法和标准加入法。按测量参数分，又可将上述四种定量方法分为峰面积法和峰高法。

**应用示例**：RP-HPLC（反相高效液相色谱）检测奈韦拉平（Nevirapine）中有关物质及其片剂的含量测定。

奈韦拉平是一种非核苷类逆转录酶抑制剂，与抗逆转录病毒药物、抗蛋白酶药物（如奇多夫定、司他夫定、拉米夫定等）联合使用，用于治疗获得性免疫缺陷综合征（艾滋病）病毒感染，可显著减少病毒载量，增加 CD4 细胞量。

a. 色谱条件

利用奈韦拉平对照品溶液（约 40mg·$L^{-1}$）20μL 进样分析，分析色谱图，获得的色谱条件如下：

色谱柱：Shimadzu VP-ODS 柱（4.6mm×150mm，5μm）；流动相：乙腈-0.025mol·$L^{-1}$ 的磷酸二氢铵溶液（磷酸调 pH 至 2.5）（22∶78）；检测波长：284nm；流速：1.0mL·$min^{-1}$。

b. 有关物质的测量

取检品适量，精密称定，用流动相溶解并制成奈韦拉平 0.2g·$L^{-1}$ 的溶液作为供试品溶液；精密量取供试品溶液适量，用流动相稀释制成 2mg·$L^{-1}$ 的对照溶液。在上述的色谱条件下，取对照溶液 20μL 注入高效液相色谱仪，测定峰面积，如图 9-7 所示，并调整仪器灵敏度，使主成分峰高为满量程的 15%。再精密移取供试品溶液 20μL 进样，记录色谱图至主成分保留时间的 4 倍。供试品溶液如显杂质峰，量取各杂质峰面积的总和，不得大于对照溶液中主峰面积（即不超过 1%）。

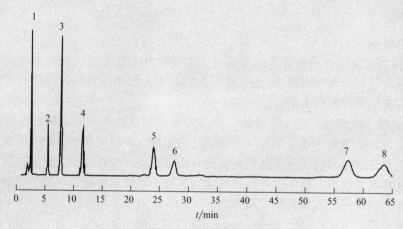

图 9-7 奈韦拉平和各中间体分离 HPLC 图
1—中间体 7；2—中间体 5；3—奈韦拉平；4—中间体 2；
5—中间体 4；6—中间体 3；7—中间体 1；8—中间体 6

c. 样品含量测定

取供试品 10 片，精密称定，研细，混匀，精密称取粉末适量（约含奈韦拉平 50mg），置 50mL 容量瓶中，加流动相至近刻度，超声 5min，冷却后用流动相定容至 50mL，摇匀，得含量待测定的供试品溶液。另取奈韦拉平对照品适量，精密称定，用流动相溶解并稀释至 40μg·$mL^{-1}$ 奈韦拉平溶液，作为对照品溶液。分别精密吸取对照品溶液和供试品溶液各 20μL，注入高效液相色谱仪，测定峰面积，按外标法计算供试品中奈韦拉平的含量。

# 第10章 电位分析法

电位分析法是在通过电池的电流为零的条件下,利用电极电位和浓度的关系进行测定的电化学分析法。分为直接电位法和电位滴定法两类。

## 10.1 方法原理

电位测量的基本装置是将一支指示电极与一支合适的参比电极插入被测液中,构成一个电化学电池,并通过离子计(或 pH 计)测定该电池的电池电势(或 pH),以求得被测物质的含量。

测量时组成如下电池:

$$\text{指示电极} \mid \text{试液} \parallel \text{参比电极}$$

将电极电位值代入能斯特方程式计算出被测物质的浓度。

$$E = K \pm \frac{0.0592}{z}\lg a_x = K' \pm \frac{0.0592}{z}\lg c_x$$

式中,$z$ 为被测离子的电荷数;$K$ 与 $K'$ 为常数;$\frac{0.0592}{z}$ 为电极的理论斜率。

根据测定原理不同,电位分析法分为直接电位法和电位滴定法两类。直接电位法也称离子选择性电极法,它利用指示电极的敏感膜把被测离子的活度转换为该电极的电极电位,测定参比电极与指示电极组成的原电池的电池电势,利用 Nernst(能斯特)方程直接求出待测物质含量的方法。电位滴定法是在滴定过程中通过测量电位变化来确定滴定终点的方法。

## 10.2 仪器结构与原理

电位分析体系一般由指示电极、参比电极及高输入阻抗的电位计组成,如图 10-1 所示。

## 10.2.1 参比电极

参比电极是用来提供电位标准的电极,测量过程中不随溶液中离子浓度的变化而变化。常用的参比电极有甘汞电极和银-氯化银电极,它们共同的特点是具有好的可逆性、稳定性和重现性。

**(1) 甘汞电极**

在金属汞上覆盖一层 Hg 和 $Hg_2Cl_2$ 的糊浆,浸在一定浓度的 KCl 溶液中,从金属汞引出导线即组成甘汞电极。电极反应为:

$$Hg_2Cl_2 + 2e^- \longrightarrow 2Hg + 2Cl^-$$

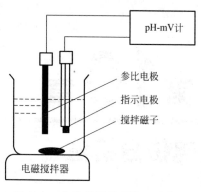

图 10-1 电位分析基本装置示意图

电极电位的能斯特 (Nernst) 方程式为:

$$E_{Hg_2Cl_2,Hg} = E^{\ominus}_{Hg_2Cl_2,Hg} - \frac{RT}{F}\ln a_{Cl^-}$$

**(2) 银-氯化银电极**

在光亮的银丝表面镀一层 AgCl,浸入一定浓度的 KCl 溶液 (用 AgCl 饱和) 中而成银-氯化银电极,该电极的电极反应和电极电位可分别表示为:

$$AgCl + e^- = Ag + Cl^-$$

$$E_{AgCl,Ag} = E^{\ominus}_{AgCl,Ag} - \frac{RT}{F}\ln a_{Cl^-}$$

在上述电位表达式中,$E^{\ominus}$ 为标准电位,V;$R$ 为气体常数,$R = 8.314 J \cdot K^{-1} \cdot mol^{-1}$;$T$ 为温度,K;$F$ 为法拉第常数,$F = 96487 C$。

可见甘汞电极与银-氯化银电极的电极电位在一定温度下与 $Cl^-$ 的浓度有关,25℃时,它们的电极电位与 $Cl^-$ 浓度的关系见表 10-1。

表 10-1 甘汞电极、银-氯化银电极的电极电位 (25℃) 与内充液浓度间的关系

| 甘汞电极 | 电极电位/V(vsNHE) | 银-氯化银电极 | 电极电位/V(vsNHE) |
| --- | --- | --- | --- |
| $0.1 mol \cdot L^{-1}$ KCl | 0.344 | $0.1 mol \cdot L^{-1}$ KCl | 0.288 |
| $0.05 mol \cdot L^{-1}$ KCl | 0.280 | $1.0 mol \cdot L^{-1}$ KCl | 0.222 |
| 饱和 KCl | 0.242 | 饱和 KCl | 0.200 |

## 10.2.2 指示电极

常用的指示电极有金属指示电极和离子选择性电极。金属指示电极是以金属为基体,基于电极上有电子交换反应的电极。离子选择性电极能对溶液中的特定离子产生选择性响应,直接电位法中的指示电极大多是离子选择性电极。

**(1) 金属指示电极**

① 铂电极 铂电极主要用于氧化还原电位滴定中,作为指示电极,它本身并不发生氧化还原反应,只提供电子交换的场所。当溶液中同时存在物质的氧化态和还原态 (如 $Ce^{4+}$ 和 $Ce^{3+}$) 时,若在此溶液中插入一支铂电极,则铂电极电位为:

$$E_{Ce^{4+},Ce^{3+}} = E^{\ominus}_{Ce^{4+},Ce^{3+}} + \frac{RT}{F}\ln \frac{a_{Ce^{4+}}}{a_{Ce^{3+}}}$$

② 金属银电极 在银离子的溶液中插入一支银丝即构成银电极，其电极电位为：

$$E_{Ag^+,Ag} = E^{\ominus}_{Ag^+,Ag} + \frac{RT}{F}\ln a_{Ag^+}$$

在一些沉淀滴定中，如用 $Ag^+$ 滴定 $Cl^-$，可用银电极作为指示电极。

**(2) 离子选择性电极**

离子选择性电极又称膜电极，由于传感膜的材料、性质及制备方法不同，离子选择性电极有各种类型，如玻璃电极、晶体膜电极、流动载体电极等。离子选择性电极的一般结构图如图 10-2 所示。

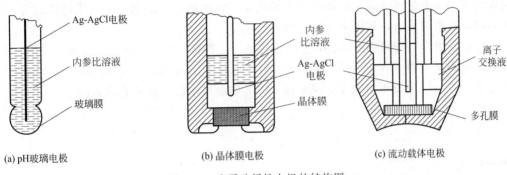

(a) pH玻璃电极　　　　(b) 晶体膜电极　　　　(c) 流动载体电极

图 10-2　离子选择性电极的结构图

离子选择性电极测量的基础是膜与溶液接触时建立的膜电位与敏感离子活度间的函数关系。

① pH 玻璃电极　pH 玻璃电极是对 $H^+$ 活度有选择性响应的电极，用特殊玻璃制成薄膜球，球内充以 $0.1\text{mol}\cdot L^{-1}$ HCl 内参比溶液，并插入 Ag-AgCl 内参比电极组成，如图 10-2(a) 所示。

玻璃电极的膜电位可表示为：$E_{膜} = E_{外} - E_{内}$，$E_{内}$ 和 $E_{外}$ 分别为内、外相界电位。

界面电位与 $H^+$ 活度符合下述关系：

$$E_{外} = k_1 + \frac{RT}{F}\ln\frac{a_{H^+,外}}{a'_{H^+,外}}, \quad E_{内} = k_2 + \frac{RT}{F}\ln\frac{a_{H^+,内}}{a'_{H^+,内}}$$

式中，$k_1$、$k_2$ 分别是由玻璃膜外、内表面性质决定的常数。由于玻璃膜内、外表面性质基本相同，则 $k_1 = k_2$，$a'_{H^+,内} = a'_{H^+,外}$。因此可得：

$$E_{膜} = E_{外} - E_{内} = \frac{RT}{F}\ln\frac{a_{H^+,外}}{a_{H^+,内}}$$

由于内参比溶液的组成与浓度一定，$a_{H^+,内}$ 为常数，上式简化为：

$$E_{膜} = k + \frac{RT}{F}\ln a_{H^+,外}$$

25℃时，可写为：

$$E_{膜} = k + 0.0592\lg a_{H^+,外} = k - 0.0592\text{pH}$$

上式即为 pH 玻璃电极敏感膜的能斯特方程或采用 pH 电极进行 pH 测定的理论依据。式中的 $k$ 在一定条件下是一个固定值，但无法通过理论计算来求得，所以应用 pH 玻璃电极测定某一体系的 pH 时，需采用相对比较的方法。

② 晶体膜电极　晶体膜电极的一般结构如图 10-2(b) 所示。晶体可以是单晶或多晶，

但一般都为难溶化合物，如 $LaF_3$、$AgX$、$Ag_2S$、$MS$ 等。这类材料中存在的晶格缺陷（空穴）能引起离子的传导作用，这是晶体膜电极具有电极响应的基本机理。

典型的晶体膜电极是氟离子选择性电极，敏感膜用 $LaF_3$ 单晶片制成，单晶中常加入少量 $EuF_2$ 以增加其导电性，内充液为 $0.1mol \cdot L^{-1} NaF$ 和 $0.1mol \cdot L^{-1} NaCl$ 溶液，Ag-AgCl 电极为内参比电极。当电极插入含 $F^-$ 的溶液时，$F^-$ 在敏感膜与溶液界面扩散并在晶格的空穴中移动产生膜电位，25℃时，电极电位的能斯特方程为：

$$E = k - 0.0592 \lg a_{F^-}$$

③ 流动载体电极（液膜电极）　流动载体电极又叫液体薄膜电极（简称液膜电极），这种电极的敏感膜不是固体而是液体，它由多孔膜（活性物质＋溶剂＋微孔支持体）、离子交换液和内参比溶液组成，如图 10-2(c) 所示。

这种膜的响应机理为膜内活性物质（液体离子交换剂）与待测离子发生离子交换，但其本身不离开膜。这种离子之间的交换引起相界面电荷分布不均匀，从而形成膜电位，如 $NO_3^-$、$K^+$、$Ca^{2+}$ 电极等就属于此类电极。25℃时电极电位一般可表示为：

$$E = K \pm \frac{0.0592}{n} \lg a_A^{\pm n}$$

## 10.3 实验技术

### 10.3.1 直接电位法

将指示电极与参比电极插入被测试液组成电池，通过测量电池电势，根据 Nernst 公式：

$$E = E^{\ominus} \pm \frac{0.0592}{n} \lg a$$

计算待测物质的活度 $a$。式中，阳离子取"＋"号，阴离子取"－"号。但在实际工作中，往往需要测定的是浓度而不是活度，根据活度与浓度的关系（以 $a = fc$），如果在测定时维持样品溶液与标准溶液的离子强度相同，则活度系数 $f$ 可并入常数项，能斯特公式为：

$$E = E^{\ominus} \pm \frac{0.0592}{n} \lg c$$

此时，电位与离子浓度的对数呈线性关系，即可直接求出溶液中被测物质的浓度。

直接电位法的定量方法有标准曲线法和标准加入法。

**(1) 标准曲线法**

配制一系列不同浓度的标准溶液并分别测其电位值 $E_i$，绘制 $E_i$ 对 $\lg c_i$ 的标准曲线，如图 10-3 所示。相同条件下测量试液的电位值，然后在标准曲线上求出其浓度，这种方法称为标准曲线法。标准曲线法简便、快速，适用于体系比较简单的大量样品的例行分析，但配制标准溶液系列比较麻烦。

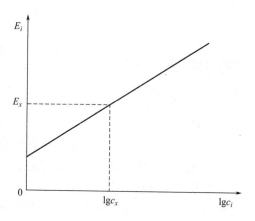

图 10-3　$E_i$-$\lg c_i$ 标准曲线

**(2) 标准加入法**

这种方法的测试过程是：首先测定体积为 $V_x$、浓度为 $c_x$ 的未知溶液的电池电势 $E_x$：

$$E_x = E^{\ominus} + s \lg c_x$$

读取 $E_x$ 后，向试液中加入体积为 $V_s$，浓度为 $c_s$ 的标准溶液，通常取 $c_s$ 比 $c_x$ 大 100 倍以上，此时，$V_s$ 可远小于 $V_x$，这样，就不至于因 $V_s$ 的稀释效应而明显影响溶液的组成。此时，电池电势为：

$$E_s = E^{\ominus} + s \lg \frac{c_x V_x + c_s V_s}{V_x + V_s}$$

两式相减得：$\Delta E = |E_s - E_x| = s \lg \dfrac{c_x V_x + c_s V_s}{c_x (V_x + V_s)}$

即 $\Delta E / s = \lg \dfrac{c_x V_x + c_s V_s}{c_x (V_x + V_s)}$，所以 $10^{\Delta E/s} = \dfrac{c_x V_x + c_s V_s}{c_x (V_x + V_s)}$

由上式可解得：$c_x = \dfrac{c_s V_s}{V_x + V_s} \left(10^{\Delta E/s} - \dfrac{V_x}{V_x + V_s}\right)^{-1}$

由于加入的 $V_s$ 一般远小于 $V_x$，所以，$V_x + V_s \approx V_x$，上式可简化为：

$$c_x = \frac{c_s V_s}{V_x} (10^{\Delta E/s} - 1)^{-1}$$

$s$ 是电极的实际响应斜率，可由标准曲线的斜率求出。标准加入法中，由于加入的标准溶液体积往往很小，对溶液的组成没有明显影响，使得标准溶液和待测溶液中的被测离子是在体系组成非常接近的情况下测定的，因而测定结果更可靠，适用于复杂试样的分析。

## 10.3.2 电位滴定法

电位滴定法是以指示电极、参比电极与样品溶液组成电池，同时向溶液中加入滴定剂，观察滴定过程中指示电极电位的变化，在等当点附近，由于被测物质的浓度发生突变，指示电极的电位也将发生突跃，因此，测量电池电势的变化即可确定滴定终点。

电位滴定法的关键是要能准确测得滴定终点所消耗的滴定剂的体积，从而可以通过标准溶液的浓度及滴定所消耗的体积，求得待测离子的浓度或待测物的含量。确定滴定终点的方法主要有以下两种。

**(1) 滴定曲线法**

以银电极为指示电极，双液接饱和甘汞电极为参比电极，用 $0.1000\text{mol} \cdot \text{L}^{-1} \text{AgNO}_3$ 标准溶液滴定含 $\text{Cl}^-$ 试液为例，得到的原始数据见表 10-2。

**表 10-2 滴加体积与电动势突跃附近的数据**

(标准溶液：$0.1000\text{mol} \cdot \text{L}^{-1} \text{AgNO}_3$；被测样品：含 $\text{Cl}^-$ 试液)

| 滴加体积/mL | 14.00 | 14.10 | 14.20 | 14.30 | 14.40 | 14.50 | 14.60 | 14.70 |
|---|---|---|---|---|---|---|---|---|
| 电动势/mV | 174 | 183 | 194 | 233 | 316 | 340 | 351 | 358 |
| $\Delta E/\Delta V$ | — | 90 | 110 | 390 | 830 | 240 | 110 | 70 |
| $\Delta^2 E/\Delta V^2$ | — | 200 | 2800 | 4400 | −5900 | −1300 | −400 | — |

在滴定过程中，随着滴定剂的不断加入，电池电动势 $E$ 不断发生变化，当指示电极的电位发生突跃时，说明滴定终点到达。以电池电动势 $E$ (或指示电极的电位) 对滴定剂加入

的体积 $V$ 作图,得图 10-4(a) 所示的滴定曲线。做滴定曲线的切线,对反应物系数相等的反应来说,两切线间距离的中点(转折点)即为滴定的化学计量点;对反应物系数不相等的反应来说,曲线突跃的中点与化学计量点稍有偏离,但往往可以忽略,仍可用突跃中点作为滴定终点。

**(2) 一阶微分法**

如果滴定曲线的突跃不明显,则可绘制如图 10-4(b) 所示的 $\Delta E/\Delta V$ 对 $V$ 的一阶微分曲线,曲线上有极大值出现,该点对应着 $E$-$V$ 曲线中的拐点。极大值指示的就是滴定点。

一阶微分曲线比滴定曲线更容易确定滴定终点。

**(3) 二阶微分法**

二阶微分法分为曲线法和计算法。

① 二阶微分曲线法　绘制 $\Delta^2 E/\Delta V^2$ 对 $V$ 的二阶微分曲线,如图 10-4(c) 所示,$\Delta^2 E/\Delta V^2$ 等于零所对应的体积即为滴定终点。

② 二阶微分计算法　比较表 10-2 中滴定终点附近的电动势值、$\Delta E/\Delta V$ 和 $\Delta^2 E/\Delta V^2$ 可知,二阶微分等于零所对应的体积值应在 $14.30 \sim 14.40$ mL 之间,即当 $(14.30+x)$ 时,$\Delta^2 E/\Delta V^2=0$,可用内插法计算出滴定终点 $V_{终点}$ 及其对应的终点电动势 $E_{终点}$:

$$V_{终点}=14.30+(14.40-14.30)\times \frac{4400}{4400+5900}=14.34(\mathrm{mL})$$

$$E_{终点}=233+(316-233)\times \frac{4400}{4400+5900}=267(\mathrm{mV})$$

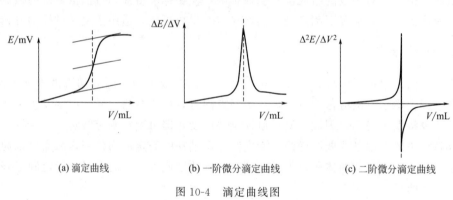

(a) 滴定曲线　　　　(b) 一阶微分滴定曲线　　　　(c) 二阶微分滴定曲线

图 10-4　滴定曲线图

## 10.4　特点与应用

### 10.4.1　特点

电位分析法仪器设备简单,操作简便,价格低廉,现已广泛应用。它测定速度快,测定的离子浓度范围宽,可以制作成传感器,用于工业生产流程或环境监测的自动检测;可以微型化,做成微电极,用于微区、血液、活体、细胞等对象的分析。

### 10.4.2　应用

因电位分析法的特点,该方法已得到广泛应用。

① 离子选择性电极响应溶液中待测离子的活度而不是浓度，这个特点使得其除了可以测定化学平衡的活度常数如离解常数、络合物稳定常数、浓度积常数、活度系数等常数外，对生理学、生物学和医学研究也具有十分重要的意义。

② 便于进行连续监测和过程控制，如环境污染物的自动在线监测、工业过程控制等。

③ 能制成管径为微米级甚至纳米级的超微型电极，可用于单细胞分析及活体监测。

**应用示例**：电位滴定法测定卤素离子的混合液中 $Cl^-$、$Br^-$、$I^-$ 的浓度。

测定时用的指示电极为银电极（金属基电极），参比电极为 217 型双盐桥饱和甘汞电极，选用 $KNO_3$ 或 $NH_4NO_3$ 作为外部第二盐桥溶液，采用 pH 计测量电动势。

用测得的电动势 $E$ 对 $V_{AgNO_3}$ 作图，得到混合离子的滴定曲线，如图 10-5 所示。从曲线上看出，有三次突跃。用二阶微分法计算，确定三个滴定终点所消耗的 $AgNO_3$ 标准溶液的体积，求出混合液中 $Cl^-$、$Br^-$、$I^-$ 的浓度。

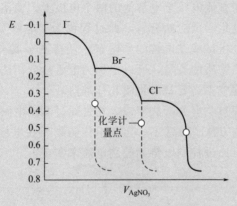

图 10-5 用 $0.1\text{mol} \cdot L^{-1}$ $AgNO_3$ 溶液连续滴定 $Cl^-$、$Br^-$、$I^-$ 混合液（各 $0.1\text{mol} \cdot L^{-1}$）的理论滴定曲线

（虚线表示单独滴定 $I^-$ 和 $Br^-$ 的滴定曲线）

以 $AgNO_3$ 标准溶液作为滴定剂，滴定混合液时，由于 $K^{\ominus}_{sp,AgI} \ll K^{\ominus}_{sp,AgBr} \ll K^{\ominus}_{sp,AgCl}$，可连续滴定而不需事先分离，滴定中先生成 AgI、再生成 AgBr、最后生成 AgCl，产生三次电位突跃。由于沉淀对 $Br^-$、$Cl^-$ 吸附，共沉淀现象严重，可加入 $NH_4NO_3$ 作为凝聚剂，以减少共沉淀，提高测定结果的准确度。

# 第 11 章 电解与库仑分析法

在外加电源作用下，加直流电压于电解池的两个电极上，使溶液中有电流通过，物质在两电极和溶液界面上发生电化学反应而分解，此过程称为"电解"。电解分析包括电重量法和电解分离法。电重量法是将试液在电解池中电解，使待测金属离子还原而沉积在电极上，然后称量电极上沉积的被测物质的质量，所以也称为电重量分析法。电解分离法是利用电解手段将物质分离，分析过程中不需要基准物质和标准溶液。

库仑分析法的基本原理与电解分析法相似，它是通过测量电解过程中被测物质发生反应时所消耗的电量进行分析的方法，该法不一定要求待测物质在电极上沉积，但要保持100%的电流效率。两种方法均可通过控制电势和控制电流来实现。

## 11.1 方法原理

### 11.1.1 电解分析法的基本原理

以 $CuSO_4$ 溶液为例说明电解过程，在 $CuSO_4$ 溶液中插入两支铂电极，电极通过导线分别与直流电源的正负极相连，如图 11-1 所示。若在两极间加上足够大的电压，即可观察到有明显的电极反应发生：

阴极反应： $Cu^{2+} + 2e^- \longrightarrow Cu$ $\qquad \varphi^{\ominus}_{Cu^{2+}/Cu} = 0.34V$

阳极反应： $H_2O \longrightarrow 2H^+ + \frac{1}{2}O_2 + 2e^-$ $\qquad \varphi^{\ominus}_{O_2/H_2O} = 1.23V$

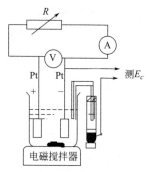

图 11-1 电解 $CuSO_4$ 溶液装置图

电解时，要知道加上多大电压才能使反应发生，可通过绘制电流-电压曲线获得。但实际工作中，通常采取控制电极电位的方法进行电解分析，如果在改变外加电压的同时，记录通过电解池的电流与阴极电位 $E_c$（参比电极与阴极之间的电势差），可得到如图 11-2 所示的结果。图中 $E_d$ 表示 $M^{n+}$ 的还原电位，称为析出电位。

由于发生电极反应导致电极与溶液界面间有电荷转移而产生的电流，称为电解电流。能

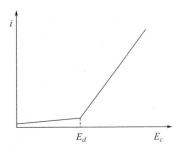

图 11-2 电流-电压曲线

引起电解质电解所需的最小电压,称为该电解质的分解电压或电解电压,用 $U_\text{分}$ 表示。只有当外加电压超过分解电压时,电解反应才能进行。电解开始后,如果突然使电解池与电源分离,电流表反方向偏转,说明有反向电流通过。这是由于电解时,金属 Cu 在阴极上析出,$O_2$ 在阳极上逸出。Cu 与 $Cu^{2+}$,$O_2$ 与 $H_2O$ 建立起了平衡,电解产物使原来的铂电极转为铜电极和氧电极,构成了一个极性与电解池相反的铜-氧原电池。该原电池电动势的极性与电解时外加电压的方向相反,所以称为电解池的反电动势或反电压,用 $U_\text{反}$ 表示。它抵消了部分外加电压,使电解不能顺利进行。反电压不仅在外电源断开后存在,电解过程中也依然存在。当 $U_\text{外} < U_\text{反}$ 时,外电压不能克服反电压,电解不能进行,电极上进行原电池反应。当 $U_\text{外} > U_\text{反}$ 时,外电压足以克服反电压,电极上则发生电解反应。这时,外加电压稍有增加,电流则显著增大。电解时,外加电压与分解电压的关系为

$$U_\text{外} - U_\text{分} = IR$$

式中,$I$ 为电解电流,A;$R$ 为电解回路中的总电阻,Ω。

对于可逆电极过程,电解池中电解质的理论分解电压 $U_\text{理分}$ 应等于电解池的反电压,即

$$U_\text{理分} = U_\text{反} = \varphi_\text{平(阳)} - \varphi_\text{平(阴)} = \varphi_\text{实析(阳)} - \varphi_\text{实析(阴)}$$

式中,$\varphi_\text{平(阳)}$、$\varphi_\text{平(阴)}$ 分别为阳极和阴极的平衡电位,即理论析出电位;$\varphi_\text{实析(阳)}$、$\varphi_\text{实析(阴)}$ 分别为阳极和阴极的实际析出电位。

### 11.1.2 库仑分析法的基本原理

库仑分析法同样包括控制电位库仑分析法和控制电流库仑分析法,两者均要求电极反应单一,电流效率 100%。

库仑分析法的基础是法拉第电解定律。法拉第电解定律可定量表示为

$$m_\text{B} = \frac{Q}{F} M(\text{B}/n) = \frac{It}{F} M(\text{B}/n)$$

式中,$m_\text{B}$ 为电极上析出待测物 B 的质量,g;$Q$ 为电量,C;$F$ 为法拉第常数,96485 C·$mol^{-1}$;$M(\text{B}/n)$ 是以 B/n 为基本单元的析出物质 B 的相对摩尔质量,g·$mol^{-1}$;$n$ 为电极反应中电子转移数;$I$ 为电解电流,A;$t$ 为电解时间,s。

法拉第电解定律有两个方面的内容:①在电极上析出的物质的质量与通过电解池的电量成正比;②电解 $B^{n+}$ 时,在电解液中每通入 1F 的电量(96485C),则析出 B 的物质的量为 $n(\text{B}/n) = 1\text{mol}$。

**(1) 控制电位库仑分析法**

控制电位库仑分析法与控制阴极电位电解分析法类似,工作电极的电位保持恒定,在保持 100% 电流效率的条件下进行被测物质的电极反应,当通过电解池的电流为零时,表示电解完成,用库仑计测定电解过程中消耗的电量,再由电量计算出待测物质的含量。

**(2) 控制电流库仑分析法**

控制电流库仑分析法一般称为库仑滴定,其过程是在试液中加入大量辅助电解质,然后控制恒定的电流进行电解,辅助电解质由于电极反应而产生一种能与待测组分进行定量滴定反应的物质(滴定剂),选择适当的滴定终点方法,记录从电解开始到终点所需时间,进而

根据反应的库仑数求出被测组分的含量。

下面以硫酸溶液中，在铂电极上发生的 $Fe^{2+} - e^- \longrightarrow Fe^{3+}$ 的氧化过程为例，说明恒电流库仑滴定的原理与过程。开始时，$Fe^{2+}$ 在阳极上氧化的电流效率可以达到100%，随着电解的进行，$Fe^{2+}$ 的浓度越来越低，阳极电位也越来越正，为了保持恒定的电极反应，部分外加电流将用于第二个电极过程如氧的逸出等，此时，电流效率将低于100%。如果滴定开始前，向溶液中加入过量的 $Ce^{3+}$，当电流效率低于100%时，发生的第二个电极反应为：

$$Ce^{3+} - e^- \longrightarrow Ce^{4+}$$

其反应产物能与溶液中尚未电解氧化的 $Fe^{2+}$ 发生化学反应：

$$Ce^{4+} + Fe^{2+} \longrightarrow Fe^{3+} + Ce^{3+}$$

由于化学反应很快，总的效果仍相当于部分 $Fe^{2+}$ 被氧化为 $Fe^{3+}$，从而保证了100%的电流效率。

再如，库仑滴定法测定烯烃时，在溶液中加入过量的 $Br^-$，电解 $Br^-$ 产生滴定剂 $Br_2$，生成的 $Br_2$ 与烯烃发生化学反应。由于远远过量，可维持整个电解过程在100%电流效率下进行。上述示例中加入的 $Ce^{3+}$ 和 $Br^-$ 叫辅助电解质，电解生成的 $Ce^{4+}$ 与 $Fe^{2+}$ 的反应以及 $Br_2$ 和烯烃的反应，与容量分析中用标准溶液滴定被测物质类似，只是所需滴定剂不是由滴定管加入，而是由电解产生，所以又称库仑滴定法，反应的终点用指示剂法或其他方法来确定。

## 11.2 仪器结构与原理

### 11.2.1 电解分析法装置

电解装置见图 11-1，常用三电极系统来控制电解过程中阴极电位。三电极系统由工作电极（阴极/阳极）、辅助电极（对电极）和参比电极组成，在两组电极之间分别形成回路。如图 11-3 所示。

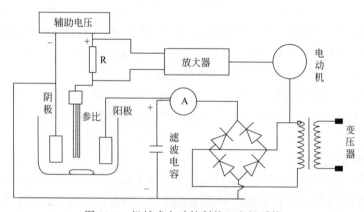

图 11-3 机械式自动控制的三电极系统

参比电极与阴极组成了电位测量子系统，当阴极电位等于设定电位时，电阻 R 中无电流通过，放大器的输入端没有信号输入，平衡电动机静止。如果阴极电位发生变化偏离设定值，电阻 R 中将有电流通过并给出信号，该信号经放大后驱动电动机转动，以改变阳极和阴极之间的电解电压，使阴极相对于参比电极的电位始终保持不变。

随着电子技术的发展，电子式自动控制的三电极系统由于其体积小、准确度高而被广泛应用。

## 11.2.2　库仑分析法装置

**(1) 控制电位库仑法装置**

为了使工作电极的电位保持恒定，电解过程中，必须不断减小外加电压，而电流不断减小。当待电解物质电流趋于零（残余电流量）时停止电解。电解时，在电路上串联一个库仑计或电子积分仪，可指示出通过电解池的电量，测定结果准确性的关键是电量的测量。

① 氢氧气体库仑计　氢氧气体库仑计如图11-4所示。电解前后刻度管中的液面之差即为氢氧气体总体积。在标准状态下每库仑电量析出0.1741mL的氢氧混合气体。设在标准状态下析出的气体体积为$V$mL，则消耗的电量$Q=\dfrac{V}{0.1741}$，待测物质的质量$m=\dfrac{VM_x}{0.1741\times 96485\times n}$。

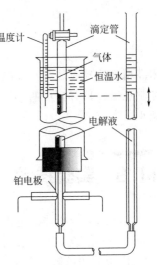

图11-4　氢氧气体库仑计

② 电子积分仪　在控制电位电解的过程中，电解电流随时间变化的关系可用数学式表达为$I_t=I_0 e^{-kt}$。$I_t$为电解至时间$t$时的电流；$I_0$为开始电解时的电流；$k$为与电极面积、溶液体积、搅拌速率以及电极反应类型有关的常数。电解到时间$t$时，所消耗的总电量为$Q=\int_0^t I_0 e^{-kt}\mathrm{d}t=\dfrac{I_0}{k}-\dfrac{I_t}{k}$。当电解时间足够长时，$I_t$很小，式中第二项可忽略，则$Q=\dfrac{I_0}{k}$，若能求出$I_0$和$k$值，就可求出$Q$。为此，上式取对数，得$\lg I_t=\lg I_0-\dfrac{k}{2.303}t$。以$\lg I_t$对$t$作图，得到一条直线。分别从直线的斜率$-\dfrac{k}{2.303}t$和在纵轴上的截距$\lg I_0$求得$I_0$和$k$值，再由公式求得$Q$。根据法拉第电解定律得出待测物质的质量$m$。

用数字显示的电子积分仪可将上述工作自动完成，根据电解通过的电流$I_t$，采用积分电路求出总电量，数值由显示装置读出。控制电位库仑分析法的灵敏度和准确度都较高。

**(2) 控制电流库仑法（库仑滴定法）装置**

库仑滴定装置如图11-5所示，恒流源（也称恒流电源）可用电子恒流源或运算放大器制作的恒流源，最简单的恒流源可由高直流电源和一个大电阻组成。电流一接通便立即计时，当指示系统指示终点到达时，用人工或自动装置切断电解电源，并同时记录时间。

进行库仑滴定时有许多商品化的库仑滴定仪，而在多数实验室中以现有元器件或自制部件组装库仑滴定的整套设备也是可行的。全套库仑滴定装置可分为电解系统与指示系统两大部分，如图11-5所示。现就电解系统的恒电流电源和计时手段做简要介绍。

① 恒电流源可提供稳定电流，能满足一般库仑滴定需要，使用也很方便。可以用干电池与可变高电阻串联构成，也可使用晶体管恒电流源。

② 计时器库仑滴定的计时手段，以秒表最为简单，但秒表计时的准确度与操作技巧有很大关系，可能因时间测量的误差而影响测定的准确度。在准确度要求较高的测定中，需采

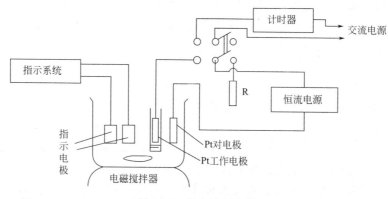

图 11-5 库仑滴定装置

用高精度的计时装置，如电子计时器，并且使其与电解电路同时开关，可使测量的相对误差控制在±0.1%的范围。若使用石英晶体振荡器组成的计时装置，则计时的误差可进一步减小。

## 11.3 实验技术

由于库仑分析法的电流效率要求达到100%，因此必须避免在工作电极上可能发生的副反应。一般来说，电极上的副反应有以下几种。

① 溶质的电解　由于电解一般都是在水溶液中进行的，所以要控制适当的电极电位及溶液pH，以防止水的分解。当工作电极为阴极时，应避免有氢气析出。采用汞阴极能提高氢的过电位。工作电极为阳极时，要防止氧气析出产生的干扰。

② 氧的还原　溶液中的溶解氧会在阴极上还原为过氧化氢或水，故电解前必须除去。

③ 电极本身参与反应　铂电极的 $E^{\ominus}_{Pb^{2+}/Pb} = +1.2V$，不易被氧化。

④ 电解产物的副反应　如在汞阴极上还原 $Cr^{3+}$ 为 $Cr^{2+}$ 时，电解产生的 $Cr^{2+}$ 会在强酸性介质中被氧化为 $Cr^{3+}$，这时应选择合适的电极。

⑤ 析出电位相近的物质的干扰　如果存在较被测物质更易于还原（对阴极反应）或更易于氧化（对阳极反应）的物质的电极反应，也可用配合、分离等方法消除其干扰。

## 11.4 特点与应用

### 11.4.1 特点

电解法适用于测定高含量的物质，而库仑滴定法准确、灵敏，容易测定低含量的物质。同时，库仑法不需制备和储存标准溶液，不稳定或使用不方便的物质（如易挥发、发生化学变化等）亦能用作滴定剂，操作简单，不需要昂贵的仪器设备，易于实现自动化。滴定过程无溶液体积的变化，使确定终点更简单。

## 11.4.2 应用

### (1) 电解分析法的应用

**应用示例**：计算电解 $CuSO_4$ 溶液的理论分解电压。

电解 $1 mol \cdot L^{-1} CuSO_4$ 的酸性溶液（$c_{H^+} = 1 mol \cdot L^{-1}$），设大气中 $O_2$ 的相对分压为 0.21，298K 时的理论分解电压 $U_{理分}$ 的计算如下：

$$\varphi_{平(阳)} = \varphi^{\ominus} + \frac{0.05916}{4} \lg \left( \frac{p_{O_2}}{p^{\ominus}} \right) c_{H^+}^4 = 1.23 + \frac{0.05916}{4} \lg (0.21 \times 1^4) = 1.22 (V)$$

$$\varphi_{平(阴)} = \varphi^{\ominus}_{Cu^{2+}/Cu} = 0.34 (V)$$

$$U_{理分} = 1.22 - 0.34 = 0.88 (V)$$

### (2) 库仑分析法的应用

**应用示例**：库仑滴定法自动测定钢铁中含碳量。

钢铁在通氧气的情况下于 1200℃ 左右燃烧，其中的碳经燃烧产生 $CO_2$ 气体，被倒入已知 pH 值的高氯酸钡溶液中，$CO_2$ 被吸收。吸收反应为：

$$Ba(ClO_4)_2 + H_2O + CO_2 \longrightarrow BaCO_3 + 2HClO_4$$

生成的 $HClO_4$ 使溶液的酸度提高，此时将在铂电极上自动电解产生 $OH^-$ 中和上述反应生成的 $HClO_4$，直至溶液的 pH 值恢复到原来的预定值为止。这样，所消耗的电量（即电解产生 $OH^-$ 所消耗的电量）相当于产生的 $HClO_4$ 的量，也相当于 $CO_2$ 的量，故可求出钢铁中的含碳量。电解过程中，阴极发生如下反应：

$$2H_2O + 2e^- \longrightarrow 2OH^- + H_2$$

若用玻璃电极作为指示电极，饱和甘汞电极作为参比电极，以电位法指示溶液 pH 值的变化。到达终点时自动停止滴定，即可由计数器直接读出试样中的含碳量。由于实际上 $CO_2$ 的吸收效率难以达到 100%，因此在分析试样之前应使用已知含碳量的标准钢样校正仪器。

# 第 12 章 循环伏安分析法

以测量电解过程中所得电流-电位（电压）曲线进行测定的方法称为伏安法（Voltammetry），而循环伏安法是最基础最常用的方法，普遍应用于化学化工、生命科学、材料科学及环境和能源等领域。

## 12.1 方法原理

循环伏安法就是将单扫描极谱法的线性扫描电位扫至某设定值后，再反向扫回至原来的起始电位，以所得的电流-电压曲线为基础的一种分析方法，其电位与扫描时间的关系如图 12-1(a) 所示。如果前半部（电压上升部分）扫描为物质还原态在电极上被氧化的阳极过程，则后半部（电压下降部分）扫描为氧化产物被还原的阴极过程。因此，一次扫描完成一个氧化和还原过程的循环，故称为循环伏安法。其电流电压曲线如图 12-1(b) 所示。

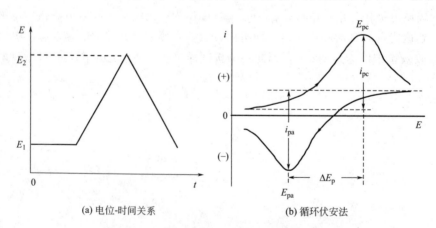

(a) 电位-时间关系　　(b) 循环伏安法

图 12-1　电位与扫描时间关系和电流电压曲线

对于可逆电极过程，两峰电流之比为 $\dfrac{i_{pa}}{i_{pc}} \approx 1$；

两峰电位之差为 $\Delta\varphi_p = \varphi_{pa} - \varphi_{pc} \approx \dfrac{56.5}{n}$ (mV)，通常 $\Delta\varphi_p$ 值在 55～65mV 之间；

## 12.2 仪器结构与原理

循环伏安法的测量装置如图 12-2 所示。在电解池中加入含有试样和支持电解质的试样溶液，插入工作电极、参比电极和对电极（辅助电极）并为去除溶解氧插入惰性气体导入管。通过恒电位装置在工作电极及参比电极之间施加外加电压，可得随时间呈线性增加或减少的三角波形。当电位扫描到电解液中存在的被氧化的还原性物质（电极活性物质）的氧化还原电位以上时，再将电位向相反方向扫描。这样就得到呈现还原过程及氧化过程的两个峰。

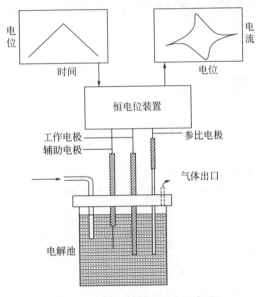

图 12-2 循环伏安法装置示意图

## 12.3 实验技术

### 12.3.1 溶解氧的去除

电解液中的溶解氧产生氧化还原波，而且有时与试样反应，成为测量的干扰因素。故在电解液中通入惰性气体（高纯度氮气或氩气）10~15min 予以去除。

### 12.3.2 测量溶剂和支持电解质

测量溶剂除水以外还可以使用有机溶剂。要根据试样的溶解度和氧化还原电位来选择溶剂，但应考虑溶剂的精制难易程度，以及毒性和吸湿性等因素。可测量的电位范围随所用的电极及支持电解质而变，因而选择最佳搭配。对于非水溶剂，应从电位值大、配位能小、毒性小等角度加以选择。

### 12.3.3 电极的处理

微电极（如悬汞电极，汞膜电极）和固体电极（如 Pt 圆盘电极、玻碳电极、碳糊电极）是循环伏安法常常使用的工作电极，在使用前，应进行打磨和抛光处理以除去在电极表面吸附的氧化还原物质。测量过程中如发现异常的氧化还原波，表明电极表面已被污染。应小心将电极表面进行研磨处理后再使用。

参比电极常常使用银-氯化银电极或饱和甘汞电极。如果参比电极保存状态不佳，其电位会发生变化，所以使用后应妥善保存。例如饱和甘汞电极用后必须仔细清洗，在 3mol·L$^{-1}$KCl 溶液中浸泡保存。对其他电极也是分别用所使用的盐溶液浸泡保存。如长期不用，则把电极前端用防水膜加以密封后保存。

当用 KClO$_4$ 做支持电极时，必须注意 KCl 型电极在电极的前端部分容易形成难溶性高氯酸盐而发生电位变化。

## 12.4 特点与应用

### 12.4.1 特点

循环伏安法是最重要的电分析化学研究方法之一。该方法使用的仪器简单，操作方便，图谱解析直观，在电化学、无机化学、有机化学、生物化学等许多研究领域被广泛应用。

### 12.4.2 应用

**(1) 判断电极的可逆性**

不同电极过程的循环伏安曲线如图 12-3 所示。对可逆电极过程来说，在 25℃ 时循环伏安曲线中的阴极支和阳极支的峰电位 $E_{pc}$ 和 $E_{pa}$ 的差值 $\Delta E_p$ 为 $\frac{56}{n}$mV。一般来说，当数值为 $\frac{55}{n}$mV 至 $\frac{59}{n}$mV 时，即可判断该电极反应为可逆过程。应该注意，可逆电极反应的 $i_{pa}=i_{pc}$，并且峰电流与电压扫描速度 $v^{1/2}$ 成正比。

准可逆过程的极化曲线形状与可逆程度有关。一般当 $\Delta E_p > \frac{59}{n}$mV 时，峰电位随电压扫描速度的增加而变化，阴极峰变负，阳极峰变正；此外，电极反应的性质不同时，$i_{pc}$ 与 $i_{pa}$ 的比值可大于、等于或小于 1，但均与 $v^{1/2}$ 成正比，因为峰电流仍是由扩散速度控制的。对于不可逆过程，反向扫描时不出现阳极峰，但 $i_{pc}$ 仍与 $v^{1/2}$ 成正比，当电压扫描速度增加时，$E_{pc}$ 明显变负。根据 $E_{pc}$ 与 $v$ 的关

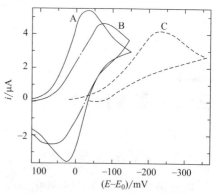

图 12-3 理论循环伏安法

A—可逆；B—不可逆，$K_s=0.03$cm·s$^{-1}$，$\alpha=0.5$；C—不可逆，$K_s=10^{-6}$cm·s$^{-1}$，$\alpha=0.5$，电极面积$=0.02$cm$^2$，$c_0=10^{-4}$mol·L$^{-1}$，$D_0=D_R=10^{-5}$cm·s$^{-1}$，$v=1$V·s$^{-1}$，$E_0=0$

系，可进一步推算准可逆和不可逆电极反应的速度常数 $K_s$。

**（2）电极反应机理研究**

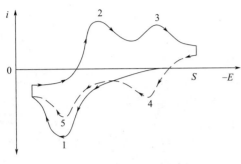

图 12-4 对氨基苯酚循环伏安图

循环伏安法可用于研究电极过程和化学修饰电极等。例如，研究对氨基苯酚的电极反应机理时，得到如图 12-4 所示的循环伏安图：电极先从图上的起始点 $S$ 向电位变正的方向进行阳极扫描，得到阳极峰 1；然后再反向扫描，出现了两个阴极峰 2 和 3。当再次进行阳极扫描时，则出现两个阳极峰 4 和 5（图中虚线）。峰 5 的峰电位与峰 1 相同。

根据循环伏安图可得如下结论：在第一次进行阳极扫描时，峰 1 是对氨基苯酚的氧化峰。电极反应为：

$$\underset{NH_2}{\underset{|}{C_6H_4}}OH \rightleftharpoons \underset{NH}{\underset{||}{C_6H_4}}O + 2H^+ + 2e^-$$

反应产物对亚氨基苯醌在电极表面发生如下的化学反应：

$$\underset{NH}{\underset{||}{C_6H_4}}O + H_3O^+ \rightleftharpoons \underset{O}{\underset{||}{C_6H_4}}O + NH_4^+$$

部分对亚氨基苯醌转化为对苯醌，而对亚氨基苯醌和对苯醌均可在电极上还原。因此，在进行阴极扫描时，对亚氨基苯醌又被还原为对氨基苯酚，形成还原峰 2；而对苯醌则在较负的电位被还原为对苯二酚，产生还原峰 3，其电极反应为：

$$\underset{NH}{\underset{||}{C_6H_4}}O + 2H^+ + 2e^- \rightleftharpoons \underset{NH_2}{\underset{|}{C_6H_4}}OH$$

$$\underset{O}{\underset{||}{C_6H_4}}O + 2H^+ + 2e^- \rightleftharpoons \underset{OH}{\underset{|}{C_6H_4}}OH$$

当再次进行阳极扫描时，对苯二酚又氧化为对苯醌，形成峰 4。峰 5 与峰 1 相同，仍为对氨基苯酚的氧化峰。

# 第13章 X射线衍射分析法

X射线衍射分析法（X-ray Diffraction）是一种通过对材料进行X射线衍射，分析其衍射图谱，从而获得材料成分、内部原子或分子的结构或形态等信息的研究手段，是一种重要的无损伤分析工具，能够传递极为丰富的微观结构信息。

## 13.1 方法原理

物质的每种晶体结构都有自己独特的X射线衍射图（即为"指纹"特征），而且不会因为与其他物质混合在一起而发生变化，这就是X射线衍射法进行物质结构分析的依据。

固态物质分为晶体和非晶体两大类。组成固体的原子（或离子、分子）如果在空间按一定方式做周期性有规律的排列，这样的物质叫晶体；相反为非晶体。若把晶体结构中的每个结构单元抽象为一个点，则这些周期性排列的点的集合称为点阵，晶体可以看成三维的空间点阵。如果整块固体为一个空间点阵所贯穿，则称为单晶体（Single Crystal），简称单晶。

晶体中原子间的键合距离一般在 $0.1\sim0.3$ nm 范围内，能够和波长相近的X射线（$\lambda=0.05\sim0.3$ nm）发生干涉效应，形成一幅有规律的衍射图像，这就是X射线衍射。

用衍射仪测量出衍射的方向和强度，根据晶体学理论推导出晶体中原子的排列情况，就是X射线衍射晶体结构分析。

**(1) 衍射方程**

晶体能够对波长与晶格间距离相近的X射线发生干涉现象，在空间产生一幅能反映出晶体内部原子分布规律的衍射图像，即衍射方向和衍射强度。晶体的衍射方向可由劳厄（Laue）方程和布拉格（Bragg）方程来描述。布拉格方程是X射线衍射分析中最重要的基本公式，它形式简单，能够说明衍射的基本关系，所以应用非常广泛。

如图13-1所示，设 $\overrightarrow{OP}$ 是点阵的素向量，$S_0$ 和 $S$ 分别为X光的入射方向和衍射方向上的单位向量，设该点阵的单位向量为 $a$，$b$，$c$，则 $\overrightarrow{OP}$ 可以表示为：$\overrightarrow{OP}=ma+nb+pc$，光程差可表示为：$\Delta=\overrightarrow{OP}(S-S_0)=ma(S-S_0)+nb(S-S_0)+pc(S-S_0)$
$\Delta=N\lambda$ 是点阵进行衍射的充分必要条件，为使这个条件在任何 $m$、$n$、$p$ 的情况下都能满足，必有下面的式子成立：

$$a(S-S_o)=h\lambda \quad b(S-S_o)=k\lambda \quad c(S-S_o)=l\lambda$$

式中，$h$、$k$、$l$ 为衍射指数，均为整数。如果用 $S$ 和 $S_0$ 与 $a$、$b$、$c$ 向量的交角来表示，则方程为：$a(\cos\alpha-\cos\alpha_0)=h\lambda$；$b(\cos\beta-\cos\beta_0)=k\lambda$；$c(\cos\gamma-\cos\gamma_0)=l\lambda$。

此为劳厄方程，刻画了 X 射线衍射应满足的条件。

布拉格方程的几何推导如图 13-2 所示。光程差 $\Delta=AB+BC=d\sin\theta+d\sin\theta=2d\sin\theta$，满足衍射的条件为：

$$2d_{h^*k^*l^*}\sin\theta=n\lambda$$

式中，$d$ 为晶面间距，$\theta$ 为 Bragg 角。这就是 Bragg 方程。它的意义如下所示。

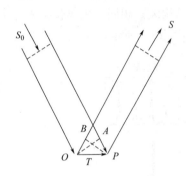

图 13-1 光程差公式的推导

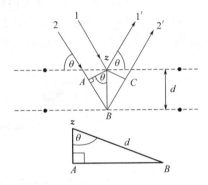

图 13-2 布拉格方程的几何推导

① 晶面指数、衍射指数、衍射级数三者的关系为 $nh^*=h$，$nk^*=k$，$nl^*=l$

② X 射线不是在所有的方向上入射都能产生衍射（除非在波长可变的情况下），而只有入射角 $\theta$ 满足方程时，才能在相应的反射角（等于入射角 $\theta$）的方向上产生衍射。

布拉格方程形式上较劳厄方程简单，提供了由衍射方向计算晶胞大小的简单方法。

对晶体进行 X 射线衍射分析时，收集各个衍射强度数据 $I_{hkl}=K(F_{hkl})^2$，其中 $F_{hkl}$ 是结构因子。测定晶体结构时，从实验数据只能得到结构振幅（$|F_{hkl}|$）的数值，而不能直接得到结构因子（$F_{hkl}$）的数值。结构振幅和结构因子的关系为

$$F_{hkl}=|F_{hkl}|\exp[i\alpha_{hkl}]$$

式中，$\alpha_{hkl}$ 称为衍射 $hkl$ 的相角。相角 $\alpha_{hkl}$ 的物理意义是某一晶体在 X 射线照射下，晶胞中全部原子产生衍射 $hkl$ 的光束的周相，与处在晶胞原点的电子在该方向上散射光的周相，两者之间的差值。解决相角问题是测定晶体结构的关键。

结构因子由晶胞中原子的种类（由原子散射因子 $f_j$ 表示）及各个原子的坐标参数（由 $x_j$，$y_j$，$z_j$ 表示）算出。

$$F_{hkl}=\sum_{j=1}^{N}f_j\exp[i2\pi(hx_j+ky_j+lz_j)]$$

利用结构因子、结构振幅和相角数据，按下式计算电子密度函数

$$\rho(XYZ)=V^{-1}\sum_h\sum_k\sum_l F_{hkl}\exp[-i2\pi(hX+kY+lZ)]$$

**(2) 倒易点阵和爱瓦尔德 (Ewald) 反射球**

倒易点阵是晶体点阵的倒易，是一种数学模型。利用倒易点阵和爱瓦尔德反射球结合不但给出了产生衍射的可能方向，而且绘制了一幅完整的衍射图像。迄今，各种衍射数据的收

集方法都是根据反射球与倒易点阵的关系设计的。

**(3) X 射线衍射其他原理问题**

在 X 射线衍射中还涉及衍射强度、结构因子、系统消光、相角问题等,有兴趣的读者可参考其他参考书。

## 13.2 仪器结构与原理

X 射线衍射仪一般由 X 光源、测角仪、计数器、测量控制仪、数据处理系统组成。目前使用的 X 射线衍射仪器基本上分为四圆衍射仪(Four-Circle Diffractometer)和面探衍射仪(Area Detector Diffractometer)两大类。两者的基本结构大致相同,主要包括光源系统、测角器系统、探测器系统、计算机四大部分,基本结构如图 13-3 所示。

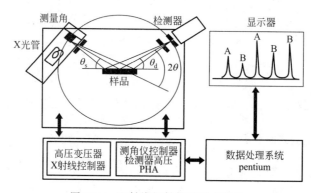

图 13-3　X 射线衍射仪的基本结构

光源系统主要包括高压发生器和 X 光管,高压发生器负责提供高压电流。测角器系统和载晶台与探测器直接相连,用于控制晶体和探测器的空间取向。计算机的主要功能包括测角器系统和探测器的机械运动,以及快门的开关,收集和记录测角器系统的各种角度数据、探测器的强度数据等。快门的作用是控制 X 射线的射出;单色器的作用是只让特征 X 射线通过;准直器则是控制照射到晶体上 X 射线光斑的大小。

## 13.3 实验技术

### 13.3.1 样品制备

X 射线衍射需要培养晶体,其中单晶样品的制备有以下方法。

**(1) 蒸发法**

选择一个合适的溶剂,按照设定的比例将固体物质(比如阿司匹林)全部溶解后过滤、静置。待溶液自然蒸发到饱和时,开始析出晶体。溶剂可以是一种,也可以是两种以上的混合物。比较适用于分析溶解度较大而溶解度的温度系数很小或者是具有负温度系数(物质的物理性质与温度成反比)的物质;在常温(或恒温)条件下进行。要求:溶解度不要太大,控制溶剂蒸发的温度。

**(2) 降温析晶法**

将有较大的溶解度的温度系数的物质完全溶解，在晶体生长过程中逐渐降低温度，使析出的溶质不断在晶体上生长。关键：晶体生长过程中掌握适合的降温速度，使溶液处在亚稳态区内并维持适合的过饱和度。要求：物质的溶解度的温度系数不低于 $1.5 kg^{-1} \cdot ℃^{-1}$。

**(3) 蒸气扩散法**

选择两种对化合物的溶解度不同且有一定互溶性的溶剂 A 和 B，先把化合物溶解在溶解度较大的溶剂 A 中，并放于小容器内；然后将溶解度小、蒸气压相对较大的溶剂 B 放在较大的容器中。盖紧较大容器的盖子，溶剂 B 的蒸气就会不断地扩散到小容器里。得到 A 与 B 的混合液，从而使化合物的溶解度下降，晶体析出。

**(4) 水热法**

将两种以上的物质放在一个密闭容器内，加入适当的助溶剂，给予一定温度，冷却后会有晶体析出。但晶体结构奇特，析晶条件难以控制，重复性差。

### 13.3.2 衍射实验及结构解析过程

**(1) 晶体的选择**

晶体培养成功后，首先要从培养出的单晶样品中挑选出适用于衍射实验用样品，该工作需要在显微镜下操作。晶体的尺寸要求：通常最短方向应大于等于 0.1mm，总体积应大于等于 $10^{-3} mm^3$。其次，晶体表面要洁净，并具有一定的几何外形，不能附着杂质和小晶体，不能是双晶晶体。

**(2) 晶体的安置**

晶体安置前最好先要观察其是否稳定。稳定的晶体，可以用胶将其粘置在玻璃丝顶端。对于不稳定的晶体，可用胶先将晶体包裹一层，将晶体与空气隔绝，再粘置在玻璃丝顶端；也可以带母液封装在毛细管中。

**(3) 衍射实验步骤**

安置单晶后，进行晶体调节工作；然后试收集衍射画面，在第一个画面中寻峰，获得晶胞初参数，测定晶体的劳厄型和点阵型，最终根据劳厄型的分析结果，确定衍射数据收集方案，进行衍射数据的采集。

**(4) 结构解析和描述**

包括以下几个步骤：确定正确的空间群，用晶体学结构解析软件（MDI Jade）解析结构，建立正确的分子结构模型，进行结构参数精化，结构描述。通过解析，将晶体学形式转化为化学表达，把晶体结构、原子间相互作用、化学键的性质、分子结构及分子间作用力有机联系起来，并描绘出电子密度图、晶胞构造图和分子结构图。

# 13.4 特点与应用

### 13.4.1 特点

现在 X 射线的主要应用分为三个方面：X 射线透射、X 射线衍射和 X 射线光谱学。其中 X 射线衍射（包括散射）已经成为研究晶体物质和某些非晶态物质微观结构的有效方法。

X 射线衍射法具有不损伤样品、无污染、快捷、测量精度高、能得到有关晶体完整性的大量信息等优点。随着高强度 X 射线源（包括超高强度的旋转阳极 X 射线发生器、电子同步加速辐射、高压脉冲 X 射线源）和高灵敏度探测器的出现以及电子计算机分析的应用，X 射线衍射分析获得了新的推动力。这些新技术的结合，不仅大大加快了分析速度，提高了精度，而且可以进行瞬时的动态观察以及对更为微弱、精细效应的研究。

### 13.4.2 应用

**(1) 物相定性分析**

晶体的 X 射线衍射图谱是对晶体微观结构精细的形象变换，任何一种晶态物质都有自己独特的 X 射线衍射图，而且不会因为与其他物质混合在一起而发生变化，这就是 X 射线衍射法进行物相分析的依据。PDB（Protein Data Bank）是一个生物大分子（如蛋白质和核酸）数据库，规模最庞大的多晶衍射数据库是由 JCPDS（Joint Committee on Powder Diffraction Standards）编纂的《粉末衍射卡片集》（PDF）。

**(2) 物相定量分析**

某晶体的衍射的强度 $I$ 与结构因子 $F$ 模量的平方成正比。

**(3) 晶胞参数的精确测定**

晶胞参数需由已知指标的晶面间距来计算。

**(4) 金属材料中宏观应力的测量**

金属材料受外力产生形变，如果形变发生在材料的弹性极限以内，则在材料内部很大范围内（包括成千上万个晶粒的宏观尺度范围内）受到相当均匀的应力作用，同时发生相应的应变，造成晶粒中晶面间距的变化。

**(5) 测定有关的晶体性质数据**

晶体的一些性质参数往往是直接和晶胞参数或晶面间距相联系的，例如密度、热膨胀系数等。

**应用示例：**$S_1 \sim S_4$ 共 4 批优质龙骨样品的 X 射线衍射图谱见图 13-4，发现其几何拓扑图形规律一致。利用 JADE6.0 数字信号处理技术，对这些图谱分别进行寻峰、物相检索，查阅由国际粉末衍射标准联合会负责编辑出版的"粉末衍射卡片（PDF 卡片）"，初步判断其 X 射线衍射数据与 PDF74-0565 及 PDF72-1937 基本一致，说明这些优质龙骨样品主要含 $Ca_{10}(PO_4)_6(OH)_2$（羟基磷灰石）与 $CaCO_3$（方解石型碳酸钙）。另外，样品 $S_3$ 与其他样品相比，在 $2\theta = 26.639°$ 处多一个谱峰，与 PDF79-1906 一致，是石英（$SiO_2$）的特征峰，其相对峰面积为 34%，表明该样品中石英含有量较低。

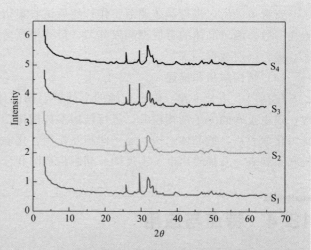

图 13-4　4 批优质龙骨样品的 X 射线衍射图谱

# 第 14 章
## 扫描电子显微镜

扫描电子显微镜（Scanning Electron Microscope，SEM）的电子束在样品上进行动态扫描时，将样品上带有形态和结构信息二次电子逐点逐行地轰击出表面，经检测器处理后在荧光屏上显示出该范围的动态画面，这种画面实际上和电子束做同步扫描，以至样品表面上的深凹高凸的信息能以三维立体形象如实地反映出来。扫描电镜中，电子枪发射出直径为 $10\sim50\mu m$ 的电子束，受到加速电压的吸引，射向镜筒，经几级聚光镜会聚成十至几十埃的电子探针，在末级透镜的扫描线圈作用下，电子探针在样品表面做光栅状扫描运动并激发出多种电子信号，再送到显像管的栅极上调制显像管的电子束亮度。显像管中的电子束在荧光屏上也做光栅状的同步扫描运动，这样即获得衬度与所接收信号强度相对应的扫描电子像。

## 14.1 方法原理

### 14.1.1 扫描电镜的工作原理

图 14-1 是扫描电镜的工作原理示意图。由电子枪发出的电子束经过栅极静电聚焦后成为直径为 $50\mu m$ 的点光源，然后在加速电压（$1\sim30kV$）作用下，经两三个透镜组成的电子光学系统，电子束被会聚成几十埃大小聚焦到样品表面。在末级透镜上有扫描线圈，它的功能是使电子束在样品表面扫描。由于高能电子束与试样物质的相互作用，产生各种信号（二次电子、背散射电子、吸收电子、特征 X 射线、俄歇电子、阴极荧光等），这些信号被相应的接收器接收，经放大器放大后送到显像管（CRT）的栅极上，调制显像管的亮度。由于扫描线圈的电流与显像管的相应偏转电流同步，因此试样表面任意点的发射信号与显像管荧光屏上的亮度一一对应。也就是说，电子束打到试样上一点时，在显像管荧光屏上就出现一个亮点。而所要观察的试样在一定区域的特征，则是采用扫描电镜的逐点成像的图像分解法显示出来的。试样表面由于形貌不同，对应于许多不相同的单元（称为像元），它们在电子束轰击后，能发出为数不等的二次电子、背散射电子等信号，依次从各像元检出信号，再一一传送出去，传送的顺序是从左上方开始到右下方，依次一行一行地传送像元，直至传送完一幅或一帧图像。采用这种图像分解法，就可以用一套线路传送整个试样表面的不同信息。为了按照规定的顺序检测和传送各像元处的信息，就必须把会聚得很细的电子束在试样表面

做逐点逐行的运动，也就是光栅状扫描。

## 14.1.2 高能电子束与试样的相互作用

高能电子束（30~50keV）在真空中激发固体试样，会产生多种特征信号。这些有应用价值的信号可以用于对固体试样进行分析。主要信号有：背散射电子、二次电子、特征X射线、俄歇电子等。图14-2是这些信号产生的示意图。

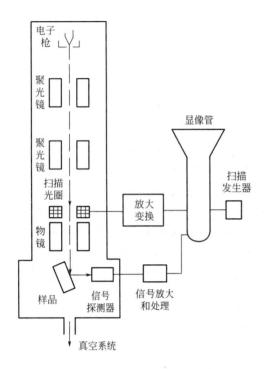

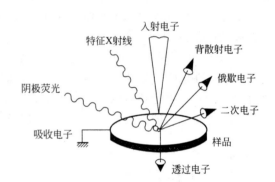

图14-1 扫描电镜的工作原理示意图　　图14-2 电子束穿过薄样品产生的各种信号

**（1）背散射电子**

背散射电子是指被样品中原子核散射反弹回来的入射电子，散射角大于90°，其能量等于入射电子的能量。试样中产生背散射电子的深度范围在0.1~1μm左右。背散射电子的产额 $\eta$ 随原子序数 $Z$ 的增加而增加，图14-3是背散射电子产额与试样原子序数的对应关系。可以看出，在原子序数低于40左右时，产额 $\eta$ 与原子序数 $Z$ 呈线性关系，用背散射电子作为成像信号不仅能分析形貌特征，还可用来显示原子序数衬度。

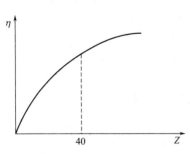

图14-3 背散射电子的产额 $\eta$ 与原子序数 $Z$ 的关系

**（2）二次电子**

二次电子是被入射电子激发出来的试样原子的外层电子。当原子的核外电子被入射电子撞击获得大于结合能的能量后，可从样品表面逸出，成为二次电子。由于原子核和外层价电子间的结合能很小，二次电子的能量一般为50eV左右，这种能量特征使得二次电子只能来自距试样表面5~20nm的区域。二次电子产额随原子序数的变化不明显，而对试样表面形态非常敏感，能有效地显示试样表面的微观形貌。

**（3）吸收电子**

入射电子进入样品后，经多次非弹性散射，能量损失殆尽被样品吸收。若在样品和地之间接入一个高灵敏度的电流表，就可以测得样品中这类电子的对地信号，这个信号称为吸收电子。入射电子束与试样发生作用，当不产生透射电子时，背散射电子或二次电子数量任一项增加，将会引起吸收电子相应减少，若把吸收电子信号作为调制图像信号成像，则可以得到与二次电子像和背散射电子像相反的衬度。如果试样中有多种元素，由于二次电子产额不受原子序数影响，则产生背散射电子较多的部位其吸收电子的数量就较少。因此，吸收电子像可以形成原子序数衬度。

**（4）特征 X 射线**

特征 X 射线是原子的内层电子受到激发以后，在能级跃迁过程中直接释放的具有特征能量和波长的电磁波辐射。

特征 X 射线是从试样 $0.5 \sim 5 \mu m$ 深处发出的，它的波长和原子序数之间服从莫塞莱定律：

$$\lambda = \frac{K}{(Z-\sigma)^2}$$

式中，$Z$ 为原子序数；$K$、$\sigma$ 为常数。可以看出，原子序数和特征能量、射线波长之间有确定的对应关系，利用这一对应关系可以进行元素分析。表 14-1 是常见元素特征 X 射线的能量和对应波长。

**表 14-1　常见元素特征 X 射线的能量与波长**

| 元素 | $E_{K\alpha 1}$/keV | $\lambda_{K\alpha 1}$/nm | 元素 | $E_{K\alpha 1}$/keV | $\lambda_{K\alpha 1}$/nm |
|---|---|---|---|---|---|
| Be | 0.109 | 11.400 | Al | 1.487 | 0.8339 |
| B | 0.183 | 6.760 | Ti | 4.511 | 0.2749 |
| C | 0.227 | 4.470 | Mn | 5.899 | 0.2102 |
| O | 0.525 | 2.362 | Fe | 6.404 | 0.1936 |

**（5）俄歇电子**

如果原子内层电子在能级跃迁过程中释放出来的能量 $\Delta E$ 不以 X 射线的形式释放，而是将核内层的另一电子激发出试样，这类电子叫做俄歇电子，这一过程称为俄歇效应。显然，一个原子中至少要有 3 个以上的电子才能产生俄歇效应，铍是能产生俄歇效应的最轻元素。由于每一种原子都有特定的壳层能量，所以俄歇电子能量特征值必定与元素相对应，其能量一般在 $50 \sim 1500 eV$ 范围之内。这种能量特征使得只有试样表面层产生的俄歇电子才能逃逸出来，因而可用于试样表面的元素分析。

**（6）阴极荧光**

半导体样品在入射电子的照射下，会产生电子-空穴对，当电子跳到空穴位置"复合"时，会发射光子，叫做阴极荧光。

除了上述几种信号外，固体样品中还会产生电子束感生电动势等信号，这些信号经过调制后也可以用于试样分析。

## 14.1.3　扫描电子显微镜的主要性能

**（1）放大倍数**

当入射电子束做光栅扫描时，电子束在样品表面扫描的幅度为 $A_s$，荧光屏长度也就是显示器电子束同步扫描的幅度为 $A_c$，则扫描电子显微镜的放大倍数为：

$$M = \frac{A_c}{A_s}$$

由于显示器荧光屏尺寸是固定不变的，因此，改变电子束在试样表面的扫描幅 $A_s$ 可以改变放大倍率。降低扫描线圈的电流，电子束在试样上的扫描幅度减小，放大倍数提高；反之，放大倍数降低。可见扫描电子显微镜改变放大倍数是十分方便的。目前扫描电子显微镜的放大倍数，可以从 20 倍～20 万倍区间连续调节，实现由低倍到高倍的连续观察，这对断口分析等工作非常有利。

**（2）分辨率**

扫描电子显微镜分辨率的高低和检测信号的种类有关。表 14-2 列出了扫描电子显微镜主要信号的成像分辨率。

表 14-2　各种信号成像的分辨率

| 信号 | 二次电子 | 背散射电子 | 吸收电子 | 特征 X 射线 | 俄歇电子 |
|---|---|---|---|---|---|
| 分辨率/nm | 5～10 | 50～200 | 100～1000 | 100～1000 | 5～10 |

由表 14-2 中的数据可以看出，二次电子和俄歇电子的分辨率高，而特征 X 射线调制成显微图像的分辨率最低。不同信号造成分辨率之间差别的原因可用图 14-4 说明。电子束进入轻元素样品表面后会形成一个滴状作用体积。入射电子束在被样品吸收或散射出样品表面之前将在这个体积中活动。

由图 14-4 可知，俄歇电子和二次电子因其本身能量较低以及平均自由程很短，只能在样品的浅层表面内逸出，在一般情况下能激发出俄歇电子的样品表层厚度约为 0.5～2nm。激发二次电子的样品表层厚度为 5～10nm。入射电子束进入浅层表面时，尚未向横向扩展开来，因此，俄歇电子和二次电子只能在一个和入射电子束斑直径相当的圆柱体内被激发出来，因为束斑直径就是一个成像检测单元（像点）的大小，所以这两种电子的分辨率就相当于束斑的直径。

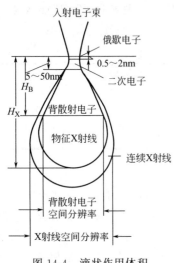

图 14-4　滴状作用体积

入射电子束进入样品较深部位时，向横向扩展的范围变大，从这个范围中激发出来的背散射电子能量很高，可以从样品的较深部位处弹射出表面，横向扩展后的作用体积大小就是背散射电子的成像单元，从而使它的分辨率大为降低。

入射电子束在样品更深的部位激发出特征 X 射线。从图上 X 射线的作用体积来看，若用 X 射线调制成像，它的分辨率比背散射电子更低。

因为图像分析时二次电子（或俄歇电子）信号的分辨率最高。扫描电子显微镜的分辨率就是二次电子像的分辨率。

**（3）景深**

景深是指透镜对试样表面高低不平的各部位能同时清晰成像的距离范围，可以理解为试样上最近清晰像点到最远清晰像点之间的距离。扫描电子显微镜的景深如图 14-5 所示，扫描电镜中电子束最小截面圆（$P$ 点）经过透镜聚焦后成像于 $A$ 处，试样就放在 $A$ 点所在的像平面内。景深则是指试样沿透镜主轴在 $A$ 点前后移动而仍可保持清晰的一段最大距离。设 1 点和 2 点是在保持图像清晰的前提下，试样表面移动的两个极限位置，则两者之间的距离 $D_s$ 就是景深。实际上在像平面处，电子束在 1 点和 2 点处得到的不是像点，而是以 $\Delta R_0$ 为半径的漫散圆斑。这一圆斑的半径就是电镜的分辨率（样品表面上两间距为 $\Delta R_0$ 的点能刚好为扫描电子显微镜分辨）。如果 1 点和 2 点再向扩大 $D_s$ 方向移动，电子束漫散圆斑直径增大，超过分辨率 $\Delta R_0$，图像模糊。由此可见，当样品表面高低不平（如断口试样）时，只要高低范围值小于 $D_s$，就能在荧光屏上清晰地反映出样品表面的凹凸特征。由图 14-5 可得：

$$D_s = \frac{2\Delta R_0}{\tan\beta} = \frac{2\Delta R_0}{\beta}$$

式中，$\beta$ 为电子束孔径角。可见，电子束孔径角是控制扫描电子显微镜景深的主要因素，它取决于末级透镜的光阑直径和工作距离。由公式可知，电子束的孔径角 $\beta$ 愈小，在维持分辨率 $\Delta R_0$ 不变的条件下，$D_s$ 将变大。一般情况下，扫描电子显微镜末级透镜焦距较长，$\beta$ 角很小（约 10rad），所以它的景深很大，比一般光学显微镜景深大 100～500 倍，这使扫描电子显微镜图像有较强的立体感。对于表面粗糙的断口试样来说，光学显微镜因景深小不能清晰成像，而扫描电子显微镜放大到 5000 倍时，$D_s$ 可达数十微米，这是其他仪器无法比拟的优点。

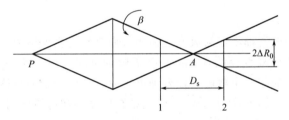

图 14-5　扫描电镜的景深示意图

## 14.2　仪器结构与原理

SEM 属于二次电子成像，主要由电子光学系统（镜筒）、信号检测和成像系统和电源系统组成，如图 14-6 所示。

### 14.2.1　电子光学系统

电子光学系统由电子枪、电磁透镜、扫描线圈和样品室等部件组成。其作用是用来获得扫描电子束，激发样品的各种信号。为获得较高的信号强度和图像分辨率，扫描电子束应具有较高的亮度和尽可能小的束斑直径。

**(1) 电子枪**

电子枪的作用是发射电子，并通过阴极与阳极灯丝间的高压和电场，形成高能量聚焦电子束。扫描电子显微镜电子枪与透射电子显微镜的电子枪相似，只是加速电压比透射电子显微镜的低。

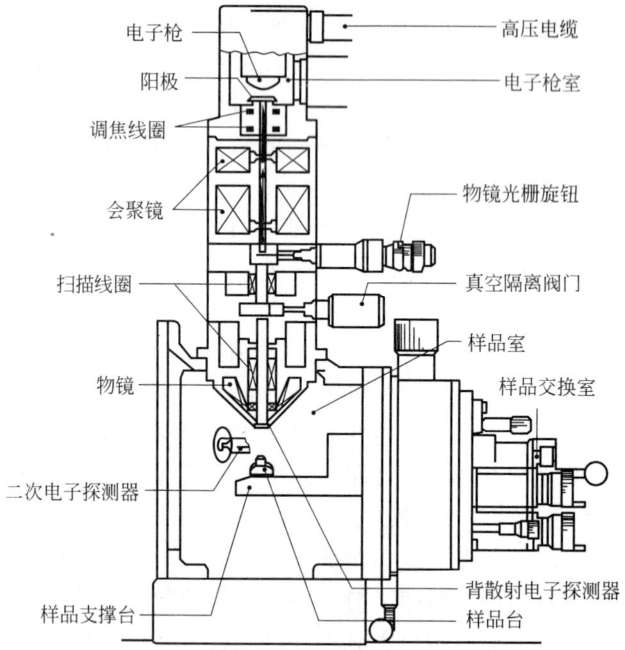

图 14-6　JSM-6601F 场发射扫描电镜的结构

**(2) 电磁透镜**

扫描电镜中各电磁透镜都不作为成像电镜用，而是作为会聚透镜用，作用是把电子枪的束斑逐渐聚焦缩小，使原来直径约 $50\mu m$ 的电子枪束斑缩小成一个只有几个纳米的细小束斑。扫描电子显微镜一般用 3 个电磁透镜聚细电子束，前两个是强磁透镜，负责把电子束斑缩小，而第三个透镜（习惯上称为物镜），作用是在样品室和透镜之间留有尽可能大的空间，以便装入各种信号。

**(3) 扫描线圈**

扫描线圈的作用是提供电子束扫描控制信号，使入射电子束在样品表面的扫描和显示器电子束在荧光屏上的扫描同步进行。为保证方向不同的电子束都能通过末级透镜的中心投射到样品表面，采用双偏转扫描线圈。镜筒中的电子束进入上偏转线圈时，方向发生偏转，随后下偏转线圈使它发生反向偏转。扫描过程中，偏转的角度逐次改变，电子束在试样上逐点扫描，扫过一行后，改变位置进行下一行扫描，这种扫描方式称为光栅式扫描。在上、下偏转线圈的作用下，电子束在试样上扫描出一个长方形区域，由于镜筒中电子束和显示器电子束的扫描同步进行，试样上的这一区域同显示屏逐点对应，荧光屏上形成一帧同试样扫描面积成比例的放大图像。

如果电子束经上偏转线圈偏转后未经下偏转线圈改变方向，而直接由末级透镜折射到入射点位置，这种扫描方式称为角光栅扫描或摇摆扫描，一般用于电子通道花样观察。

**(4) 样品室**

扫描电子显微镜的样品室空间较大，一般可放置 20mm×10mm 的块状样品。为观察断口实物等大尺寸试样，近年来还开发了大样品台。观察时，样品台可根据需要沿 $x$、$y$ 及 $z$ 三个方向平移、在水平面内旋转或沿水平轴倾斜，称为五轴联动。

样品室内除放置样品外，还装有各种信号检测器，如二次电子检测器、背散射电子检测器、能谱检测器等。新型扫描电子显微镜的样品室内还装配有多种附件，可使试样在样品台上进行加热、冷却、拉伸等试验，用于研究材料的形貌、组织变化的动态过程。

### 14.2.2 信号检测和成像系统

信号检测和成像系统包括各种信号检测器、前置放大器和显示装置，其作用是检测样品在入射电子作用下产生的信号，经视频放大后调制显示器的成像系统，在荧光屏上得到反映样品表面、元素特征的扫描图像。其工作过程见图 14-7。

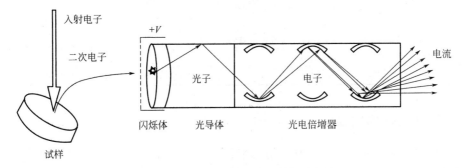

图 14-7 扫描电镜信号检测系统示意图

二次电子、背散射电子一般用闪烁计数器进行检测，闪烁计数器由闪烁体、光导管和光电倍增器组成。信号电子撞击闪烁体产生光子，光导管通过全反射将光子传送到光电倍增器，转换成电子同时进行多级放大，输出电流信号，放大后调制显示器。闪烁体处罩有金属网，施加几百伏的正向电压（+V），吸引二次电子成二次电子像；电压反向则排斥二次电子，只接收背散射电子成背散射电子像。

由于镜筒中的电子束和显示器中的电子束同步扫描，荧光屏上像点的亮度被试样上激发出来的信号调制，而信号强度随样品表面形态、元素不同而变化，从而在荧光屏上形成一幅反映试样表面、元素特征的图像。

### 14.2.3 真空系统

为保证扫描电子显微镜电子光学系统的正常工作，对镜筒内的真空度有一定的要求。

一般情况下，如果真空系统能提供 $1.33 \times 10^{-2} \sim 1.33 \times 10^{-3}$ Pa（$10^{-4} \sim 10^{-5}$ mmHg）的真空度时，就可防止样品的污染。如果真空度不足，除样品被严重污染外，还会出现灯丝寿命下降、极间放电等问题。

## 14.3 实验技术

### 14.3.1 样品制备

扫描电子显微镜试样的制备方法简单，基本要求是导电、清洁、尺寸合适，表 14-3 是几种试样处理的一般方法。对金属等导电的块状样品，只需按照扫描电镜试样室的大小将它们切割成合适的尺寸，用导电胶将其粘贴在电镜的样品座上即可直接进行观察。对于塑料等非导电性样品，由于在电子束作用下会产生电荷堆积，影响入射电子束斑形状和样品二次电子的发射，这类样品在观察前，要进行喷镀导电层处理，通常在真空镀膜机中喷镀金膜或碳膜做导电层，膜厚应控制在 20nm 左右。

表 14-3　SEM 试样的一般处理方法

| 试样 | 一般处理方法 | 备注 |
| --- | --- | --- |
| 普通试样 | 酒精清洗，吹干 | 尺寸符合电镜试样室要求，导电，清洁（下同） |
| 油污试样 | 除油，水洗，酒精清洗，吹干 | 选用除油剂应避免损伤试样表面 |
| 锈蚀试样 | 除锈，超声波酒精清洗，吹干 | 选用除锈剂应避免损伤试样表面 |
| 粉末试样 | 在金属片上均匀涂一层导电涂料，把粉末均匀撒在涂料上 | 金属片要尺寸合适，清洁，无锈 |
| 细丝端面 | 把细丝在金片上缠绕若干周，用树脂整体包埋，在细砂纸上磨出端面 | 试样包埋后要尺寸合适，观察面上喷镀导电层 |
| 镀层试样 | 树脂包埋，磨制镀层的金相试样 | 试样包埋后要尺寸合适，观察面上喷镀导电层 |

### 14.3.2　观察条件的选择

进行扫描电镜测试时，需要选择合适的加速电压、束流、工作距离、物镜光栅并正确聚焦，调整亮度和反差。

进行高分辨观察时可选用较高挡的电压，在满足分辨率需求的情况下，尽量选用较低的高压，因为用加速电压增加，噪声就随之增加，反而影响了图像的质量。束流大，束斑小，分辨率高，但亮度不足，激发出的信号也弱，因此束流的大小应根据亮度、反差和分辨率的综合效果决定。高分辨观察时，可选小距离，约 5mm 距离；低分辨观察时可选长距离，这时样品对物镜光栅的张角变小，景深变大，可使图像的层次感更加丰富。物镜光栅离样品最近，选用不同的孔径可调整孔径角，吸收杂散电子，减少球面差等，从而达到调整景深、分辨率和图像亮度的目的。一般 5000 倍左右可用 $200\mu m$ 的光栅，万倍以上使用 $150\mu m$ 的光栅，高分辨时使用 $100\mu m$ 的光栅。

选定区域后，通过旋动粗、中、细聚焦旋钮和 $x$、$y$ 方向上的消像散器旋钮将图像调整清楚。为了使聚焦精确，可使用"小窗口"聚焦，或者将放大倍数打在更高一挡的放大倍数上聚焦，聚焦以后再将放大倍数回到原来所需的放大倍数上观察或保存图像。

扫描电镜中，有亮度和反差的调整系统。以图像细节清楚和人眼看上去感觉舒服为主；而摄影的亮度和反差调整，以照出的图像信息丰富，结构清晰为准。记录图像时，要求质量高，必须采用慢速度；选择视野时要求速度快，就选用快速度扫描。

### 14.3.3　影响二次电子图像质量的主要因素

**(1) 倾斜效应**

当入射电子束强度一定时，二次电子信号的强度随样品倾斜角的增大而增大，即称之为倾斜效应。从另一方面来说，任何样品表面都有不同程度的起伏（凹凸），即对电子束有不同程度的倾斜，相应部位发出的二次电子量也各不相同，即在显像管上显示出相应的亮度差异。

**(2) 原子序数效应**

二次电子的激发量随原子序数的增大而增大。用电子束对物质上的不同元素部位进行轰击，可发现重金属元素处亮，而原子序数小之处则暗。于是在图像上也就产生了原子序数衬度。在样品表面镀上一层原子序数高的金属膜,就是利用原子序数效应改善像质的一种有效措施。

**(3) 加速电压效应**

电子探针射入样品的能量取决于加速电压,加速电压越低,扫描电镜图像的信息越限于表面,图像越显得自然丰满,但放大倍数不能太高。反之,加速电压越高,电子探针越容易聚焦变细,分辨率越高,放大倍数也越大,但噪声也随之增加,图像会显得不自然。所以,在放大倍数能达到要求的前提下,应尽可能地选用较低的加速电压。

**(4) 边缘效应**

样品边缘和尖端在受到电子束轰击时,极易造成二次电子脱落,出现异常明亮现象,称之为边缘效应,边缘效应既影响图像质量,又影响观察效果,严重时会使人难以看到样品的形貌细节。在实际工作中,可通过减小电子束能量、降低加速电压等措施减少边缘效应的影响。

**(5) 充放电效应**

充放电效应是非导电样品的通病,主要因为入射电子不能在样品中构成回路导入大地。堆积在样品上的入射电子造成负电荷区,产生突然放电现象或排斥后续电子,严重影响观察和图像质量,是必须避免和消除的现象。通常采用导电胶粘贴、填实和镀膜的方法进行解决。

**(6) 检测器位置对图像质量的影响**

检测器与试样表面越接近垂直时,二次电子收得率越高,图像质量越高,反之则低。由于受倾斜效应的影响,二次电子的发射率随倾斜角的增大而增大。为了兼顾二次电子的发射率和接收率,只能采用折中的办法,将试样与入射电子束呈 45°角位置放置,让检测器与入射束间的夹角固定在 90°角或更大的角度上。

**(7) 背散射电子图像**

背散射电子产生在样品的 $500\sim1000\text{Å}$ 深度内,能量大于 $50\text{eV}$,由于经过多次碰撞,其散射方向不规则,但离开样品后沿直线运动。它的产生与入射角有关,由于电子穿透深,背散射量大,反差也就大,在平整的表面上提供了可辨别的元素差异。它所形成的图像可与二次电子像互补,低凹处亮,高处暗,适用于观察凹处形貌。

**(8) 透射电子图像**

将扫描电镜样品台改成中心具有穿孔的结构,装入载网,使电子束以光栅扫描的形式逐点穿透样品,使得下方的检测器收到信号,便可在显像管上得到扫描透射电子像。

## 14.4 特点与应用

### 14.4.1 特点

和光学显微镜及透射电镜相比,扫描电镜具有以下特点。

① 能够直接观察样品表面的结构,样品的尺寸可大至 $120\text{mm}\times80\text{mm}\times50\text{mm}$;

② 样品制备过程简单,不用切成薄片;

③ 样品可以在样品室中做三维空间的平移和旋转,因此,可以从各种角度对样品进行观察;

④ 景深大,图像富有立体感。扫描电镜的景深较光学显微镜大几百倍,比透射电镜大

几十倍；

⑤ 图像的放大范围广，分辨率也比较高，可放大十几倍到几十万倍，它基本上包括了从放大镜、光学显微镜直到透射电镜的放大范围，分辨率介于光学显微镜与透射电镜之间，可达 3nm；

⑥ 电子束对样品的损伤与污染程度较小；

⑦ 在观察形貌的同时，还可利用从样品发出的其他信号做微区成分分析。

### 14.4.2　应用

二次电子像在观察试样表面微区形貌中得到了广泛的应用。当前主要应用于断口、摩擦磨损表面以及各种材料微观表面形貌特征的观察。

**应用示例**：断口形貌观察和纳米结构材料形貌观察。

a. 断口形貌观察。金属材料断口按特征可分为解理、准解理、沿晶、韧窝和疲劳断口等五类，如图 14-8 所示。在实际观察中，多数断口呈几类特征同时存在的形态。

(a) 疲劳

(b) 解理
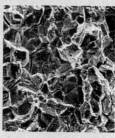
(c) 沿晶
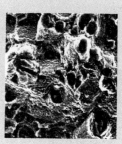
(d) 韧窝

图 14-8　典型金属断口图像

b. 纳米结构材料形貌观察，如图 14-9 所示。随着扫描电镜分辨率的提高，应用扫描电镜研究纳米材料的工作越来越多。

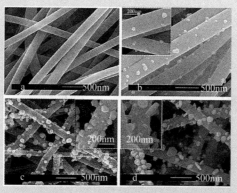

图 14-9　扫描电镜（SEM）图

a—纯 $TiO_2$ 纳米纤维；b—经溶剂热反应 30min；c—经溶剂热反应 1h；
d—经溶剂热反应 2h 所制备的 $TiO_2/Ag$ 复合纳米纤维

# 第15章 透射电子显微镜

透射电子显微镜（Transmission Electron Microscope）也称透射电镜，是通过穿过样品的电子进行成像放大的设备。电子束穿过样品以后，带有样品信息，再将这些信息进行处理和放大，便可在荧光屏上显示出物质的超微结构形态，其分辨率高达1Å，放大倍率在几百倍到80万倍间连续可调，主要用于观察物质内部的超微结构、成分分析及粒径测定等。

## 15.1 方法原理

### 15.1.1 透射电镜成像原理

透射电子显微镜是以波长极短的电子束作为照明源，用电磁透镜聚焦成像的一种高分辨本领、高放大倍数的电子光学仪器。透射电子显微镜与光学显微镜的成像原理对比如图15-1所示。

入射电子束与试样碰撞时发生相互作用，产生各种信号，以此建立扫描电子显微分析、透射电子显微分析、能谱和波谱分析等。如图15-2所示。

电子枪发射的电子在阳极加速电压的作用下，高速地穿过阳极孔，被聚光镜会聚成很细的电子束照明样品，透射出的电子经物镜、中间镜和投影镜的三级磁透镜放大透射到观察图形的荧光屏上，荧光屏把电子强度分布转化为人眼可见的光强分布，于是在荧光屏上显示出与试样形貌、组织、结构相应的图像。透射电子显微分析图像的总放大倍数为：

$$M_{总} = M_{物镜} \times M_{中间镜} \times M_{投影镜}$$

### 15.1.2 透射电镜成像有关概念

① 弹性散射 快速入射电子和样品的原子核

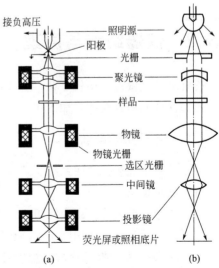

图15-1 透射电子显微镜（a）与光学显微镜（b）的成像原理对比图

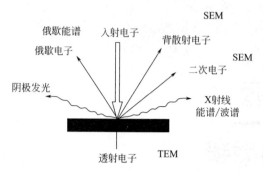

图 15-2　电子与样品相互作用及对应分析方法示意图

碰撞，使电子偏离很大的角度，其轨道有明显的偏斜，称为弹性散射。

② 非弹性散射　快速入射电子和样品绕核运动的慢速电子相碰撞，重新分配它们的速度，这种相互作用称为非弹性散射。由于样品中的电子远比核的数量多。因此在透射电镜成像过程中，非弹性散射是影响图像反差的最重要因素。

③ 衬度　衬度指的是图像上不同区域间存在的明暗程度的差异，也正是因为衬度，我们才能看到各种具体的图像。透射电镜像的电子衬度由试样种类、成像方式决定，主要有质厚衬度、衍射衬度和相位衬度三种。

a. 质厚衬度　由于试样的厚度、构成物质不同形成的衬度，主要来自于复型试样。试样厚度不同、组成试样物质的原子序数不同，使入射电子散射角不同。用物镜光栅挡掉大角度散射电子只用近轴电子成像，这时得到的衬度就是质厚衬度。

b. 衍射衬度　主要来自晶体试样，用单束成像方式获得。晶体试样同电子束的关系符合布拉格衍射条件程度不同，严格符合布拉格衍射条件时衍射强度高，偏离布拉格衍射条件强度低，由此形成的衬度是衍射衬度。

c. 相位衬度　试样各点散射波的位向改变使合振幅增大形成的衬度，主要来自薄晶体试样，用多束成像方式获得。

## 15.2　仪器结构与原理

透射电子显微镜结构较复杂，主要由电子光学系统、真空系统和电气控制系统 3 部分构成。其部件排列呈直筒式，如图 15-3 所示。

### 15.2.1　电子光学系统

电子光学系统包括照明系统、成像系统、观察与记录系统 3 个部分。

**(1) 照明系统**

照明系统由电子枪、聚光镜组成，电子枪的作用是提供一个稳定度高、强度大、束斑小的电子束。而聚光镜的作用则是提高照明效率，把来自电子枪的电子束会聚于样品上。

① 电子枪　电子枪是透射电镜的电子发射源，也是成像系统照明源，对电镜的分辨本领起着重要作用，因此必须满足如下要求：a. 足够的电子发射强度；b. 束斑要小；c. 束流大小可根据样品的需要进行调节；d. 高稳定度的加速电压。

电子枪的灯丝有两种，即热阴极灯丝和冷阴极灯丝。热阴极灯丝是预先通上电流加热灯丝，使灯丝尖端的电子蒸发，形成束流。冷阴极灯丝是利用真空中残存气体的电离作用产生电子，透射电镜多数用热阴极灯丝，在工作环境和温度正常情况下，寿命为 50h 左右。因此在使用中要特别小心，换灯丝时，要在显微镜下仔细对中及根据说明书参数调准灯丝尖端和栅极孔圆心间的距离。

电子枪电路示意图如图 15-4 所示。

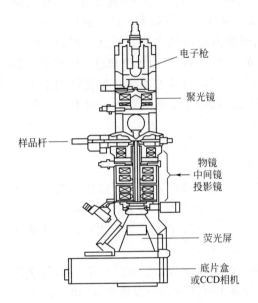

图 15-3　透射电子显微镜主体剖面图

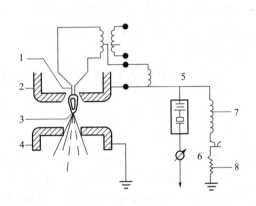

图 15-4　电子枪电路示意图

1—灯丝；2—栅极；3—交叉点；4—阳极；5—偏压可调电阻；
6—束流表；7—高压分压电阻；8—高压变动检测电阻

② 聚光镜　聚光镜是将电子枪发射出的电子束会聚于样品之上，提高其照明效率，同时起到控制照明强度和孔径角的作用。它由电磁透镜，光栅和消像散器三部分组成。聚光镜有单聚光镜和双聚光镜两种；单聚光镜用于普通电镜，双聚光镜用于高性能电镜，如图 15-5 所示。

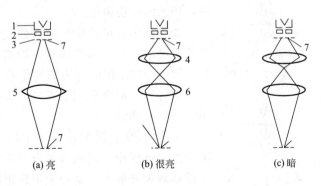

图 15-5　聚光镜

1—电子枪；2—阳极；3—交叉点平面；4—聚光镜；
5—第一聚光镜；6—第二聚光镜；7—束斑

单聚光镜的工作原理：磁透镜放大倍数 $M$ 约为 1，因此光斑直径在样品聚焦时与电子光源一致，30～50μm，如再放大几十倍，照明束斑就充满了整个荧光屏，面积增大，电子密度则会降低，束斑亮度也随之减弱，影响观察效果，要增加亮度就要增加电流强度，这样就会加重电子束对样品的轰击，引起样品的热效应，导致样品开裂，同时也会减短灯丝的使用寿命。具有照明效率较低、样品易产生热效应、灯丝寿命较短、镜筒易污染等特点。

双聚光镜的工作原理：由两级磁透镜、光栅和消像散器组成，第一级聚光镜是强磁透镜（短焦距），可使束斑缩小到 1μm 左右，再由第二级弱磁透镜进行放大，聚焦到样品上，得到 2～3μm 的束斑，通过改变第一聚光镜电流控制成像系统的放大倍数而且只照射在样品上。第一聚光镜离电源较近，接受电子较多，随聚光强度增加，照明效率和总亮度有很大提高，用第二级聚光镜聚焦。在保持第二聚光镜光栅不变时，样品上不会产生更高的电子密度，这种双聚镜只在放大很高倍时光斑较暗，需通过提高电子束流来弥补。具有照明效率高、灯丝寿命长、镜筒污染少、样品稳定性好等特点。

**(2) 成像系统**

成像系统主要由样品室、物镜、中间镜和投影镜组成。

① 样品室　样品室位于聚光镜之下，物镜之上，一般为铜网装置。通过移动载有铜网的样品杆，将样品随意取出和放进。主要结构为：样品台、样品移动控制杆、冷阱及样品转换装置。必备条件是：a.更换样品灵活；b.必须配有气锁装置，以防止镜筒内腔，尤其是电子枪阴极附近侵入空气。更换样品时，镜筒必须保持真空状态。

② 物镜　物镜位于样品室之下，直接放大样品中的细微结构，它的任何缺陷都会被下面的其他透镜放大，导致像严重失真。物镜是电镜的最关键部分，一般放大 50 倍。物镜中的关键部件是极靴，对极靴的材料纯度、均匀度、加工精度和清洁度要求都很高。物镜的正常工作条件是：a.提供极为稳定的激磁电流；b.良好的真空状态。

物镜的分辨率主要取决于极靴的形状和加工精度。一般来说极靴的内孔和上下极靴之间的距离愈小，物镜的分辨率就愈高。为了减小物镜的球差，往往在物镜的后焦面上安放一个物镜光栅。物镜光栅不仅具有减小球差、像散和色差的作用，而且可以提高图像的衬度。

③ 中间镜　中间镜位于物镜之下，是弱磁透镜，可在 0～20 倍范围调节。当放大倍数大于 1 时，用来进一步放大物镜像；当放大倍数小于 1 时，用来缩小物镜像。

如果把中间镜的物平面和物镜的像平面重合，则在荧光屏上得到一幅放大像，即成像操作，如图 15-6(a) 所示；如果把中间镜的物平面和物镜的背焦面重合，则得到一幅电子衍射花样，即电子衍射操作，如图 15-6(b) 所示。

④ 投影镜　投影镜位于中间镜之下，把经中间镜放大（或缩小）的像（或电子衍射花样）进一步扩大投影到荧光屏上，是一个短焦距的强磁透镜。投影镜的激磁电流是固定的，因为成像电子束进入投影镜时孔径角很小（约 $10^{-5}$ rad），因此它的景深和焦长

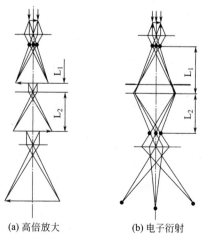

图 15-6　成像系统光路

都非常大。改变中间镜的放大倍数,也不会影响图像的清晰度。有时,中间镜的像平面还会出现一定的位移,但因这个位移距离仍处于投影镜的景深范围之内,图像依旧是清晰的。

**(3) 观察与记录系统**

观察与记录系统包括荧光屏和照相结构,在荧光屏下面放置一个可以自动换片的照相暗盒。照相时只要把荧光屏掀往一侧垂直竖起,电子束即可使照相底片曝光。由于透射电子显微镜的焦长很大,显然荧光屏和底片之间有数厘米的间距,但仍能得到清晰的图像。

### 15.2.2 真空系统

电子显微镜工作时,整个电子通道都必须置于真空系统内。电镜对电子光学部分的真空度要求很高,真空系统的好坏是决定电镜能否正常工作的重要因素。

通常说的真空是指小于常压的空间,真空度越高,气压就越低,真空几乎可以说是气压的倒数,因此可用气压进行测量,在国际上真空度用"托"(Torr)表示,1Torr=1mm 水银柱的压力=1/760 大气压。

低气压空间可分为低真空($10^{-3} \sim 10^{-2}$ Torr)、高真空($10^{-6}$ Torr)、超真空(优于 $10^{-8}$ Torr)。从提高电镜的使用性能和延长寿命的角度考虑,真空度越高越好。

新式的电子显微镜中电子枪、镜筒和照相室之间都装有气阀,各部分都可单独地抽真空和单独放气。因此,在更换灯丝、清洗镜筒和更换底片时,可不破坏其他部分的真空状态。

### 15.2.3 电气控制系统

电镜的电路主要由高压电源、透镜电源、偏转线圈电源、真空系统电源、照相系统电源和安全保护电路 5 部分组成。

高压电源需能够产生 25~120kV 高压的高稳定度小电流电源,稳定度必须达到每分钟 $2 \times 10^{-6}$ 数量级,方能满足电子枪的电子束发射需要,否则将降低电镜的分辨率。

透镜电源是大电流低电压电源,用于透镜的聚焦与成像,稳定度必须达每分钟 $1 \times 10^{-6}$ 数量级,方能满足磁透镜(尤其是物镜)的工作需要,也是决定电镜分辨率和稳定性能的关键部位。

偏转线圈电源、真空系统电源、照相系统电源等也需要稳定,但要求略低,采用一、二级稳压电路即可。

## 15.3 实验技术

### 15.3.1 样品制备

透射电镜应用的深度和广度一定程度上取决于试样制备技术。电子束穿透固体样品的能力主要取决于加速电压、样品的厚度以及物质的原子序数。一般来说,加速电压愈高,原子序数越低,电子束可穿透的样品厚度就愈大。

制样过程注意事项：①对于100~200kV的透射电镜，要求样品的厚度为50~100nm；对高分辨透射电镜，样品厚度要求为150Å。总之，试样越薄，薄区范围越大，对电镜观察越有利；②防止污染和改变样品性质，如机械损伤和热损伤等；③根据观察的目的和样品的性质，确定制样方法。

通常透射电镜样品制备有粉末法、减薄法、复型法几种制样方法。

**(1) 粉末法**

粉末法主要用于原始状态呈粉末状的样品，如炭黑、黏土及溶液中沉淀的微细颗粒，其粒径一般在1μm以下。

特点：制样过程中基本不破坏样品，除对样品结构进行观察外，还可对其形状、聚集状态及粒度分布进行研究。

制样步骤：a.将样品捣碎；b.将粉末投入液体，用超声波振动成悬浮液，液体可以是水、甘油、酒精等，根据试样粉末性质而定；c.观察时，将悬浮液滴于附有支持膜的铜网上，待液体挥发后即可观察。

**(2) 减薄法**

减薄法包括化学减薄法、双喷电解减薄法、离子减薄法。

① 化学减薄法　化学减薄法是利用化学溶液对物质的溶解作用达到减薄样品的目的。

优点：通常采用硝酸、盐酸、氢氟酸等强酸作为化学减薄液，因而样品的减薄速度相当快。

缺点：减薄液与样品反应，会发热甚至冒烟；减薄速度难以控制；不适用于溶解度相差较大的混合物样品。

制样步骤：a.将样品切片，边缘涂以耐酸漆，防止边缘因溶解较快而使薄片面积变小；b.薄片洗涤，去除油污，洗涤液可为酒精、丙酮等；c.将样品悬浮在化学减薄液中减薄；d.检查样品厚度，旋转样品角度，进行多次减薄直至达到理想厚度，清洗。

② 双喷电解减薄法　双喷电解减薄法是利用电解液对金属样品的腐蚀，达到减薄目的。

缺点：只适用于金属导体，对于不导电的样品无能为力。

制样步骤：a.用化学减薄机或机械打磨，制成薄片，抛光，并冲成3mm直径的圆片；b.将样品放入减薄仪，接通电源；c.样品穿孔后，光导控制系统会自动切断电源，并发出警报。此时应关闭电源，马上冲洗样品，减小腐蚀和污染。

③ 离子减薄法　离子减薄法利用高能量的氩离子流轰击样品，使其表面原子不断剥离，达到减薄的目的。主要用于非金属块状样品，如陶瓷、矿物材料等。

优点：易于控制，可以提供大面积的薄区。

缺点：速度慢，减薄一个样品需十几个小时到几十个小时。

制样步骤：a.将样品手工或机械打磨到30~50μm；b.用环氧树脂将铜网粘在样品上，用镊子将大于铜网四周的样品切掉；c.将样品放在减薄器中减薄，减薄时工作电压为5kV，电流为0.1mA，样品倾角为15°；d.样品穿孔后，孔洞周围的厚度可满足电镜对样品的观察需要；e.非金属导电性差，观察前对样品进行喷碳处理，防止电荷积累。

**(3) 复型法**

复型法是对物体表面特征进行复制的一种制样方法，目的在于将物体表面的凹凸起伏转换为复型材料的厚度差异，然后在电镜下观察，设法使这种差异转换为透射电子显微像的衬度高低。包括塑料一级复型、碳一级复型、塑料-碳二级复型、萃取复型等类型。

优点：制作方便，不破坏试样表面，重复性好。

缺点：表面显微组织浮雕的复型膜，只能进行形貌观察和研究，不能研究试样的成分分布和内部结构；同一试块，方法不同，得到复型像和像的强度分布差别很大，应根据选用的方法正确解释图像。

对复型材料的要求：复型材料本身在电镜中不显示结构，应为非晶物质；有一定的强度和硬度，便于成型及保存，且不易损坏；有良好的导电性和导热性，在电子束的照射下性质稳定。

① 塑料一级复型

制样步骤：a.样品上滴浓度为1%的火棉胶醋酸戊酯溶液或醋酸纤维素丙酮溶液，溶液在样品表面展平；b.多余的溶液用滤纸吸掉，溶剂蒸发后样品表面留下一层100nm左右的塑料薄膜。

优点：操作简单，和光学显微组织有很好的对应性。

缺点：印模表面与样品表面特征相反；分辨率低，电子束照射下易分解和破裂。

② 碳一级复型

在真空镀膜装置中，向已制备好的金相样品表面直接喷碳而得到碳薄膜，称为碳一级复型。

制样步骤：将样品放入真空镀膜装置中，在垂直方向上向样品表面喷一层厚度为数十纳米的碳膜。

优点：图像分辨率高，导电导热性能好，电子束轰击下稳定。

缺点：很难将碳膜从样品上剥离。

③ 塑料-碳二级复型

制样步骤：a.先用塑料做一级复型，以它为模型做碳的复型；b.再置于高真空室中，垂直方向喷碳。然后溶去塑料复型而得到碳的间接复型。这种复型称为塑料-碳二级复型。c.为了增加衬度可在倾斜15°～45°的方向上喷镀一层重金属，如Cr、Au等。

优点：不破坏金相试样原始表面，必要时可重复制备；最终复型是带有重金属投影的碳膜，导电、导热性好，在电子束轰击下不易分解和破裂；图像稳定，衬度高。

缺点：分辨率和塑料一级复型相同，较低。

④ 萃取复型

制样步骤：a.经腐蚀剂腐蚀后喷碳；b.脱膜分离；c.与基体分离后洗涤干燥。

优点：可以把要分析的第二相或夹杂物粒子从粒子所在的基体中提出，这样分析粒子时不会受到基体的干扰。

### 15.3.2 透射电镜的使用和调整

每种电镜的外形和布局都有差异，操作方法也不一样，但基本原理是一致的，因此在使用电镜之前，应对原理有所了解，再弄清开关旋钮等控制器的功能和位置，便可按说明书进行操作，但要掌握技巧，运用自如，还必须反复认真练习。

**(1) 开机**

目的在于接通电源，打开真空泵，使电镜各部分达到真空状态。

① 接通电源。

② 打开循环水（如需配备循环水）。
③ 打开仪器启动开关。
待达到可操纵真空度，即可按程序进行操作。

**(2) 电子束的获得和对中**

① 接通高压　选择比所需高压高一挡的高压按键按下，使电子枪自清洁，然后再按下所需的高压按键。

② 加灯丝电流　待高压稳定后，顺时针方向，慢慢地旋动束流控制器，直到束流和荧光屏的亮度达到最大为止，这个位置即为灯丝饱和点，并将束流控制器锁定在饱和点的位置上。

③ 电子枪对中　在加束流的过程中，荧光屏反而变暗，则是电子枪合轴不好，需调节倾斜移动旋钮，直到荧光屏亮度增加到最亮为止。

图 15-7　灯丝像

另一种方法是进行灯丝饱和像调整。逆时针慢慢旋动束流控制器，用聚光镜聚焦，使得荧光屏上出现一"轮胎"状的灯丝图像。调整倾斜移动旋钮（电子枪合轴钮）使"轮胎"状图像对称分布。再增加灯丝电流，使灯丝像消失，即达到灯丝饱和点，完成了电子枪合轴过程，如图 15-7 所示。

**(3) 照明系统调整**

① 聚光镜合轴　原来已对中好的光斑如果偏离屏中心，就是聚光镜与电子枪对中不好，可用机械旋钮和电控制的合轴线圈对中，反复操作至光斑不偏离中心为止。

② 聚光镜光栅的选择与对中　需要图像反差大用小孔径光栅，反之则选大孔径光栅，通常用 200～300μm 孔径光栅。光栅插入后，光斑应在荧光屏中心伸缩，若偏心变动则应调整 $x$、$y$ 方向的旋钮进行校正。

③ 聚光镜消像散　聚光镜聚焦时，光斑呈椭圆形变化，即为聚光镜像散，它会影响电子束亮度和成像质量，需用消像散器进行调节，方法有三种：调节第二聚光镜电流在焦点前后变化，同时调整消像散器，使椭圆形光斑变圆；在第二聚光镜聚焦时，减小灯丝电流形成灯丝像，然后调整消像散器使像中的拉线最清晰，这时加大灯丝电流，光斑应呈圆形，如仍为椭圆形则说明光栅污染了；退出聚光镜光栅，光斑将得到一焦散图，调整消像散器和第二聚光镜电流，直到像散最小为止。当聚光镜焦散图变圆后，像散基本消除。

**(4) 成像系统调整**

当改变物镜电流时，光斑偏离中心，用合轴旋钮平移电子束，使光斑回到中心，再改变物镜电流，光斑又偏离中心，用电子束移动补偿器把光斑对中，反复操作至光斑不偏为止。

当改变物镜电流在欠焦时，荧光屏上的像发生旋转，旋转中心称电流中心，它应和屏中心重合，如不重合，则说明物镜轴不在中心，可通过调整聚光镜电子束倾斜旋钮合轴。

中间镜、投影镜的调整：当改变放大倍数时会产生像漂移，即中间镜和投影镜没得到很好的合轴。调整的方法是：退出物镜光栅，当像在焦时使用选区衍射钮，慢慢增加中间镜电流，调节像距，获得衍射光斑；这时使用中间镜使"衍射点"对准荧光屏中心，再调节照相距离，并改变中间镜电流，获得衍射点，这时若光斑不在荧光中心，可移动投影镜使光斑移动到屏中心，反复操作即可完成。

## 15.4 特点与应用

### 15.4.1 特点

光学显微镜和透射电子显微镜都使用薄片样品，而透射电子显微镜的优点是，它比光学显微镜更大程度地放大标本。放大 10000 倍或以上是可能的，这使科学家可以看到非常小的结构。

### 15.4.2 应用

**(1) 形貌、尺寸观察**

为了研究 L-半胱氨酸的用量对产物形貌的影响，改变配体 L-半胱氨酸的用量，L-半胱氨酸辅助反相微乳法制备 $Ag_2S$ 纳米晶的透射电镜图如图 15-8 所示。

图 15-8 配体用量不同制备 $Ag_2S$ 纳米晶的 TEM 图

L 半胱氨酸：$Ag^+$：(a)～(c) (1∶1、2∶1、4∶1)

**(2) 薄膜形貌的研究**

透射电镜不仅可以研究薄膜的表面形貌和结构，其应用领域也不断拓宽，目前已延伸至晶体的电学、磁学、光学等领域。图 15-9 为多孔聚苯乙烯薄膜的 TEM 像。

图 15-9 多孔聚苯乙烯薄膜的 TEM 像

**(3) 新型光催化材料**

ZnWO$_4$ 具有光催化活性,具有相对较窄的带隙,能部分吸收可见光,这对于开发新型可见光响应光催化剂有重要价值。图 15-10 为不同反应时间所制备的 ZnWO$_4$ 纳米晶透射电镜图。

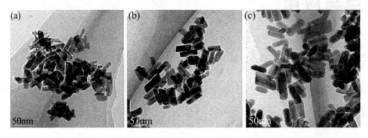

图 15-10　不同反应时间所制备的 ZnWO$_4$ 纳米晶 TEM 照片

# 第 16 章 联用技术

色谱是一种高效的分离方法,它可以将复杂混合物中的各个组分完全分开,但却难以提供物质结构方面的信息。质谱(MS)、傅里叶变换红外光谱(FT-IR)均是有机化合物结构分析的重要手段,但它们要求被分析的物质应为纯物质,却无法进行分离。因此,多年以来,分析工作者一直致力于将色谱技术与它们直接联用,充分利用色谱的分离特性及 MS、FTIR 和 NMR 的结构鉴定功能,取长补短,获得两类分析方法单独使用时不具备的功能。下面介绍几种联用技术。

## 16.1 气相色谱-质谱联用

气相色谱-质谱(Gas Chromatography-Mass Spectrometry,GC-MS)联用仪是开发最早的色谱联用仪器。由于气相色谱柱分离后的样品呈气态,流动相也是气体,与质谱的进样要求相匹配,最容易将这两种仪器联用。气相色谱-质谱(GC-MS)联用法因其高分离度、高分析速度和高灵敏度并可提供待测物质的分子量和结构信息,成为定性、定量的优良工具。但是用 GC-MS 分析时,样品必须气化,因而难以用于极性、热不稳定性大分子化合物的测定。

### 16.1.1 GC-MS 仪器结构与原理

气相-质谱联用是将气相色谱仪和质谱仪通过特定的连接接口装置实施在线连接,有效发挥联用仪器各自分析特色,实现优势互补,从而得到更高质量保证的分析结果的方法。GC-MS 联用仪由色谱单元、接口、质谱单元三大部分组成。气相色谱部分,包括柱箱、气化室、色谱柱、检测器和载气等,并有分流/不分流进样系统,程序升温系统,压力、流量自动控制系统等,对 MS 而言,GC 是它的进样系统;对 GC 而言,MS 是它的检测器,如图 16-1 所示。

**(1) 色谱单元**

同传统气相色谱仪类似,其色谱柱有填充柱和毛细管柱两种类型。其中,毛细管色谱柱比较常用,其柱径较小,载气流量小,流出的成分可通过接口直接导入质谱仪;若色谱柱是填充柱,其柱径较大,载气流量大,不适用于质谱仪直接相连,需要专门的接口(如喷射式

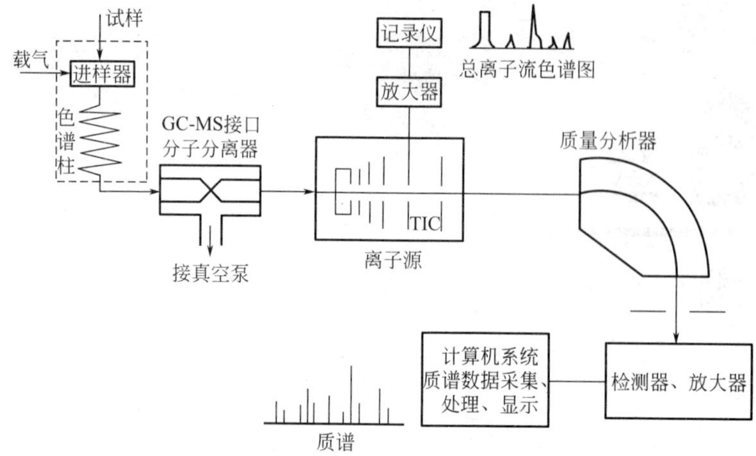

图 16-1 GC-MS 仪结构示意图

浓缩接口）才能联用。

**（2）接口**

实现色谱-质谱联用的关键是两种仪器之间的接口，它的功能是协调色谱仪的输出和质谱仪输入之间的矛盾。能够成功实现色谱-质谱联用的接口一般需要满足下列要求：①可以进行有效的样品传递，通过接口进入质谱仪的样品应不少于全部样品的 30%，以保证整个仪器的灵敏度；②接口对样品的有效传递具有良好的重现性；③接口应满足两种仪器任意选用操作模式和操作条件的要求；④样品组分通过接口时不发生化学变化；⑤接口应保证色谱仪分离产生的色谱峰完整，且不使色谱峰变宽；⑥接口的控制操作应简单、方便、可靠，并且传输速度要快。

GC-MS 联用仪的接口主要起三个方面的作用：① 除去载气，将气相色谱仪柱后流出物的气压（大气压力）降低为质谱仪的真空低气压（$10^{-6} \sim 10^{-4}$ Pa）；② 对样品组分进行富集；③ 将样品组分送入质谱仪的离子源。

GC-MS 的接口主要有直接导入型接口、开口分流型接口和喷射式浓缩型接口三种。目前，由于高分辨细径毛细管的广泛使用，一般商品仪器多用直接导入型。

① 直接导入型接口　　毛细管柱直接导入型接口装置如图 16-2 所示。毛细管柱末端插入一根金属毛细管中，然后通过金属毛细管直接引入质谱仪的离子源。载气携带组分经色谱柱流出，并直接进入质谱仪离子源的作用场，由于载气是惰性气体氦气，不发生电离，被维持负压的真空泵抽走，而待测组分形成带电离子，在电场作用下加速向质量分析器运动，并进行检测。这种接口的实际作用是支撑插入端毛细管，使其准确定位，另一个作用是保持温度，使色谱柱流出物始终不发生冷凝。

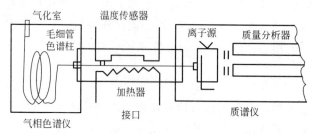

图 16-2　毛细管柱直接导入型接口示意图

② 开口分流型接口 色谱柱洗脱物的一部分被送入质谱仪的接口称为分流型接口。在多种分流型接口中，开口分流型接口最为常用，如图 16-3 所示。在直接导入型接口的基础上，在气相色谱柱的出口和质谱仪的入口之间安装一个固定的限流器，把色谱柱后流出物的一部分定量地引入质谱仪的离子源，使流量限制在质谱仪所能承受的范围，过多的色谱柱后流出物则从旁路流出。

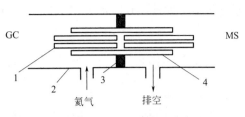

图 16-3 开口分流型接口示意图
1—限流毛细管；2—外套管；3—中隔机构；4—内套管

③ 喷射式浓缩型接口 这类接口具备除去载气、浓缩样品的功能，即具有分子分离的能力，又称为喷射式分子分离器。其工作原理如图 16-4 所示，载气和被测组分在喷射过程中都以同样的速度运动，但不同质量的分子具有不同的动能。动能小的载气分子（相对分子质量小）易于偏离喷射方向，被真空抽走而除去，动能大的待测组分分子（相对分子质量大），仍保持原来喷射方向运动而得到浓缩。

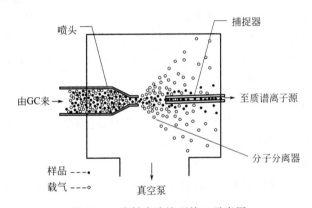

图 16-4 喷射式浓缩型接口示意图

**(3) 质谱单元**

GC-MS 联用仪应满足下列要求：真空系统不受载气流量影响；灵敏度和分辨率与色谱系统匹配；扫描速度与色谱流出速度相适应。

① 离子源 目前，GC-MS 联用仪中最常用的是电子轰击（Electron Impact，EI）离子源，有时也用化学电离（Chemical Ionization，CI）离子源、场致电源（Field Ionization，FI）离子源等。不同电离方式的电离媒介、适用的样品和得到的信息都不相同，因此质谱图与电离方式密切相关。表 16-1 列出了上述三种离子源的电离媒介、样品状态、生成的分子离子类型及碎片离子情况等。

表 16-1 不同电离方式的比较

| 电离方式 | 电离媒介 | 样品状态 | 分子离子类型 | 碎片离子 |
| --- | --- | --- | --- | --- |
| EI | 电子 | 蒸气 | $M^+$ | 有 |
| CI | 气相离子 | 蒸气 | $[M+H]^+$、$[M-H]^-$、$[M+NH_4]^+$ | 很少 |
| FI | 电场 | 蒸气 | $M^+$、$[M+H]^+$、$[M+Na]^+$ | 无或很少 |

② 质量分析器 GC-MS 联用仪中，最常用的质量分析器是四极杆（Quadrupole，Q）

质量分析器。此外，还有离子阱（Ion Trap，IT）质量分析器，飞行时间（Time of Flight，TOF）质量分析器等类型的质量分析器。

### 16.1.2 实验技术

**（1）制样要求**
① 溶剂纯度够高，至少是色谱纯的试剂；
② 被测组分和溶剂均是低沸点易挥发的化合物；
③ 上机前样品需要使用 $0.45\mu m$ 的滤膜过滤。

**（2）GC-MS 分析条件的选择**
在 GC-MS 分析中，色谱的分离和质谱数据的采集是同时进行的，为使每个组分都得到分离和鉴定，必须设置合适的色谱和质谱条件。

色谱条件包括色谱柱类型（填充柱或毛细管柱）、固定液种类、气化温度、载气流量、分流比、升温程序等。设置的原则是：一般情况下均使用毛细管柱，极性样品使用极性毛细管柱，非极性样品使用非极性毛细管柱，未知样品可先用中等极性的毛细管柱，试用后再调整。若有文献可以参考，可采用文献条件进行初步尝试。

质谱条件包括电离电压、电子电流、扫描速度、质量范围等，这些都要根据样品情况进行设定。为了保护灯丝和倍增器，在设定质谱条件时，还要设置溶剂去除时间，使溶剂峰通过离子源之后再打开灯丝和倍增器。

进行 GC-MS 分析的样品应是有机溶液，水溶液中的有机物一般不能测定，必须进行萃取分离变为有机溶液，或采用顶空进样技术。在所有的条件确定之后，将样品用微量注射器注入进样口，同时启动色谱和质谱，进行 GC-MS 分析。

**（3）GC-MS 的数据采集**
GC-MS 的数据采集常用全扫描（Full Scan）和选择离子监测（Selected Ion Monitoring，SIM）等模式。

① 全扫描　在全扫描模式下，根据设定的质量扫描范围，质量分析器按一定程序通过调节电压或磁场强度让不同质荷比的离子按质荷比大小依次离开质量分析器到达离子检测器而被测定，这样的扫描过程称为一次扫描，得到一张质谱图。在 GC-MS 联用分析过程中，被分离的样品组分从色谱系统连续进入质谱仪，因此质谱扫描以固定时间间隔不断重复进行，得到一张张连续不断变化的质谱图。

计算机按保留时间点将其对应的一张质谱图中所有离子的强度加合起来作为该时间点的总离子流（Total Ion Current，TIC）。随进入离子源组分得到变化，不同保留时间点的总离子流随之而变化。将总离子流对时间作图，可得到总离子流随色谱时间而变化的谱图，称为总离子流色谱图（Total Ion Chromatogram，TIC）。在 TIC 图上，纵坐标为总离子强度，横坐标为时间。

由全扫描质谱中提取一种质量的离子得到的色谱图，称为质量色谱图（Mass Chromatogram）或提取离子色谱图（Extracted Ion Chromatogram，EIC）。

② 选择离子监测　选择离子监测模式下，质量分析仪被调节到只传输某一个或某一类目标化合物的一个或数个特征离子（如分子离子、官能团离子或碎片离子）的状态，监测色谱过程中这些离子的响应强度随时间的变化。在选择离子监测模式下测得的离子流图称为选择离子色谱图。

**(4) GC-MS 的数据检索**

将在化合物的标准电离条件（EI，70eV）下得到的各种已知化合物的标准质谱图存贮在计算机的磁盘或网络中，作为质谱谱库，然后将在相同电离条件下得到的未知化合物的质谱图与质谱谱库中的标准质谱图按一定的程序进行比较，检出匹配度（相似度）高的化合物，给出其名称、相对分子质量、分子式、结构式、匹配度等，这个过程称为质谱数据检索。质谱数据检索能够极大地帮助位置化合物的解析和样品的定性分析。目前，质谱库已成为 GC-MS 联用仪中不可缺少的一部分，特别是用 GC-MS 联用仪分析复杂样品，出现数十个甚至上百个质谱峰时，可以通过质谱库和计算机进行检索，快速完成 GC-MS 的谱图解析。

目前最常用的质谱数据库有：美国国家科学技术研究所提供的 NIST 库、美国环保局提供的 EPA 库和美国国立卫生研究院提供的 NIH 库和一些专业谱库，如农药库、药物库、挥发油库等。常用的检索方式有：ID 号检索（化合物在谱库中的顺序号）、化合物名称检索（根据化合物在谱库中的名称检索）、CAS 登录号（CAS 是每个化合物在化学文摘服务处登记的号码）、分子式检索、相对分子质量检索和峰检索（将得到的质谱数据按峰的质荷比 $m/z$ 和相对强度范围依次输入）等。

### 16.1.3 特点与应用

**(1) 特点**

GC-MS 联用仪对气相色谱仪的气路系统和质谱仪的真空系统几乎不变，仅增加了接口的气路和真空系统，但性能和应用范围得到极大的提高和扩展，其特点如下所示。

① MS 定性能力强，用化合物分子的指纹质谱图鉴定组分，可靠性大大优于用色谱保留时间定性；GC-MS 法提供的大量结构信息和标准质谱谱库的检索为未知化合物的定性提供了可能性，特别适用于中药成分分析、药物代谢产物、降解产物鉴别等。

② 可测定色谱法未完全分离的组分，利用提取离子色谱图或选择离子检测模式，可测定色谱法中未完全分离的流出组分。

③ 质谱仪作为 GC 的检测器，既是一种高灵敏度的通用型检测器，又可以利用提取离子色谱或选择离子监测等多种检测模式实现化合物的选择性检测。

**(2) 应用**

GC-MS 通常用于解决以下几个方面的问题。

① 复杂混合物的成分分析。

② 杂质成分的鉴定和定量分析。

③ 目标化合物的定量分析。

GC-MS 联用技术在药物的生产、质量控制和研究中有着极为广泛的应用，如中药挥发性成分的鉴定、痕量组分的定量分析、食品中农药残留的检测、体育运动中兴奋剂的检测等。

> **应用示例**：GC-MS 在兴奋剂检测中的应用。
> 根据国际奥委会医学委员会的要求，体育运动中的兴奋剂检测唯一能用作确认的仪器是 GC-MS。一般兴奋剂检测实验室都用 GC-MS 做初筛。初筛一般使用选择离子监测（SIM），能有较高的灵敏度，初筛有怀疑的样品必须重新进行检测，并用样品与同样条件下比对物全扫描提供的质谱图的一致性、保留时间的一致性对检测物质进行定性。

由于检测时间有限，样品比较集中到达实验室，又要求较快提供检测结果。每次进样要检测 50 个以上的化合物，靠人工调出一个一个图谱后检查，速度较慢，因此，许多实验室都采用宏指令的方式打印结果，根据待测目标化合物的保留时间和特征离子选择性打印所感兴趣的窗口然后检查打印的结果。图 16-5 是这种打印方式的一个例子，最上面是一个总离子图（TIC），接着是各个有关目标化合物的窗口。在各种质量控制条件正常的情况下，检查结果时只要在相关窗口中看有无目标化合物的信号，一目了然。出现目标化合物的信号，即为可疑样品，需要确认是否属实。GC-MS 对大量常规样品的检测提供了非常有实际意义的帮助。

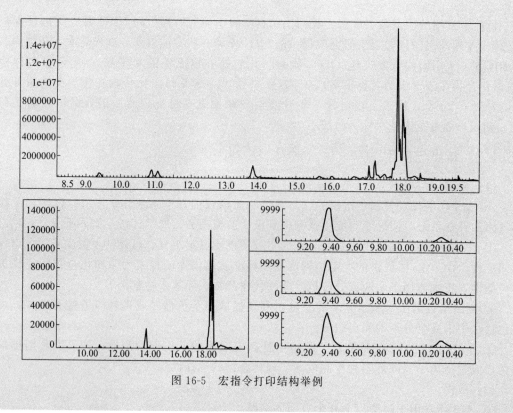

图 16-5　宏指令打印结构举例

## 16.2　液相色谱-质谱联用

高效液相色谱-质谱联用技术常简称为液相色谱-质谱联用技术或液质联用（Liquid Chromatography-Mass Spectrometry，LC-MS），是以液相色谱作为分离系统，质谱为检测系统的分析方法。该联用技术将应用范围极广的具备高分离能力的液相色谱法与灵敏、专属、能提供分子量和结构信息的质谱法结合起来，成为一种重要的现代分离分析技术。

LC-MS 联用仪的基本原理是以高效液相色谱法作为分离手段，通过适当的接口用质谱法作为定性鉴定和定量测定的手段，实现复杂试样的定性、定量分析或有关组分的结构解析。试样通过液相色谱系统进样，由色谱柱进行分离，流出组分进入接口，并在接口中由液相中的分子或离子转变成气相离子,然后被聚焦于质量分析器中,根据组分的质荷比进行分离,最后用电子倍增器检测,将离子信号转变为电信号,检测信号被放大后传输至计算机数据处理系统。

### 16.2.1 LC-MS 仪器结构与原理

LC-MS 联用仪同 GC-MS 联用仪结构组成类似,由色谱单元、接口、质谱单元三大部分组成。

**(1) 色谱单元**

液相色谱-质谱仪的液相色谱系统与传统的液相色谱系统类似,可以简单地将质谱仪视为其检测器。色谱柱常用反相 ODS 柱,一般选择 50～100nm 的短色谱柱,以缩短分析时间。LC-MS 对流动相的基本要求是不能含有非挥发性盐类(如磷酸盐),因为接口中高速喷射的液流会产生制冷效应,造成液流中的非挥发性组分冷凝析出,堵塞毛细管等小口径入口,影响仪器的稳定性和使用寿命。流动相中也不宜加入表面活性剂(如离子对试剂),否则易产生离子抑制作用。流动相中挥发性电解质(如甲酸、乙酸、氨水等)的浓度不宜超过 $10mmol \cdot L^{-1}$。一般认为低浓度电解质和高比例有机相易获得较好的离子化效率。此外,流动相的 pH、流速等均会对检测灵敏度产生影响。

**(2) 接口**

液质联用的实现比气质联用困难得多,主要是因为高效液相色谱体系的流出物是大量的液体流动相,气化时每分钟增加的气体量为几百升,若直接进入质谱系统,则会大大破坏质谱仪的高真空度($10^{-5}$Torr)的气相环境和降低离子化效率,影响质谱分析。因此,接口装置必须在实现被测组分气化和离子化的同时,还要能满足液、质两谱在线联用的真空匹配要求。

目前,最成功的 LC-MS 接口是大气压离子化接口(Atmosphere Pressure Ionization,API),即在大气压下将溶液中得到分子或离子转变为气相离子的接口,API 接口又分为电喷雾(Electrospray Ionization,ESI)和大气压化学电离(Atmosphere Pressure Chemical Ionization,APCI)等离子化方式。ESI 和 APCI 均为"软"电离技术,但适用的样品种类和化合物质量范围有所不同,如图 16-6 所示。ESI 主要适用于极性较强的组分,而 APCI 具有电晕放电针,因此可用于非极性或弱极性组分的电离。

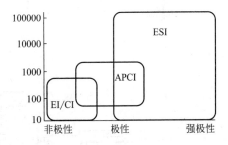

图 16-6 几种离子源的适用范围及选择

① 电子喷雾离子源  ESI 源是目前为止"最软"的电离源。它采用一套带有套管的毛细管喷嘴,如图 16-7 所示。毛细管外层的套管通常用来引入雾化气、鞘液和辅助气。雾化气和鞘液能使 LC 的液流充分雾化和离子化,辅助气则用来包裹雾化和离子化的气流,使其不向外扩散,由此得到较高的离子化产率。喷嘴上施加 2～8kV 的电压,由于毛细管的顶端很窄,可形成高达 $10^6 V \cdot m^{-1}$ 的电场强度。

电喷雾离子化过程大致分为以下三个步骤:带电液滴的形成、溶剂蒸发和液滴碎裂、离子蒸发形成气态离子。色谱柱流出物经毛细管顶端形成扇形喷雾,并在喷嘴尖端的高电场作用下发生电子转移和得失,形成含有溶剂和试样离子的液滴。液滴在干燥气作用下,发生溶

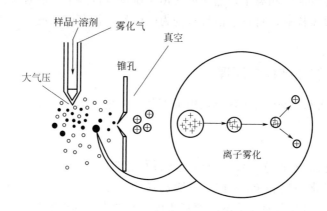

图 16-7　ESI 源的结构和离子化过程示意图

剂蒸发，离子向液滴表面移动，当液滴表面电荷产生的库仑排斥力与液滴的表面张力相等时，液滴会非均匀破裂、分裂成更小的液滴，在质量和电荷重新分配后，更小的液滴进入稳定状态，然后再重复蒸发、电荷过剩和液滴分裂这一系列过程。对于半径小于 10nm 的液滴，其表面形成的电场足够强，电荷的排斥作用导致部分离子从液滴表面蒸发出来，最终以单电荷或多电荷离子的形式从溶液中转移至气相，形成了气相离子。

在大气压条件下形成的离子，在强电位差的驱动下，经取样锥孔进入质谱真空区。此离子流通过一个加热的金属毛细管进入第一个负压区，在毛细管的出口处形成超声速喷射流。由于待测溶质带电荷而获得较大动能，便立即通过低电位的锥形分离器的小孔进入第二个负压区，再经聚焦后进入质量分析器。而与溶质离子一同穿过毛细管的少量溶剂，由于呈电中性而获得动能小，则分别在第一及第二负压区被抽走。

② 大气压化学离子源　大气压化学离子源的离子化过程如图 16-8 所示。样品溶液由具有雾化气套管的毛细管端流出，且被其外部雾化气套管的氮气流（雾化气）雾化，形成气溶胶，并被加热管加热气化，在加热管端口用电晕放电针进行电晕尖端放电，大量存在的溶剂分子被电离，形成溶剂离子，溶剂离子再与组分的气态分子反应，生成组分的准分子离子而到达检测器被检测。

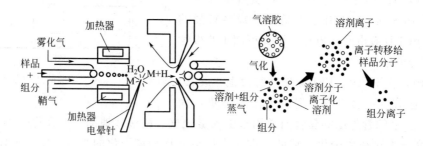

图 16-8　大气压化学离子源的离子化过程示意图

APCI 与 ESI 的不同之处是具有电晕放电针，因此 APCI 可使极性较弱或非极性的小分子化合物离子化，通常用于分析有一定挥发性的中等极性或弱极性的小分子化合物，相对分子质量在 2000amu 以下。APCI 是一种非常耐用的离子化技术，与 ESI 相比，APCI 对溶剂选择、流速和添加物的依赖性较小。当样品为非酸非碱性物质，且易被蒸发，溶剂、流速和添加物等不适合使用 ESI，或样品有较差的 ESI 响应时，可选用 APCI。

**(3) 质量分析器**

质量分析器是质谱仪的核心部分，不同类型的质量分析器构成了不同类型的质谱仪。在 LC-MS 中最常用的有四极杆质量分析器、离子阱质量分析器和飞行时间质量分析器等质量分析器。此处不再具体讨论。

### 16.2.2 实验技术

**(1) 样品要求**

① 样品要力求干净，不含显著量的杂质，尤其是与分析无关的蛋白质和肽类（这两类化合物在 ESI 上有很强的响应。

② 样品黏度不能过大，防止堵塞柱子、喷口及毛细管入口。

**(2) LC-MS 分析条件的选择**

① 流动相和流量　常用流动相为水、甲醇、乙腈及其混合溶液。需要调节 pH 时，可以用醋酸、甲酸或其铵盐的溶液。流量对 LC-MS 分析有较大影响，应根据不同的柱内径和接口类型来选择流动相的流量。

② 离子检测模式　碱性物质如仲胺、叔胺等一般选择正离子检测模式，可用醋酸或甲酸使试样酸化至 pH=2。酸性物质及含有较多强电负性基团的物质，通常选择负离子检测模式。

③ 温度　接口的干燥气体温度应高于待测组分沸点 20℃左右，同时要考虑物质的热稳定性和流动相中有机溶剂的比例。

**(3) LC-MS 的数据采集**

LC-MS 的常用数据采集方式有全扫描（Full Scan）、选择离子监测（SIM）和选择反应监测（SRM）等。

全扫描和选择离子监测模式已在 16.1.2 节中介绍，此处不再赘述。选择反应监测是利用串联质量分析器监测一个或多个特定的反应，如一个离子的碎裂或一个中性结构的丢失。在 SRM 中，首先选定前体离子（Parent Ion），然后对前体离子进行碰撞诱导裂解，生成产物离子（Product Ion），最后对选定的产物离子进行检测。

### 16.2.3 特点与应用

**(1) 特点**

LC-MS 联用技术可以看作以质谱法为检测手段的液相色谱法，它集液相色谱法的高分离能力与质谱法的高灵敏度和极强的定性专属性于一体，成为其他方法所不能取代的有效工具。其主要优点如下所示。

① 适用范围广　LC-MS 能分析从非极性到极性范围内的化合物，一般不要求水解或者衍生化处理。LC-MS 测定的相对分子质量范围宽，能够同时检测多个化合物。

② 检测灵敏度高　质谱仪是色谱仪的理想检测器，不仅具有专属性和通用性，同时还常能提供较高的灵敏度。因此，能够对复杂基质中痕量组分进行定性和定量分析。

③ 提供结构信息　通过 LC-MS 可以分别得到样品中各个组分的结构信息。通过软电离方式，一级质谱中的准分子离子峰和加合离子峰可以给出相对分子质量信息；利用碰撞诱导裂解能够进行多级质谱分析，提供丰富的化学结构信息。

④ 高样品通量　LC-MS 具有很高的专属性，无须将样品完全色谱分离，在很短的时间内就能完成定量测定，实现样品的高通量常规分析。

**(2) 应用**

LC-MS 联用技术在药学、临床医学和分子生物学等诸多领域得到广泛的应用，对药物合成中间体、药物代谢产物、生物样品、中药成分分析以及基因工程产品提供大量分析结果，为生产和科研提供了许多有价值的数据，解决了单纯用液相色谱法或质谱法不能解决的许多问题。

**应用示例：胃液中 $N$-甲基-$N$-亚硝基脲的检测**

$N$-甲基-$N$-亚硝基脲（NMU）及其类似物是强致癌物质，该类物质的暴露一直被认为是胃癌的病因之一。

$N$-甲基-$N$-亚硝基脲的分子量为 103，分解温度为 124℃，用 GC-MS 分析是很困难的。在亚硝酸胺类化合物的研究过程中始终缺乏在相关介质中对这个化合物整体分子的检出研究。许多研究是在 HP-LC 工作的基础上，在光水解及热裂解之后以热能分析仪对其水解或裂解产物进行分析，但是热能分析无法得到完整的分子检出，这一直是癌症病因学中亚硝基化合物研究的一个缺憾。

用 ESI（＋）-LC-MS 分析来确认胃液中的 $N$-甲基-$N$-亚硝基脲的形成是一个在极端仪器条件下进行分析的实例。分析中使用的干燥氮气温度为 100℃，比通常的温度设置要低 150~200℃。如此低的温度设置会导致大量溶剂分子加成物的出现，因此这个分析中的检出物实际上是 NMU 和乙腈分子的加成物（M＋1＋乙腈，$m/z$ 145，如图 16-9 所示）。实验中用 $N$-甲基-$N$-亚硝基脲标准品测定的质谱与胃液中检出结果是一致的，因此是受试者胃液中存在 $N$-甲基-$N$-亚硝基脲的有力佐证。

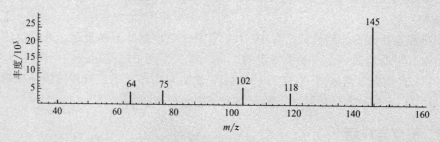

图 16-9　胃液中的 $N$-甲基-$N$-亚硝基脲离子-乙腈分子加成物的质谱

图中 $m/z$ 102 峰可能是由未经加成的 $N$-甲基-$N$-亚硝基脲准分子离子（M＋1）$^+$ 脱去一分子氢而生成的，它的出现也验证了 $N$-甲基-$N$-亚硝基脲整体分子的存在。

## 16.3　气相色谱-傅里叶变换红外光谱联用

红外光谱法可根据谱图中出现的吸收峰位置及强度推断化合物所含有的官能团，以及这些官能团的排列信息，但不具备分离能力。气相色谱分离能力强，但定性及结构鉴别能力弱。气相色谱与红外光谱技术联用可以实现复杂混合物的分离和结构分析。

## 16.3.1 GC-FTIR 仪器结构与原理

联机检测基本过程为：试样经气相色谱分离后各馏分按保留时间顺序进入接口，与此同时，经干涉仪调制的干涉光汇聚到接口，与各组分作用后干涉信号被汞镉碲（MCT）液氮低温光电检测器检测。计算机数据系统存储采集到的干涉图信息，经快速傅里叶变换得到组分的气态红外谱图，进而可通过谱库检索得到各组分的分子结构信息。

由于气相色谱常用的载气（氮气）的红外吸收很小，可忽略其对样品的红外吸收干扰，而 FTIR 光通量大，检测灵敏度高，扫描速度快，可同步跟踪扫描气相色谱馏分，因此气相色谱-红外光谱联用（GC-FTIR）成为现实。

GC-FTIR 仪主要由气相色谱单元、联机接口、傅里叶变换红外光谱仪和计算机数据系统构成。

**(1) 气相色谱单元**

气相色谱单元对试样进行气相色谱分离。

**(2) 联机接口**

"接口"是联用系统的关键部分，GC 通过接口实现与 FTIR 间的在线联机检测。目前商品化的 GC-FTIR 接口有两种类型，光管接口和冷冻捕集接口。

① 光管接口 光管是作为 GC-FTIR 接口的光管气体池的简称，是目前应用最广泛的接口，其结构见图 16-10 所示。

光管气体池与一般红外气体池不同，它是一个管状气体池，为一定内径和长度、内壁镀金的硬质玻璃管（对于毛细管 GC-FTIR 来说，接口是一内径为 1~3mm、长 40cm 左右的硬质玻璃管），管两端装有红外透光的 KBr 窗片，连接处用耐高温的 Vesperl 套环密封。接近窗片的地方分别装有 GC 气体进入和流出的导管，工作时从色谱柱流出的气

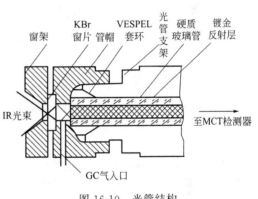

图 16-10 光管结构

体，经过其中一个细长传物导管进入光管，再通过另一根导管进入 GC 的检测器。为保证联机效果，对连接管线主要有以下几点要求。

a. 为防止载气中气态样品冷凝，传输线和光管均需加热保温或可将其安装在色谱炉内；

b. 传输管线的内壁是化学惰性的，一般采用石英管、玻璃管或有惰性内衬的不锈钢管，防止色谱馏分在高温下被管壁催化分解；

c. 连接管线的体积尽量小，以便将色谱的柱外效应降到最低。

由主机光学台射入的红外干涉光束经反射聚焦后透过 KBr 窗片射入光管，在光管的镀金层间不断反射，最后光束透过另一 KBr 窗片后，再由反射镜汇聚到高灵敏度的汞镉碲光导检测器（MCT）上，完成气相色谱-红外光谱的动态在线测量。

在光管气体池的设计中，采用的是内壁镀金的反射层，金对红外光束反射最强，可使红外光在较短的光管内壁多次反射测量管内的气体样品而能量损失最小，提高了灵敏度，而且金的化学惰性可以防止高温下样品被催化分解。

② 冷冻捕集接口 冷冻捕集接口又称低温收集器，使用这种接口的 GC-FTIR 联机系统如图 16-11 所示。

冷冻捕集接口的关键部分是冷盘，由高导热系数的无氧铜材制成，置于真空舱内，借助于氦冷冻机将其保持在12K左右。色谱载气携带馏出组分经保温的传输管和安装在真空舱壁上的喷嘴射向冷盘的侧面（反射面）。所用的载气喷射到冷盘上时，氦气不冷凝，而氩和样品组分被冻结在反射面上。冷盘由步进电机带动匀速旋转，随着气相色谱-红外光谱系统的运行，在冷盘的反射面上留下一窄条凝固的氩带，色谱馏出组分在氩带中形成斑点，如图16-12所示。与喷嘴相对位置处，真空舱壁上设有红外窗口，红外光束由抛物面反射镜 $M_1$ 精确聚焦到冷盘的反射面上，穿过氩带被反射面反射到抛物面反射镜 $M_2$ 上，再由 $M_2$ 收集并准直，通过抛物面反射镜 $M_3$ 聚焦到MCT红外检测器的接收面上。因此，当冷盘旋转180°即可被红外仪测量而得到色谱图和组分的红外光谱。在这种装置中，固体氩带可以保持4~5h，为多次扫描获得高信噪比的红外光谱提供了保证。

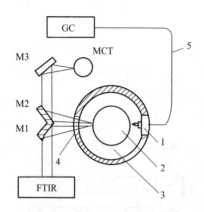 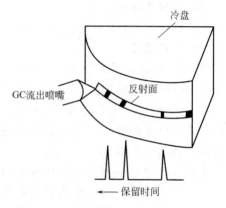

图 16-11　冷冻捕集接口的 GC-FTIR 联机系统示意图　　　　图 16-12　冷盘捕集 GC 馏分的示意图
1—喷嘴；2—冷盘；3—真空舱；4—红外窗；5—热传输管

冷冻捕集接口与光管接口相比，优点是高信噪比，低检测限。冷冻捕集接口技术属于一种基体隔离技术，由于样品分子在液体氩带上以斑点方式隔离存在，既没有分子间的相互作用又没有分子转动，所以谱峰尖锐，强度高。一般样品的检测限在100~200pg之间，对于强吸收样品，其检测限达到10~50pg。冷冻收集接口也有两个缺点：一是不能实时记录，操作繁琐、时间长；二是仪器昂贵，实验费用高，不利于普及使用。

**(3) 傅里叶变换红外光谱仪**

同步跟踪扫描、检测GC各馏分。

**(4) 计算机数据系统**

该单元控制联机运行及采集、处理数据。

① 数据采集　联机操作的第一步是数据采集。首先设置操作参数，如扫描速度、采集时间、采样点数、存储区间等。

数据采集有两种方式：一是连续采集方式，即将采集的所有干涉图信息存储在磁盘上；二是"阈值"采集方式，即人为设置一"阈值"，当被采集的GC峰在MCT检测器上产生的信号超过此"阈值"时，采集的数据才被存储在磁盘上。

② FTIR光谱图的获得　一般根据红外重建色谱图确定色谱峰的数据点范围或峰尖位置，然后根据需要选取适当数据点处的干涉图信息进行傅里叶变换，即可获得相应于该数据点的气态FTIR光谱图。当然，选取适当的数据点是得到质量高的FTIR图谱的关键。基本选定原则是：峰弱选峰尖，峰强选峰旁，混峰选两边，如若峰况复杂，切莫忘差减。

③ GC-FTIR 谱库检索　目前，商用 GC-FTIR 仪一般均带有谱图检索软件，可对 GC 馏分进行定性检测，一般是将 GC 馏分的 FTIR 光谱图与计算机存储的气态红外标准谱图比较，以实现未知组分的确认。需要指出的是，各 GC-FTIR 厂商均可提供气相红外光谱库，如 Nicolet 公司及 Digilab 公司提供的气相谱库有 4000 多张谱图，Analect 公司提供的谱库有 5012 张谱图，与 GC-MS 数万张谱图的谱库相比相差悬殊，尚难以满足实际检测的需要，还需进一步的工作丰富 GC-FTIR 的谱库。

### 16.3.2　实验技术优化

影响 GC-FTIR 结果的因素很多，包括色谱柱的选择、色谱进样方式以及接口的条件选定等。如在使用光管接口时，一般要保持光管的温度比色谱柱最高使用温度高 10~30℃，以防止样品在光管中的吸附和凝集污染。温度太高，还可能引起 KBr 窗片蒸发及密封材料老化。而且温度升高，使光通量下降，光谱的信噪比下降，引起 FTIR 谱的质量下降。对光管采取与柱温同步升温的方法可改善 FTIR 谱图的质量。为防止光管中的 KBr 窗片吸潮引起透光率下降，应保持较高的温度和较低的湿度。

### 16.3.3　特点与应用

目前，商品化的 GC-FTIR 一般都带有谱库检索软件，从三维光谱图中调出任一保留时间相应的 FTIR 光谱图，与计算机存储的三维气态红外标准谱图比较，就可实现该组分的确认。另外还可根据所分析的混合物的可能构成，设置不同官能团所特有的红外吸收频率窗口来绘制化学图（也叫红外色谱图）。从化学图中可大致看出被分析的样品是由多少种化合物组成的，这些化合物含有哪些官能团，大概是什么类型的化合物。由于物质的气相红外光谱图与常规的液体、固体等凝聚相的红外光谱图有一定的差异，因此 GC-FTIR 用于未知物鉴定时，只能在气相红外光谱库中检索。

**应用示例：香烟主流烟气的分析。**

使用 GC-FTIR 联用技术对国产某香烟的主流烟气进行了分析，其红外重建色谱图如图 16-13 所示。从主流烟气中分离出近 40 个组分，通过红外谱库检索鉴定出 18 个组分，

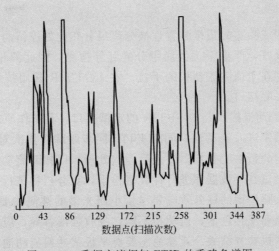

图 16-13　香烟主流烟气 FTIR 的重建色谱图

另有 15 个组分已确定归属，鉴定结果见表 16-2。

表 16-2  香烟主流烟气的 GC-FTIR 检测结果

| 序号 | 化合物名称 | 序号 | 化合物名称 |
| --- | --- | --- | --- |
| 1 | 1-己烷 | 10 | 2,4,6-三甲基苯乙酮 |
| 2 | 二硫化碳 | 11 | 环戊酮 |
| 3 | 丁醛 | 12 | 4-异丙基-1-环己烯 |
| 4 | 2,5-二甲基呋喃 | 13 | 1-环戊烯-3-酮 |
| 5 | 甲苯 | 14 | 5-乙基糠醛 |
| 6 | 4-辛酮 | 15 | 乙酸 |
| 7 | 3-辛酮 | 16 | 糠醛 |
| 8 | 2-辛酮 | 17 | 3-甲基-2-环戊烯-1-酮 |
| 9 | 1,2-环氧十四烷 | 18 | 氯丙酮 |

## 16.4 液相色谱-傅里叶变换红外光谱联用

尽管气相色谱法具有分离效率高、分析时间短、检测灵敏度高等优点，但是，在已知的有机化合物中，只有 20% 的物质可不经化学预处理而直接用 GC 分离。液相色谱则不受样品挥发度和热稳定性的限制，因而特别适用于那些沸点高、极性强、热稳定性差、大分子试样的分离，对多数已知化合物，尤其是生化活性物质均能分离分析。液相色谱-红外光谱（GC-FTIR）将液相色谱对多种化合物的高效分离特点及红外光谱定性鉴定特点有效结合，使复杂物质的定性、定量分析得以实现，成为重要的分离鉴定手段。

与 GC-FTIR 联用一样，液相色谱-傅里叶变换红外光谱（LC-FTIR）联用系统也主要由色谱单元、接口、红外光谱仪单元及计算机数据系统组成。

**(1) 液相色谱**

液相色谱的作用是将试样逐一分离。

**(2) 联机接口**

联机接口是流动相或喷雾的集样装置，被分离组分在此处停留而被检测。液相色谱的流动相均有很强的红外吸收，严重干扰待测组分的红外检测，因此液相色谱-红外光谱联用要解决的接口技术，关键在于消除流动相的干扰。在 LC-FTIR 联用技术中，接口基本可分为流动池接口和流动相去除接口。

① 流动池接口  流动池接口是 LC-FTIR 的定型接口，其工作原理为：首先经液相色谱分离的馏分随流动相顺序进入流动池，同时 FTIR 同步跟踪，依次对流动池进行红外检测，然后对获得的流动相与分析物的叠加谱图进行差谱处理，以扣除流动相的干扰，获得分析物的红外光谱图，进而通过红外数据库进行计算机检索，对分析物进行快速鉴定。

流动池必须同时兼顾色谱的柱外效应要尽量小而光谱的被测物要适当多两方面的要求。液相色谱分为正相色谱和反相色谱，流动相不同，吸收强度各异，应选择最佳体积的吸收池方能获得令人满意的联机检测结果。流动池主要有平板式透射流动池、柱式透射流动池、柱内 ATR 流动池。

② 流动相去除接口　流动相去除接口即通过物理或化学方法将流动相去除，并将分析物依次凝聚在某种介质上，之后再逐一检测各色谱组分的红外谱图。

正相液相色谱流动相去除接口常用的有漫反射转盘接口、缓冲存储装置接口和连续雾化接口。反相液相色谱流动相去除接口常用的有连续萃取式漫反射转盘接口、加热雾化接口及同心流雾化接口。

③ 两种接口的比较　与流动池接口相比，流动相去除接口的接口装置复杂，且操作需一定经验。但后者主要有如下优点：a.无流动相干扰，可使用多种流动相；b.适用于梯度淋洗，提高了样品的分离检测能力；c.当进行离线红外检测时，可使用信号平均技术，增加谱图的信噪比，检出限一般较流动池接口低。

目前，流动相去除接口的接口配置已有商用 HPLC-FTIR 系列产品面世，是一种非在线联用检测。

**(3) 傅里叶变换红外光谱仪**

同步跟踪扫描、检测 LC 各馏分。

**(4) 计算机数据系统**

该单元控制联机运行及采集、处理数据。

液相色谱-红外光谱联用是一种应用前景广阔的应用技术，近年来已有不少相关的应用实例，现举例说明。

**应用示例**：梯度淋洗 HPLC-漫反射转盘法分析染料分散黄 86。

分散黄 86 染料为偶氮类染料，含有异构体。利用 HPLC-FTIR 联用技术中的样品自动制备装置制样，通过调节雾化氮气流速和控制柱温去除梯度淋洗液的干扰，既实现了良好的分离效果，又保证了 FTIR 的定性检测质量。梯度淋洗 HPLC 对分散黄 86 染料的分离及色谱图中对应馏分的红外谱图如图 16-14 所示。

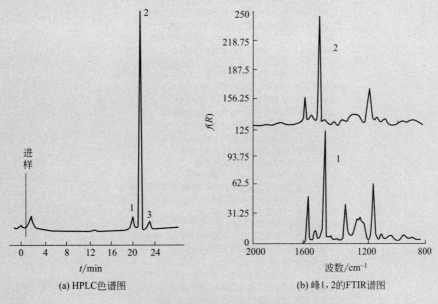

(a) HPLC色谱图　　(b) 峰1,2的FTIR谱图

图 16-14　梯度淋洗 HPLC-FTIR 分析燃料分散黄 86

# 下 篇

## 实验部分

实验一　有机化合物的紫外-可见吸收光谱及溶剂效应
实验二　紫外吸收光谱鉴定物质的纯度
实验三　紫外-可见分光光度计测定维生素C的含量
实验四　苯甲酸红外吸收光谱的测绘
实验五　傅里叶变换红色外光谱法分析反式脂肪酸
实验六　茵陈蒿酮红外光谱的测绘
实验七　分子荧光法测定荧光素钠的含量
实验八　分子荧光法定量测定维生素$B_2$的含量
实验九　荧光分光光度法测定药物中奎宁的含量
实验十　电感耦合等离子体原子发射光谱仪主要性能检定
实验十一　电感耦合等离子体原子发射光谱法同时测定铜、铁、钙、锰和锌
实验十二　微波消解ICP-AES法检定当地土壤中的常见重金属含量
实验十三　原子吸光光谱法测定自来水中钙、镁的含量
实验十四　原子吸收光谱法测定锌
实验十五　原子吸收光谱法测定铅
实验十六　薄荷醇的核磁共振碳谱（COM谱与DEPT谱）的测绘
实验十七　核磁共振氢谱法定量测定乙酰乙酸乙酯互变异构体
实验十八　阿魏酸的核磁共振$^1H$-NMR和$^{13}C$-NMR波谱测定及解析
实验十九　正二十四烷的质谱分析
实验二十　聚合物和蛋白质的MALDI质谱分析
实验二十一　扑尔敏、阿司匹林固体试样的质谱测定
实验二十二　气相色谱柱有效理论塔板数的测定
实验二十三　气相色谱-火焰光度检测法测定有机磷农药残留
实验二十四　香水成分的毛细管气相色谱分析
实验二十五　高效液相色谱法测定阿司匹林的有效成分
实验二十六　高效液相色谱法测定家兔血浆中扑热息痛的含量
实验二十七　饮料中咖啡因的高效液相色谱分析
实验二十八　氟离子选择性电极测定水中微量$F^-$
实验二十九　电位滴定法测定果汁中的可滴定酸
实验三十　直接电位法测定水溶液pH
实验三十一　电重量法测定溶液中铜和铅的含量
实验三十二　库仑滴定法测定维生素C含量
实验三十三　库仑滴定法测定砷的含量
实验三十四　循环伏安法测定铁氰化钾
实验三十五　循环伏安法研究乙酰氨基苯酚的氧化反应机理
实验三十六　植物油中生育酚的伏安行为及其含量测定
实验三十七　X射线单晶衍射分析实验
实验三十八　X射线粉末衍射分析青霉素钠
实验三十九　X射线衍射仪测定淬火钢中残余奥氏体含量
实验四十　扫描电镜样品制备与分析
实验四十一　扫描电镜样品观察
实验四十二　扫描电镜观察中国南方早古生代页岩有机质
实验四十三　透射电镜样品制备与分析
实验四十四　透射电镜表征不同结构粉状纳米材料
实验四十五　锦葵科植物花粉壁的透射电镜观察
实验四十六　GC-MS检测白酒中邻苯二甲酸酯类物质的残留
实验四十七　气相色谱-质谱法分析食用油脂肪酸组成
实验四十八　蜂蜜中抗生素残留的HPLC-MS分析测定

# 实验一
# 有机化合物的紫外-可见吸收光谱及溶剂效应

**【实验目的】**

1. 了解有机化合物结构与其紫外-可见吸收光谱之间的关系。
2. 了解溶剂的极性对有机化合物紫外吸收带位置、形状及强度的影响。
3. 学习紫外-可见分光光度计的使用方法。

**【实验原理】**

化合物中价电子和分子轨道上的电子在电子能级间的跃迁所产生的光谱,称为紫外-可见吸收光谱,也可简称为紫外吸收光谱,紫外光谱。影响有机化合物紫外吸收光谱的因素,有内因和外因两个方面。内因是指有机物的结构,主要是共轭体系的电子结构。随着共轭体系增大,吸收带向长波方向移动(称作红移),吸收强度增大。紫外光谱中,含有 $\pi$ 键的不饱和基团称为生色团,如 $C=C$、$C=O$、$NO_2$、苯环等。含有生色团的化合物通常在紫外或可见光区域产生吸收带;含有杂原子的饱和基团称为助色团,如 $OH$、$NH_2$、$OR$、$Cl$ 等。助色团本身在紫外及可见光区域不产生吸收带,但当其与生色团相连时,因形成 n-π 共轭而使生色团的吸收带红移,吸收强度也有所增加。影响紫外吸收光谱的外因是测定条件,如溶剂效应等。所谓溶剂效应是指受溶剂极性或酸碱性的影响,使溶质吸收峰的波长、强度以及形状发生不同程度的变化。因为溶剂分子和溶质分子间可能形成氢键,或极性溶剂分子的偶极使溶质分子的极性增强,从而引起溶质分子能级的变化,使吸收带发生迁移。例如异亚丙基丙酮的溶剂效应如表1-1所示。随着溶剂极性的增加,K 带发生红移,而 R 带向短波方向移动(称作蓝移或紫移)。这是因为在极性溶剂中 $\pi \rightarrow \pi^*$ 跃迁所需能量减小,如图 1-1(a) 所示;而 $n \rightarrow \pi^*$ 跃迁所需能量增大,如图 1-1(b) 所示。

表 1-1 溶剂极性对异亚丙基丙酮紫外吸收光谱的影响

| 跃迁 | 溶剂 正己烷 | 氯仿 | 甲醇 | 水 | 吸收带位移 |
|---|---|---|---|---|---|
| $\pi \rightarrow \pi^*$ | 230nm | 238nm | 237nm | 243nm | 红移 |
| $n \rightarrow \pi^*$ | 329nm | 315nm | 309nm | 305nm | 蓝移 |

溶剂的极性不仅影响溶质吸收带的波长,而且影响其吸收强度和形状,如苯酚在非极性溶剂中,可清晰看到 B 吸收带的精细结构,而在极性溶剂中,B 吸收带的精细结构消失,仅

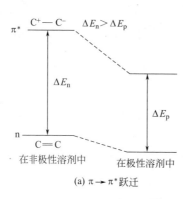 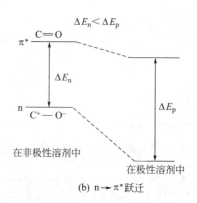

(a) $\pi \to \pi^*$ 跃迁　　　　　　(b) $n \to \pi^*$ 跃迁

图 1-1　溶剂极性效应

出现一个宽的吸收峰，而且吸收强度也明显下降。在许多芳香烃化合物中均有此现象。由于存在溶剂效应，所以在记录有机化合物紫外吸收光谱时，应注明所用溶剂，如：$\lambda_{max}^{EtOH}$、$\lambda_{max}^{CHCl_3}$ 分别表示在乙醇试剂和在三氯甲烷试剂中的最大吸收波长。

另外，由于有的溶剂本身在紫外光谱区也有一定的吸收波长范围，故在选用溶剂时，必须考虑它们的干扰。表 1-2 列举某些溶剂的截止波长，测定波长范围应大于波长极限或用纯溶剂作为空白，才不致受到溶剂吸收的干扰。

表 1-2　某些溶剂的截止波长

| 溶剂 | 波长/nm | 溶剂 | 波长/nm |
| --- | --- | --- | --- |
| 环己烷 | 210 | 乙醇 | 215 |
| 正己烷 | 210 | 水 | 210 |
| 正庚烷 | 210 | 96%硫酸 | 210 |
| 乙醚 | 220 | 二氯甲烷 | 233 |
| 甲醇 | 210 | 氯仿 | 245 |

本实验通过苯、苯酚、乙酰苯和异亚丙基丙酮等在正庚烷、氯仿、甲醇和水等溶剂中紫外吸收光谱的测绘，观察分子结构和溶剂效应对有机化合物紫外吸收光谱的影响。

【仪器与试剂】

**仪器**

756 型紫外-可见分光光度计或其他型号的紫外-可见分光光度计。

**试剂**

苯，苯酚，乙酰苯，异亚丙基丙酮，正己烷，正庚烷，氯仿，甲醇等均为分析纯，去离子水或蒸馏水。

异亚丙基丙酮的正己烷溶液、氯仿溶液、甲醇溶液、水溶液的配制：取四只 100mL 容量瓶各注入 40μL 的异亚丙基丙酮，然后分别用正己烷、氯仿、甲醇和去离子水稀释到刻度，摇匀，得约 $0.4\text{mg} \cdot \text{mL}^{-1}$ 的异亚丙基丙酮溶液。

苯的正庚烷溶液和乙醇溶液（约 $0.1\text{mg} \cdot \text{mL}^{-1}$）的配制：取两只 100mL 容量瓶，各注入 10μL 苯，然后分别用正庚烷和乙醇稀释到刻度，摇匀。

苯酚的正庚烷溶液和乙醇溶液（约 $0.1\text{mg} \cdot \text{mL}^{-1}$）的配制：配制方法同上。

乙酰苯的正庚烷溶液和乙醇溶液（约 $0.1\text{mg} \cdot \text{mL}^{-1}$）的配制：配制方法同上。

**实验条件**

（以 756 型紫外-可见分光光度计为例，其他型号仪器可作参考）

1. 波长扫描范围：200～1000nm。
2. 带宽：2nm。
3. 石英吸收池：1cm。
4. 参比溶液：使用被测溶液的相应溶剂。

【实验内容与步骤】

1. 打开紫外-可见分光光度计的电源开关，仪器自检 4min，再预热 5～15min。
2. 以 1cm 石英吸收池，选择合适的参比溶液，在 200～1000nm 波长范围测定各试液的紫外吸收光谱。
3. 打印谱图，清洗比色皿并关闭紫外-可见分光光度计。

【注意事项】

1. 石英吸收池每换一种溶液或溶剂必须清洗干净，并用被测溶液或参比溶液荡洗三次。
2. 如果测得的紫外吸收峰为平头峰或太小，可适当改变试液浓度。

【数据处理】

1. 记录实验条件。
2. 比较在同一种溶剂中苯、苯酚和乙酰苯的紫外吸收光谱，讨论有机物结构对紫外吸收光谱的影响。
3. 比较非极性溶剂正庚烷和极性溶剂乙醇对苯、苯酚和乙酰苯的紫外吸收光谱中最大吸收波长 $\lambda_{max}$，以及吸收峰形状的影响。
4. 从异亚丙基丙酮的四张紫外吸收光谱中确定其 K 带和 R 带最大吸收波长 $\lambda_{max}$，并说明在不同极性溶剂中异亚丙基丙酮吸收峰波长移动的情况。

【思考题】

1. 当助色团或生色团和苯环相连时，紫外吸收光谱有哪些变化？
2. 在异亚丙基丙酮紫外吸收光谱图上有几个吸收峰？它们分别属于什么类型跃迁？如何区分它们？
3. 被测试液浓度太大或太小时，对测量结果将产生什么影响，应如何加以调节？

# 实验二
## 紫外吸收光谱鉴定物质的纯度

【实验目的】

1. 学习紫外吸收光谱的绘制方法，并利用吸收光谱对化合物进行鉴定。
2. 了解溶剂的性质对吸收光谱的影响，能根据需要正确选择溶剂。
3. 学习紫外分光光度计的基本操作及数据处理方法。

【实验原理】

溶剂极性影响溶质吸收波长的位移，而且还影响吸收峰的吸收强度及其形状。例如，苯酚的 B 吸收带，在不同极性溶剂中，其强度和形状均受到影响。在非极性溶剂正庚烷中，可清晰看到苯酚 B 吸收带的精细结构；但在极性溶剂乙醇中，苯酚 B 吸收带的精细结构消失，仅存在一个宽的吸收峰，而且其吸收强度也明显减弱。在许多芳香烃化合物中均有此现象，由于有机化合物在极性溶剂中存在溶剂效应，所以在记录紫外吸收光谱时应注明所用的溶剂。

水杨酸（Salicylic Acid）即邻-羟基苯甲酸（o-Hydroxybenzoic Acid），是一种重要的有机合成原料，为白色针状结晶或单斜棱晶，有辛辣味。微溶于水，溶于丙酮、松节油、乙醇、乙醚、苯和氯仿。分子式为 $C_7H_6O_3$，相对分子质量为 138.12。

苯（Benzene）在常温下为无色、有甜味的透明液体，并具有强烈的芳香气味。苯可燃，有毒，是一种致癌物质。苯是一种碳氢化合物，也是最简单的芳烃。它难溶于水，易溶于有机溶剂，本身也可作为有机溶剂。分子式为 $C_6H_6$，相对分子质量为 78.11。

**1. 定性分析（未知芳香族化合物的鉴定）**

定性分析方法一般是标准比较法：测绘未知试样的紫外吸收光谱，并与标准试样的光谱图进行比较。当浓度和溶剂相同时，如果两者的图谱（曲线形状、吸收峰数目、$\lambda_{max}$ 和 $\varepsilon_{max}$）相同，说明两者是同一化合物。

邻-羟基苯甲酸在 231nm 和 296nm 处有吸收峰。

**2. 物质中杂质的检查**

一些在紫外光区无吸收的物质中，如果有微量的对紫外光具有高吸收系数的杂质，则可定性检出。例如，乙醇中杂质苯的检查：纯乙醇在 200～400nm 无吸收，如果乙醇中含微量苯，则可测到 200nm 有强吸收（$\varepsilon = 8000$），255nm 有弱吸收（$\varepsilon = 215$，群峰）。

**3. 溶剂性质对吸收光谱的影响**

溶剂的极性对化合物吸收峰的波长、强度、形状及精细结构都有影响。极性溶剂的加入有助于 n→π* 跃迁向短波移动（蓝移），π→π* 跃迁向长波移动（红移），并使谱带的精细结构完全消失，实验中分别以极性不同的正己烷、乙醇、水为溶剂，了解溶剂极性对吸收光谱的影响。

【仪器与试剂】

**仪器**

Lambda 35 紫外-可见分光光度计（或 U-3900 H 紫外-可见分光光度计），石英比色皿（1cm），容量瓶（50mL、100mL），移液管（10mL、25mL），洗耳球，分析天平，烧杯（50mL），镜头纸。

**试剂**

邻羟基苯甲酸（分析纯），无水乙醇（分析纯），苯（分析纯），正己烷（分析纯），去离子水。

【实验内容与步骤】

**1. 试剂的配制及准备**

（1）配制邻羟基苯甲酸的水溶液（15mg·L$^{-1}$）：准确称取邻羟基苯甲酸 0.0015g，用去离子水溶解后，转移到 100mL 容量瓶，稀释至刻度，摇匀备用。

（2）配制邻羟基苯甲酸的正己烷溶液（15mg·L$^{-1}$）：准确称取邻羟基苯甲酸 0.0015g，用正己烷溶解后，转移到 100mL 容量瓶，稀释至刻度，摇匀备用。

（3）配制邻羟基苯甲酸的乙醇溶液（15mg·L$^{-1}$）：准确称取邻羟基苯甲酸 0.0015g，用乙醇溶解后，转移到 100mL 容量瓶，稀释至刻度，摇匀备用。

（4）配制乙醇试样：在纯乙醇中加入少量苯。

**2. 邻羟基苯甲酸的鉴定**

用 1cm 石英比色皿，以去离子水作为参比溶液，在 200～360nm 测绘邻羟基苯甲酸的水溶液（15mg·L$^{-1}$）的吸收光谱曲线，记录化合物的吸收光谱及实验条件（波长、吸光度 $A$），确定峰值波长，并计算 $\varepsilon_{max}$，与标准邻羟基苯甲酸参数（表 2-1）进行比较。

表 2-1  邻羟基苯甲酸参数

| 溶液 | $c$/mg·L$^{-1}$ | $\lambda_{max}$ | | $A$ | | $\varepsilon$/L·mol$^{-1}$·cm$^{-1}$ | |
| --- | --- | --- | --- | --- | --- | --- | --- |
| | | $\lambda_1$ | $\lambda_2$ | $A_1$ | $A_2$ | $\varepsilon_1$ | $\varepsilon_2$ |
| 标准邻羟基苯甲酸 | 15 | 231 | 296 | 0.7504 | 0.4090 | 8420 | 4520 |
| 邻羟基苯甲酸的水溶液 | 15 | | | | | | |

**3. 乙醇中杂质的检查**

用 1cm 石英比色皿，以纯乙醇作为参比溶液，在 220～280nm 测绘乙醇试样的吸收光谱曲线，记录乙醇试样的吸收光谱及实验条件，根据吸收光谱确定是否有苯的吸收峰，如有，其峰值波长是多少。

纯乙醇是饱和醇，在 200～400nm 无吸收。

苯在紫外区有以下三个吸收带。

π→π* 180～184nm，$\varepsilon$ = 47000～60000 L·mol$^{-1}$·cm$^{-1}$（远紫外，意义不大）。

$\pi \to \pi^*$ 200～204nm，$\varepsilon = 8000 L \cdot mol^{-1} \cdot cm^{-1}$（在远紫外末端，不常用）。

$\pi \to \pi^*$ 230～270nm，$\varepsilon = 204 L \cdot mol^{-1} \cdot cm^{-1}$（弱吸收的 $\pi \to \pi^*$，这是苯环的精细结构或苯带，常用来识别芳香族化合物）。

**4. 溶剂性质对吸收光谱的影响**

用 1cm 石英比色皿，以相应的溶剂作为参比液，在 200～350nm 测绘邻羟基苯甲酸的水溶液（$15 mg \cdot L^{-1}$）、邻羟基苯甲酸的正己烷溶液（$15 mg \cdot L^{-1}$）和邻羟基苯甲酸的乙醇溶液（$15 mg \cdot L^{-1}$）的吸收光谱曲线，记录不同溶剂的邻羟基苯甲酸溶液的吸收光谱及实验条件，比较吸收峰的变化，了解溶剂的极性对吸收曲线的波长、强度的影响。

溶剂极性增大，$\pi \to \pi^*$ 跃迁红移，$n \to \pi^*$ 跃迁蓝移（实验记录于表 2-2）。

表 2-2　溶剂的影响

| 跃迁 | 正己烷 | 乙醇 | 水 | 极性 |
|---|---|---|---|---|
| $\pi \to \pi^*$ | | | | |
| $n \to \pi^*$ | | | | |

【注意事项】

1. 要遵守紫外-可见分光光度计的操作规则。

2. 注意保护比色皿的窗面透明度，防止被硬物划伤。拿取时，手指应捏住比色皿的毛面，以免沾污或磨损光面。

3. 关闭电源后 5min 之内不要重新开启仪器，频繁开启仪器会损伤光源。

【数据处理】

1. 绘制并记录邻羟基苯甲酸的吸收光谱曲线和实验条件并记入表 2-1，确定峰值波长并计算 $\varepsilon_{max}$，与标准邻羟基苯甲酸参数进行比较。

2. 绘制并记录乙醇试样的吸收光谱曲线和实验条件，根据吸收光谱确定是否有苯吸收峰，记录峰值波长。

3. 记录不同溶剂的邻羟基苯甲酸的吸收光谱及实验条件，比较吸收峰的变化，了解溶剂的极性对吸收曲线的波长、强度的影响。

【思考题】

1. 试样溶液浓度大小对测量有何影响？应如何调整？

2. $\varepsilon_{max}$ 值的大小与哪些因素有关？

# 实验三

## 紫外-可见分光光度计测定维生素C的含量

【实验目的】

1. 学习维生素 C 溶液的配制方法。
2. 学习利用紫外-可见分光光度计测定维生素 C 含量的方法。
3. 熟悉紫外-可见分光光度计的基本操作及数据处理方法。

【实验原理】

维生素 C（2，3，5，6-四羟基 2-己烯酸-4-内酯）又称抗坏血酸，是一种含有 6 个碳原子的酸性多羟基化合物，分子式为 $C_6H_8O_6$，结构式如图 3-1 所示。相对分子质量为 176.1，为白色或略带浅黄色的结晶或粉末，无臭，味酸，在酸性环境中稳定，空气中氧、热、光、碱性物质可促进其氧化破坏。在干燥空气中比较稳定，其水溶液不稳定，尤其在中性或碱性溶液中很快被氧化，是强还原剂。可在 pH=5~6 及 EDTA 存在的溶液中稳定存在，测定其含量的方法有多种。本实验以含有 EDTA 的乙酸钠-乙酸缓冲溶液（pH=6）为溶剂，采用紫外-可见分光光度法测定维生素 C 的含量。

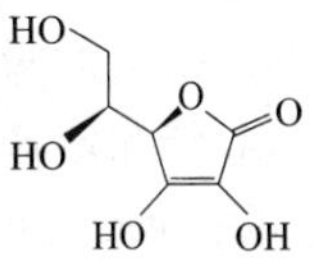

图 3-1 维生素 C 结构式

【仪器与试剂】

**仪器**

Lambda 35 紫外-可见分光光度计（或 U-3900 H 紫外-可见分光光度计），石英比色皿（1cm），容量瓶（50mL、100mL、1000mL），移液管（10mL、25mL），洗耳球，分析天平，烧杯（50mL），研钵，擦镜纸。

**试剂**

维生素 C（分析纯），市售维生素 C 药片，乙酸（分析纯），无水乙酸钠（分析纯），EDTA（分析纯）。

【实验内容与步骤】

**1. 试剂的配制**

（1）乙酸钠-乙酸-EDTA 溶液配制：称取无水乙酸钠 10g，用水溶解于 50mL 烧杯，移取 6mol·$L^{-1}$ 乙酸 8mL 和 0.05mol·$L^{-1}$ EDTA 2mL，转移至 1000mL 容量瓶中，用纯水稀释至刻度，摇匀备用。

(2) 维生素C储备液（500mg·L$^{-1}$）：准确称取维生素C（分析纯）0.0500g，用乙酸钠-乙酸-EDTA溶液溶解后转移至100mL容量瓶中，稀释至刻度，摇匀备用。

(3) 维生素C标准溶液（50mg·L$^{-1}$）：用移液管准确移取上述500mg·L$^{-1}$维生素C储备液10.00mL转移至100mL容量瓶中，用乙酸钠-乙酸-EDTA溶液稀释至刻度，摇匀备用。

(4) 市售维生素C试样储备液（400mg·L$^{-1}$）：准确称取市售维生素C药片0.0400g，用乙酸钠-乙酸-EDTA溶液溶解后转移至100mL容量瓶中，稀释至刻度，摇匀备用（市售维生素C药片需研细）。

(5) 市售维生素C试样溶液（40mg·L$^{-1}$）：用移液管准确移取上述400mg·L$^{-1}$市售维生素C试样储备液10.00mL转移至100mL容量瓶中，用乙酸钠-乙酸-EDTA溶液稀释至刻度，摇匀备用。

(6) 配制系列标准溶液：在6个50mL容量瓶中，用移液管分别加入0.00mL、2.00mL、4.00mL、6.00mL、8.00mL、10.00mL 50mg·L$^{-1}$维生素C标准溶液，用乙酸钠-乙酸-EDTA溶液稀释至刻度，摇匀备用。

(7) 配制待测溶液：在1个50mL容量瓶中，用移液管加入10.00mL 40mg·L$^{-1}$市售维生素C试样溶液，用乙酸钠-乙酸-EDTA溶液稀释至刻度，摇匀备用。

**2. 吸收曲线的绘制**

用1cm石英比色皿，以乙酸钠-乙酸-EDTA溶液为参比，测定系列标准溶液中的第5号溶液（8.00mL的标准溶液）在230～310nm的吸光度，以波长为横坐标，吸光度为纵坐标绘制吸收曲线，找出最大吸收波长。

**3. 标准曲线的绘制**

用1cm石英比色皿，以乙酸钠-乙酸-EDTA溶液为参比，在最大吸收波长下分别测定系列标准溶液的吸光度，以浓度为横坐标，吸光度为纵坐标绘制标准曲线。

**4. 待测溶液的测定**

用1cm石英比色皿，以乙酸钠-乙酸-EDTA溶液为参比，在最大吸收波长下测定待测试样溶液的吸光度。

【注意事项】

1. 要遵守紫外-可见分光光度计的操作规则。
2. 按溶液浓度由低到高进行测定，减小误差。
3. 注意保护石英比色皿的窗面透明度，防止被硬物划伤。拿取时，手指应捏住石英比色皿的毛面，以免沾污或磨损光面。
4. 一般供试品溶液的吸光度读数以在0.3～0.7时的误差较小。
5. 关闭电源后5min之内不要重新开启仪器，频繁开启仪器会损伤光源。

【数据及处理】

1. 以波长为横坐标，吸光度为纵坐标绘制吸收曲线，找出最大吸收波长。
2. 以浓度为横坐标，吸光度为纵坐标绘制标准曲线。
3. 根据待测溶液吸光度求出其浓度，并计算出市售维生素C药片中维生素C的含量。

【思考题】

1. 配制维生素C储备液应注意什么问题？
2. 简述分光光度计测定中的一般步骤。
3. 本实验为什么要用石英比色皿？

# 实验 四

## 苯甲酸红外吸收光谱的测绘

【实验目的】

1. 学习用红外吸收光谱进行化合物的定性分析。
2. 掌握用 KBr 压片法制作固体试样晶片的方法。
3. 熟悉红外光谱仪的工作原理及其使用方法。
4. 学习查阅 Sadtler 标准红外光谱数据库的方法。

【实验原理】

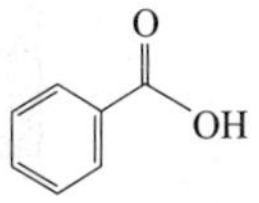

红外吸收光谱法（Infrared Absorption Spectrometry，IR）是利用分子对红外辐射的吸收，分子的振动能级和转动能级发生跃迁，得到与分子结构相应的红外光谱图，从而利用红外光谱图来鉴别分子结构的方法。苯甲酸分子中具有苯环、羧基等基团，结构如图 4-1 所示。用固体压片法测得红外吸收光谱后，可以清晰地得到各特征吸收峰的归属。

图 4-1 苯甲酸结构示意图

【仪器与试剂】

**仪器**

红外分光光度计，压片机与压片模具，玛瑙研钵，红外干燥灯，钥匙，镊子等。

**试剂**

苯甲酸标样与溴化钾（均为优级纯），苯甲酸试样（AR）。

**实验条件**

（以 7650 型双光束红外分光光度计为例，其他仪器需对实验条件做相应调整）

1. 测定波数范围：$4000 \sim 650 cm^{-1}$（波长 $2.5 \sim 15 \mu m$）。
2. 参比物：空气。
3. 扫描速度：3 挡（全程 4min）。
4. 室内温度：$18 \sim 20 ℃$。
5. 室内相对湿度：$< 65\%$。
6. 压片压力：$1.2 \times 10^4 kPa$（约 $120 kg \cdot cm^{-1}$）。

【实验内容与步骤】

1. 开启空调机，使室内温度控制在 $18 \sim 20 ℃$，相对湿度 $\leqslant 65\%$。

**2. 苯甲酸标样、试样和纯溴化钾晶片的制作**

取预先在 110℃烘干 48h 以上，并保存在干燥器内的溴化钾 150mg 左右，置于洁净的玛瑙研钵中，研磨成均匀粉末，然后转移到压片模具上（见图 4-2）。以上操作应在红外干燥灯下进行，以使溴化钾粉末保持干燥。依顺序放好各部件后，把压模置于图 4-2 压片机中的 处，并旋转压力丝杆手轮，压紧压模，顺时针旋转放油阀到底，然后一边抽气，一边缓慢上下移动压把，加压开始，注视压力表，当压力加到 $1\times10^4 \sim 1.2\times10^5$ kPa（约 100～120kg·$cm^{-2}$）时，停止加压，维持 5min，反时针旋转放油阀，加压解除，压力表指针指"0"，旋松压力丝杆手轮取出压模，小心从压模中取出晶片，并保存在干燥器内。得到的溴化钾参比晶片直径为 13mm，厚 1～2mm。

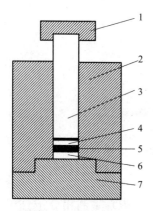 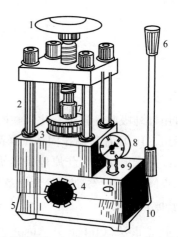

1—压杆帽；2—压膜体；3—压杆；
4—顶模片；5—试样；6—底模片；7—底座

1—压力丝杆手轮；2—拉力螺柱；3—工作台垫板；
4—放油阀；5—基座；6—压把；7—压模；8—压力表；
9—注油口；10—油标及放油口

图 4-2　压片模具

3. 另取一份 150mg 左右溴化钾置于洁净的玛瑙研钵中，加入 2～3mg 苯甲酸标样，同上操作研磨均匀、压片并保存在干燥器中。再取一份 150mg 左右溴化钾置于洁净的玛瑙研钵中，加入 2～3mg 苯甲酸试样，同上操作制成晶片，并保存在干燥器内。

4. 打开红外光谱仪，按仪器操作步骤调节至正常，将溴化钾参比晶片和苯甲酸标样晶片分别置于主机的参比窗口和试样窗口上，测绘苯甲酸标样的红外吸收光谱。

5. 在相同的实验条件下，测绘苯甲酸试样的红外吸收光谱。

**【注意事项】**

制得的晶片必须无裂痕，局部无发白现象，如同玻璃般完全透明，否则应重新制作。晶片局部发白，表示压制的晶片厚薄不均匀；晶片模糊，表示晶体吸潮，水在光谱图中 $3450cm^{-1}$ 和 $1640cm^{-1}$ 处出现吸收峰。

**【数据处理】**

1. 记录实验条件。

2. 在苯甲酸标样和苯甲酸试样的红外吸收光谱图上，标出各特征吸收峰的波数，并确定其归属。

3. 将苯甲酸试样光谱图与其标样光谱图中各吸收峰的位置、形状和相对强度逐一进行比较，并得出结论。

4. 使用分子式索引、化合物名称索引从 Sadtler 标准红外光谱数据库中查得苯甲酸的标准红外光谱图,并与试样的红外光谱图进行比较。

【思考题】

1. 用压片法制样时,为何需将样品和 KBr 混合物研磨成粒度约为 $2\mu m$ 的粉末?大于或小于 $2\mu m$ 有无影响?为什么?

2. 傅里叶变换红外光谱仪和普通色散型红外分光光度计的主要区别是什么?前者具有哪些优点?

3. 红外光谱实验室为什么要求温度和相对湿度维持一定的指标?

4. 写出苯甲酸的 Sadtler 标准红外光谱图中提供的其他重要信息。

# 实验五
## 傅里叶变换红外光谱法分析反式脂肪酸

【实验目的】

1. 掌握红外光谱法定量分析方法。
2. 熟悉测定反式脂肪酸含量的方法。

【实验原理】

反式脂肪酸双键上的两个 C 原子结合的两个 H 原子分别在碳链的两侧，其空间构象呈线型，具有 C-H 的平面外振动，在 $966cm^{-1}$ 处存在最大吸收。顺式构型的双键和饱和脂肪酸在此处却没有吸收，因此，利用这一原理可以确定油脂中是否存在反式脂肪酸，并且能对其进行定量分析。顺式脂肪酸与反式脂肪酸结构如图 5-1 所示。

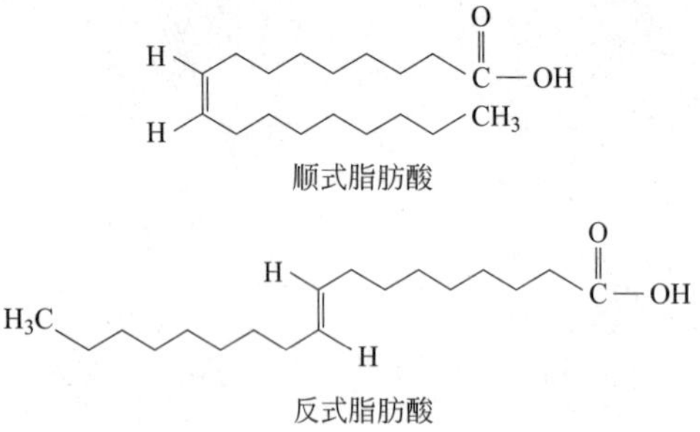

图 5-1 顺式脂肪酸与反式脂肪酸结构图

【仪器与试剂】

**仪器**

Nicolet iS10 FTIR 红外光谱仪（美国尼高力公司）或其他型号红外光谱仪，液体吸收池（配有 0.1mm 膜），移液管，25mL 容量瓶。

**试剂**

反式脂肪酸标准品［反油酸甘油酯（>99.9%）］，顺式脂肪酸标准品［天然油酸甘油酯（>99.9%）］，正己烷（AR）。

反式脂肪酸标准溶液的配制：精确称取按其纯度折算为 100% 质量的反式脂肪酸标准品 1.6000g，用正己烷溶解并稀释成浓度为 5.0%（W/W）的标准溶液，临用时配制。

顺式脂肪酸标准溶液的配制：精确称取按其纯度折算为 100% 质量的顺式脂肪酸标准品 1.6000g，用正己烷溶解并稀释成浓度为 5.0%（W/W）的标准溶液，临用时配制。

**实验条件**

（以 Nicolet iS10 FTIR 红外光谱仪为例，其他仪器需做相应调整）

1. 测量波数范围：$4000\sim600cm^{-1}$。
2. 分辨率：$4cm^{-1}$。

3. 扫描次数：16 次。
4. 谱图最终显示形式：吸光度。
5. 参比物：空气。

【实验内容与步骤】

**1. 标准系列浓度配制**

分别吸取 5.0% 反式脂肪酸标准溶液 0、0.25mL、0.50mL、2.50mL、5.00mL、10.00mL、25.00mL，至 25mL 容量瓶中，用正己烷稀释至刻度，配制成浓度为 0、0.05%、0.10%、0.50%、1.00%、2.00%、5.00% 的标准溶液。

**2. 红外吸收谱图扫描**

分别选取 5.0% 的反式脂肪酸和顺式脂肪酸标准溶液，直接注入液体吸收池，以空气为空白，进行扫描。确定反式脂肪酸在 966cm$^{-1}$ 处存在最大吸收，而顺式脂肪酸在此处却没有吸收。

**3. 标准曲线的绘制**

在 966cm$^{-1}$ 处分别测定不同浓度标准溶液的吸光度值，并分别与浓度为 0 的溶液在 966cm$^{-1}$ 处的吸光度值做差减。以差减后的吸光度值为纵坐标，反式脂肪酸标准品含量为横坐标对其进行线性回归分析，计算其相关系数。

**4. 样品测定**

将样品摇匀后直接注入液体池中，用空气做空白，在 966cm$^{-1}$ 处测定吸光度值。样品中反式脂肪酸的含量（%）：

$$X = A/K$$

式中，$X$ 为样品中反式脂肪酸的百分含量，%；$A$ 为从标准曲线上查得的吸光度值；$K$ 为标准曲线斜率。

【注意事项】

1. 由于油品测定时，样品本身十分黏稠，所以测定前一定要将样品摇匀，否则严重影响测定结果的平行性。
2. 将油样注入样品池时，不可太快，太快太用力，将使池内压力过大，造成膜厚度的改变，从而影响测定结果。
3. 进样前要将注射器内空气排净，如扫描时有气泡，将严重影响测定结果。
4. 发现样液混浊时，可用离心机（4000r·min$^{-1}$）离心后，取上清液测定。

【数据处理】

1. 记录实验条件。
2. 绘制标准曲线，计算反式脂肪酸的百分含量（%）。

【思考题】

1. 使用红外光谱法测定食品中的反式脂肪酸有哪些优缺点？
2. 进行红外光谱定量，应注意哪些问题？

# 实验六
## 茵陈蒿酮红外光谱的测绘

【实验目的】
1. 熟悉固体样品制备和红外光谱的测绘方法。
2. 了解样品光谱与标准光谱（Sadtler 红外标准光谱数据库）的核对。

【实验原理】

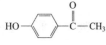

图 6-1 对羟基苯乙酮结构式

茵陈蒿酮是从茵陈蒿中提取分离得到的对羟基苯乙酮，具有利胆低转氨酶的作用。其结构式见图 6-1。

【仪器与试剂】

**仪器**

岛津 IR Prestige-21 型红外光谱仪，油压机，压片模具，玛瑙研钵，溴化钾窗片，样品架，液体池。

**试剂**

KBr，茵陈蒿酮样品，无水乙醇，脱脂棉。

【实验内容与步骤】

**1. 固体样品的压片法制备**

称取干燥样品 1~2mg，与 200mg KBr 粉末在玛瑙中研磨，混匀，倒入片剂模子中，铺均匀，装好模具于压片机上并连接真空系统。先抽气 5min，以抽去混在粉末中的湿气和空气，再边抽气边加压至 8MPa，维持 5min，取下模具，冲出 KBr 即得一透明的薄片，将其置于光路中测定。

**2. 绘制样品红外光谱图**

【注意事项】

1. 在压片制样过程中，物料必须磨细并混合均匀，加入模具中需均匀平整否则不易获得透明均匀的薄片。KBr 极易受潮，因此制样操作应在低湿度环境中或在红外灯下进行。
2. 使用液体池时，需注意窗片的保护，测定后，用适宜的溶剂彻底冲洗后保存在干燥器中。
3. 使用可拆式液体池时，在操作中注意不要形成气泡。

【数据及处理】

1.绘制茵陈蒿酮的红外吸收光谱，如图 6-2 所示。

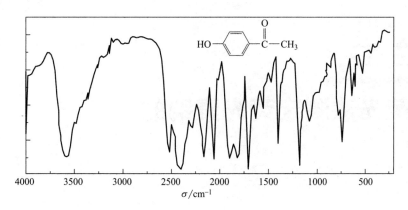

图 6-2　茵陈蒿酮的红外吸收光谱

2.结构解析

$\upsilon_{OH}$　$3100cm^{-1}$ 谱带宽而强，为缔合的羟基，一般在 $3520\sim3100cm^{-1}$ 范围内，而游离的羟基则在 $3730\sim3500cm^{-1}$。

$\upsilon_{C=O}$ $1650cm^{-1}$（强峰）为共轭酮（$1670\sim1650cm^{-1}$），因处于共轭状态，C=O 键力受共轭效应的影响，比非共轭酮（$1720\sim1705cm^{-1}$）的键能要小，故频率也低。

$\upsilon_{C=C}$（苯环）　$1580cm^{-1}$ 的宽而强的谱带是因 C=O 与苯环共轭，使苯环骨架振动特征峰 $1600cm^{-1}$ 谱带分裂而出现的。因 $1580cm^{-1}$ 谱带强而宽，将 $1600cm^{-1}$ 谱带淹没。$1440cm^{-1}$ 峰（强），因与烷烃 $1450cm^{-1}$ 强吸收重叠，不能作为苯环特征峰。

由于苯环的存在，$3100cm^{-1}$ 强而宽的谱带右侧有一个小峰，可以确认为 $\upsilon_{C-H}$ $3000cm^{-1}$，$840cm^{-1}$（尖锐）可以认为是苯环对位双取代，此数据均可以在芳香环特征吸收谱带中查到。

$1375cm^{-1}$（尖锐）应为 $\delta_{-CH_3}$，它因受羰基的影响，故频率稍低。其余为指纹区的吸收，由以上分析基本可以确认茵陈蒿酮的分子结构。

【思考题】

1.固定厚度密封液体池、可拆式液体池、夹片法各有什么优点？
2.压片法制样应注意什么？
3.同一物质的液体或固体红外光谱是否相同？

# 实验七

## 分子荧光法测定荧光素钠的含量

【实验目的】

1. 了解荧光分光光度计的基本结构。
2. 掌握常规荧光定性与定量分析的仪器操作方法。

【实验原理】

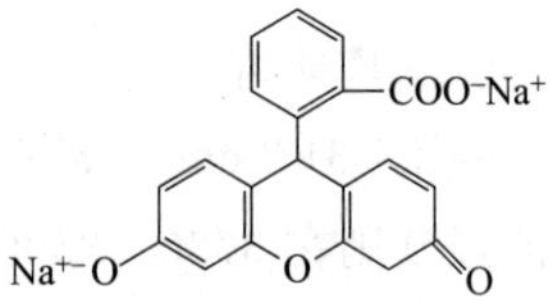

荧光素钠又名荧光橙红二钠盐（Fluorescein Sodium Salt），是橙红色粉末。其结构式如图 7-1 所示。

图 7-1 荧光素钠结构

无气味，有吸湿性。溶于水，溶液呈黄红色，并带极强的黄绿色荧光，酸化后消失，中和或碱化后又出现，微溶于乙醇，几乎不溶于氯仿和乙醚。最大吸收波长（水）493.5nm。

在稀溶液中，荧光强度 $F$ 与物质的浓度 $c$ 有以下关系：

$$F = 2.303 \Phi I_0 \varepsilon bc$$

当实验条件一定时，荧光强度与荧光物质的浓度呈线性关系是荧光光谱法定量分析的依据：$F = Kc$。

【仪器与试剂】

**仪器**

HITACHI F-7000 型荧光分光光度计。

**试剂**

1. 荧光素钠储备液的制备：先配制 $0.5\text{mg} \cdot \text{mL}^{-1}$ 标准溶液，再逐级稀释制备含荧光黄 $3.0\mu\text{g} \cdot \text{mL}^{-1}$ 的工作溶液。
2. 未知试样的制备：自行配制。

**实验条件**

1. 激发光狭缝 EX：5nm。
2. 发射光狭缝 EM：5nm。
3. 光电倍增管增益：PMT Voltage 700V。
4. 激发光谱波长范围：400～600nm。
5. 发射光谱波长范围：400～650nm。

【实验内容与步骤】

1. 荧光素钠的标准溶液配制。取 6 只 25mL 容量瓶，分别加入 0.00、0.50mL、

1.00mL、1.50mL、2.00mL、2.50mL 上述荧光素钠的储备液，用去离子水稀释至刻度，摇匀备用。

2. 打开荧光光度计，进入 HITACHI F-7000 软件，选择所用的方法及方法所需的条件，绘制其激发光谱和发射光谱。

3. 将激发波长（$\lambda_{ex}$）固定在 491nm，荧光发射波长（$\lambda_{em}$）固定在 511nm，测试系列标准溶液的荧光强度，绘制工作曲线。

4. 在相同的条件下，测量未知试样的浓度，并由标准曲线求算未知试样的浓度。

【注意事项】

1. 实验所用的样品池是四面透光的石英池，拿取的时候用手掐住池体的上、下角部，不能接触到四个面，清洗样品池后应用擦镜纸对其四个面轻轻擦拭。

2. 在测试样品时，应注意样品的浓度不能太高，否则由于存在荧光猝灭效应，样品浓度与荧光强度不呈线性关系，造成定量工作出现误差。

【数据处理】

1. 记录测定条件：最大激发波长 $\lambda_{ex}$ 和发射波长 $\lambda_{em}$。

2. 绘制荧光素钠工作曲线，求线性回归方程、相关系数，并计算荧光素钠样品的浓度。

【思考题】

1. 对于未知荧光组分，应如何找出它的最大激发波长和发射波长？

2. 试解释荧光发射光谱与荧光激发光谱的差异，哪个波长更长？

# 实验八

## 分子荧光法定量测定维生素B₂的含量

【实验目的】

1. 掌握标准曲线法定量分析维生素 $B_2$ 的基本原理。
2. 了解荧光分光光度计的基本原理、结构及性能,掌握其基本操作。

【实验原理】

维生素 $B_2$（又叫核黄素，$VB_2$）是橘黄色无臭的针状结晶,其结构式如图 8-1 所示。

由于分子中有三个芳香环,具有平面刚性结构,因此它能够发射荧光。维生素 $B_2$ 易溶于水而不溶于乙醚等有机溶剂,在中性或酸性溶液中稳定,光照易分解,对热稳定。

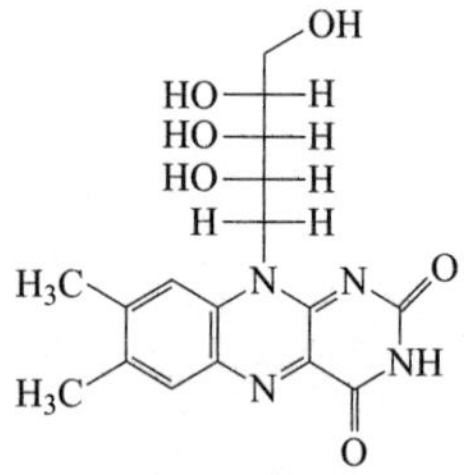

维生素 $B_2$ 溶液在 430~440nm 蓝光的照射下,发出绿色荧光,荧光峰在 535nm 附近。维生素 $B_2$ 在 pH=6~7 的溶液中荧光强度最大,而且其荧光强度与维生素 $B_2$ 溶液浓度呈线性关系,因此可以用荧光光谱法测维生素 $B_2$ 的含量。维生素 $B_2$ 在碱性溶液中经光线照射会发生分解而转化为另一物质——光黄素,光黄素也是一个能发荧光的物质,其荧光比维

图 8-1 维生素 $B_2$ 结构式

生素 $B_2$ 的荧光强得多,故测维生素 $B_2$ 的荧光时溶液要控制在酸性范围内,且在避光条件下进行。

定量依据同实验七。

【仪器与试剂】

**仪器**

荧光分光光度计,1cm 石英比色皿,50mL 容量瓶。

**试剂**

1%乙酸溶液,维生素 $B_2$。

维生素 $B_2$ 标准溶液（$10.0\mu g \cdot mL^{-1}$）的配制:准确称取 10.0000mg 维生素 $B_2$ 置于 100mL 烧杯中,加 1%乙酸溶液使其溶解,定量转移入 1000mL 容量瓶中,并用 1%乙酸溶液稀释至刻度,摇匀,将溶液保存在冷暗处。

## 【实验内容与步骤】

### 1. 制备维生素 $B_2$ 系列标准溶液

取维生素 $B_2$ 标准溶液（$10.0\mu g \cdot mL^{-1}$）1.00mL、2.00mL、3.00mL、4.00mL、5.00mL 分别置于 50mL 的容量瓶中，各加入 1% 乙酸溶液稀释至刻度，摇匀，待测。

### 2. 待测样品溶液的制备

取 10 片维生素 $B_2$，研细。精密称取适量（约相当于 10mg 维生素 $B_2$）置于 100mL 烧杯中加 1% 乙酸溶液使其溶解，定量转移入 1000mL 容量瓶中，用 1% 乙酸溶液稀释至刻度，摇匀。过滤，弃去初滤液，吸取滤液 2.0mL 于 100mL 容量瓶中，用 1% 乙酸溶液稀释至刻度，摇匀，待测。

### 3. 激发光谱和荧光发射光谱的绘制

分别设置 $\lambda_{em}=540nm$ 为发射波长，在 200~500nm 范围内扫描，记录荧光发射强度和激发波长的关系曲线，便得到激发光谱，从激发光谱上可找出其最大激发波长为 $\lambda_{ex}=440nm$。

设置 $\lambda_{ex}$ 分别为 250nm、300nm、350nm、400nm、500nm、540nm，在 400~600nm 范围内扫描，记录发射强度与发射波长间的函数关系，便得到荧光发射光谱。从荧光发射光谱上可找出其最大荧光发射波长 $\lambda_{ex}$ 和荧光强度，比较不同激发波长下获得的最大荧光发射波长 $\lambda_{ex}$ 和荧光强度 $F_{max}$。

### 4. 标准溶液及样品的荧光测定

将激发波长固定在 440nm，荧光发射波长为 540nm，测量上述系列标准维生素 $B_2$ 溶液的荧光发射强度，以溶液的荧光发射强度为纵坐标，标准溶液浓度为横坐标，制作标准曲线。

在同样条件下测定未知溶液的荧光强度，并由标准曲线确定未知试样中维生素 $B_2$ 的浓度，计算药片中维生素 $B_2$ 的含量。

## 【注意事项】

1. 实验所用的样品池是四面透光的石英池，拿取的时候用手指掐住池体的上、下角部，不能接触到四个面，清洗样品池后应用擦镜纸对其四个面进行轻轻擦拭。

2. 在测试样品时，应注意样品的浓度不能太高，否则由于存在荧光猝灭效应，样品浓度与荧光强度不呈线性关系，造成定量工作出现误差。

## 【数据处理】

1. 激发光谱和荧光发射光谱绘制过程中实验数据记录如表 8-1 所示。

表 8-1 激发光谱和荧光发射光谱的绘制

| 激发波长 $\lambda_{ex}/nm$ | 250 | 300 | 350 | 400 | 500 | 540 |
|---|---|---|---|---|---|---|
| 最大荧光发射波长 $\lambda_{em}/nm$ | | | | | | |
| 荧光强度 | | | | | | |

2. 标准溶液及待测溶液的浓度和荧光强度记录如表 8-2 所示。

表 8-2 标准溶液及待测溶液的荧光测定

| 维生素 $B_2$ 溶液浓度/$\mu g \cdot mL^{-1}$ | | | | | | 待测溶液 |
|---|---|---|---|---|---|---|
| | | | | | | |

$\lambda_{ex}=$　　　　　$\lambda_{em}=$

以系列标准溶液的荧光发射强度为纵坐标，标准溶液浓度为横坐标，制作标准曲线，根据未知溶液的荧光强度确定其浓度，再根据未知溶液的浓度计算药片中维生素 $B_2$ 的含量。

【思考题】

1. 试解释荧光光度法较吸收光度法灵敏度高的原因。
2. 维生素 $B_2$ 在 pH＝6～7 时荧光最强，本实验为何在酸性环境中测定？

# 实验九

## 荧光分光光度法测定药物中奎宁的含量

【实验目的】

1. 学习测绘奎宁的荧光激发光谱和荧光发射光谱。
2. 了解溶液的 pH 值和卤化物对奎宁荧光的影响,学习使用分子荧光光谱法测定奎宁的含量。

【实验原理】

奎宁在稀酸溶液中是强的荧光物质,其结构如图 9-1 所示。

奎宁有两个激发波长 250nm 和 350nm,荧光发射峰在 450nm 处。奎宁的荧光强度随着溶液酸度的改变而发生明显改变。除了酸度对荧光强度有显著的影响外,卤素等重原子也对其荧光强度有明显的猝灭作用。因此,奎宁样品浓度的测定,必须固定其他的实验条件。在低浓度时,荧光强度与荧光物质浓度成正比。采用标准曲线法,即以已知量的标准物质,经过和试样同样处理后,配制一系列标准溶液,测定这些溶液的荧光后,用荧光强度对标准溶液浓度绘制标准曲线,再根据试样溶液的荧光强度,在标准曲线上求出试样中荧光物质的含量。

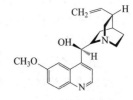

图 9-1 奎宁结构式

激发波长与发射波长一般为定量分析中所选用的最灵敏的波长。$\lambda_{em}$ 和 $\lambda_{em}$ 的选择是本实验的关键。

【仪器与试剂】

**仪器**

荧光分光光度计。

**试剂**

硫酸奎宁,硫酸,溴化钠,柠檬酸氢二钠。

1. 奎宁贮备溶液（$100.0\mu g \cdot mL^{-1}$）的配制:在 120.7mg 硫酸奎宁二水合物中加 50mL $1mol \cdot L^{-1} H_2SO_4$。溶解并用二次重蒸水定容至 1000mL。将此溶液稀释 10 倍,得 $10\mu g \cdot mL^{-1}$ 奎宁标准溶液。

2. 缓冲溶液的配制:配制 $0.10mol \cdot L^{-1}$ 柠檬酸氢二钠溶液 500mL。分别取 50mL 该溶液,用 $0.05mol \cdot L^{-1} H_2SO_4$ 溶液在 pH 计上分别调至 pH 值为 1.0、2.0、3.0、4.0、5.0、6.0。

【实验内容与步骤】

**1. 未知溶液中奎宁含量的测定**

（1）系列标准溶液的配制：取 6 只 50mL 容量瓶，分别加入 $10.0\mu g \cdot mL^{-1}$ 奎宁标准溶液 0、2.00mL、4.00mL、6.00mL、8.00mL、10.00mL，用 $0.05mol \cdot L^{-1} H_2SO_4$ 稀释至刻度，摇匀。

（2）绘制激发光谱和荧光光谱：以 $\lambda_{em}=450nm$，在 200～400nm 范围扫描激发光谱，以 $\lambda_{ex}=250nm$ 和 350nm 在 400～600nm 范围扫描荧光光谱。

（3）绘制标准曲线：将激发波长固定在 350nm（或 250nm），发射波长为 450nm，测量标准溶液的荧光强度。

（4）未知样品的测定：取 50mL 药品试样置于 50mL 容量瓶中，用 $0.05mol \cdot L^{-1} H_2SO_4$ 稀释至刻度，摇匀。与标准系列溶液同样条件，测量试样溶液的荧光强度，在标准曲线上查出奎宁的浓度，计算药品试样中奎宁的含量。

**2. pH 值与奎宁荧光强度的关系**

取 6 只 50mL 容量瓶，分别加入 $10.00\mu g \cdot mL^{-1}$ 奎宁溶液 4.00mL，并分别用 pH 值为 1.0、2.0、3.0、4.0、5.0、6.0 的缓冲溶液稀释至刻度，摇匀。测定 6 个溶液的荧光强度。

【注意事项】

1. 荧光分析是高灵敏度分析方法，溶液浓度一般在 $1\times10^{-6} mol \cdot L^{-1}$ 数量级，很稀。实验中应注意保持器皿洁净，溶剂纯度应为分析纯。实验用水需要使用二次重蒸水。应注意杂质荧光的影响。

2. 奎宁溶液必须当天配制并避光保存。

3. 使用石英皿时，应手持其棱，不能接触光面，用完后将其清洗干净。

【数据及处理】

1. 绘制荧光强度对奎宁溶液浓度的标准曲线，并由标准曲线确定未知试样的浓度，计算药片中的奎宁含量。

2. 以荧光强度对 pH 值作图，并得出奎宁荧光与 pH 值关系的结论。

3. 以荧光强度对溴离子浓度作图，并解释结果。

【思考题】

1. 为什么测量荧光的方向必须和激发光的方向成直角？

2. 能用 $0.05mol \cdot L^{-1}$ 的盐酸来代替 $0.05mol \cdot L^{-1} H_2SO_4$ 稀释溶液吗？为什么？

3. 荧光强度与哪些因素有关？为什么？

# 实验十

# 电感耦合等离子体原子发射光谱仪主要性能检定

【实验目的】

1. 掌握电感耦合等离子体原子发射光谱仪主要性能的检定方法。
2. 熟悉电感耦合等离子体原子发射光谱仪的技术指标。
3. 了解电感耦合等离子体原子发射光谱仪的基本结构。

【实验原理】

电感耦合等离子体原子发射光谱仪（ICP-AES）主要有多道同时型、顺序扫描型和全谱直读型三种类型。多道同时型和顺序扫描型采用光电倍增管作为光电检测器；全谱直读型则采用了先进的新型光学多道检测器，比如电荷耦合器件（CCD）等，能够同时检测从紫外到可见区域的全部波长范围的谱线。

为了保证分析结果的可靠性，ICP-AES 的检定周期一般不超过两年。当仪器搬动或维修后，应按首次检定要求重新检定。根据中华人民共和国国家计量检定规程（JG7682005）中发射光谱仪的检定规程，对 ICP-AES 检定的主要检定项目和计量性能要求如表 10-1 所示。对仪器的控制分为首次检定、后续检定和使用中检定。进行 ICP-AES 使用中检定时，需检定的项目包括检出限和重复性。

表 10-1　ICP-AES 的主要检定项目和计量性能要求

| 检定项目 | | 计量性能 |
|---|---|---|
| 波长 | 示值误差 | ±0.05nm |
| | 重复性 | ≤0.01nm |
| 最小光谱带宽 | | Mn257.610 半高宽≤0.030nm |
| 检出限/mg·L$^{-1}$ | | Zn 213.856nm≤0.01<br>Ni 231.604nm≤0.03<br>Mn 257.610nm≤0.005<br>Cr 267.716nm≤0.02<br>Cu 324.754nm≤0.02<br>Ba 455.403nm≤0.005 |
| 重复性/% | | Zn,Ni,Mn,Cr,Cu,Ba<br>（浓度为 0.50~2.00mg·L$^{-1}$）≤3.0 |
| 稳定性/% | | Zn,Ni,Mn,Cr,Cu,Ba<br>（浓度为 0.50~2.00mg·L$^{-1}$）≤4.0 |

**【仪器与试剂】**

**仪器**

电感耦合等离子体原子发射光谱仪（ICP-AES），容量瓶，移液管。

**试剂**

1mg·mL$^{-1}$锌标准储备液，1mg·mL$^{-1}$镍标准储备液，1mg·mL$^{-1}$锰标准储备液，1mg·mL$^{-1}$铬标准储备液，1mg·mL$^{-1}$铜标准储备液，1mg·mL$^{-1}$钡标准储备液，去离子水，浓硝酸（优级纯），氩气（≥99.99%）。

稀硝酸溶液（摩尔浓度为0.5mol·L$^{-1}$）的配制：取浓硝酸3mL加水稀释至100mL。

**实验条件**

1. 分析线波长：213.618nm。
2. 入射功率：1000kW。
3. 氩冷却气流量：12～14L·min$^{-1}$。
4. 氩辅助气流量：0.5～0.8L·min$^{-1}$。
5. 氩载气流量：1.0L·min$^{-1}$。
6. 试液提升量：1.5L·min$^{-1}$。
7. 光谱观察高度：8mm。
8. 积分时间：5s。

**【实验内容及步骤】**

**1. 标准系列的配制**

按照表10-2中所列出的各元素的浓度配制混合标准系列溶液，基体为0.5mol·L$^{-1}$稀硝酸溶液。用0.5mol·L$^{-1}$稀硝酸溶液作为空白溶液。

表10-2 混合标准系列溶液　　　　　　　　　　mg·mL$^{-1}$

| 元素 | Zn | Ni | Mn | Cr | Cu | Ba |
|---|---|---|---|---|---|---|
| 1$^\#$ | 0 | 0 | 0 | 0 | 0 | 0 |
| 2$^\#$ | 1.00 | 1.00 | 0.50 | 1.00 | 0.50 | 0.50 |
| 3$^\#$ | 2.00 | 2.00 | 1.00 | 2.00 | 1.00 | 1.00 |
| 4$^\#$ | 5.00 | 5.00 | 2.50 | 5.00 | 2.50 | 2.50 |

**2. ICP-AES开机程序**

检查外电源及氩气供应；检查排废、排气是否畅通，室温控制在15～30℃之间；装好进样管、废液管；打开供气开关；开启空压机、冷却器和主机电源；打开计算机、点燃等离子体；进入到方法编辑页面；在方法编辑页面里，分别输入被测元素的各种参数。

**3. 检出限的检定**

在仪器处于正常工作状态下，用空白溶液校正并将其设为零点。吸取系列混合标准溶液进样，重复测定三次，取其平均值，并制作工作曲线，求出工作曲线的斜率$b$。连续10次测量空白溶液，以10次空白值标准偏差$s$的3倍对应浓度为检出限DL，即：

$$DL = 3s/b$$

**4. 重复性的检定**

在仪器处于正常工作状态下，连续10次测量标准溶液，计算10次测量值的相对标准偏差（RSD），即为仪器的重复性。

**5. 关机程序**

吸入蒸馏水清洗雾化器10min；关闭等离子体；退出方法编辑页面；关主机电源、冷却器、空压机，排除空压机中的凝结水；按要求关闭计算机；松开进样管、废液管。

**【注意事项】**

1. 为了减小高电磁场对人体的伤害，等离子体炬管均置于金属制的火炬室中，加以高频屏蔽。

2. 高频发生器必须良好接地，接地电阻<4Ω，必须使用单独地线，不能和其他电器设备共用地线，否则高频负载感应线圈可能影响其他电器设备的正常工作，甚至毁坏其他仪器设备。

3. 由于高频发生器工作时，将一部分功率消耗于振荡管阳极及负载感应线圈上，产生热量，因而必须采用冷却装置。高频负载感应线圈常采用循环水冷却，振荡管阳极多采用空气强制通风冷却。

4. 高频设备具有功率大、高频高压的特点，设备易出现打火、爬电、击穿、烧毁和熔断等事故。其中振荡管是高频设备的核心元件之一。为延长其寿命需注意：使用功率与额定电压应尽可能降低；严格遵守预热灯丝的操作规程；经常检查通冷风、冷却水的设备的运行情况。

5. 如果标准溶液和样品溶液分析间隔较长时间，应测定一个与待测样品溶液浓度相近的标准溶液，以检查仪器信号漂移。

6. 等离子体光源上方应有排气装置，足以将废气排出室外，但不能影响焰炬的稳定性；应保证射频发生器的功率管有良好的散热排风。

**【数据处理】**

**1. 检出限**

检出限记录于表10-3。

表10-3 检出限

| 元素 | 波长/nm | 标准偏差/mg·L$^{-1}$ | 检出限/mg·L$^{-1}$ |
|---|---|---|---|
| Zn | | | |
| Ni | | | |
| Mn | | | |
| Cr | | | |
| Cu | | | |
| Ba | | | |

**2. 重复性**

重复性测量结果记入表10-4。

表10-4 重复性

| 元素 | 标准值/mg·L$^{-1}$ | 测量均值/mg·L$^{-1}$ | 重复性/% |
|---|---|---|---|
| Zn | | | |
| Ni | | | |

续表

| 元素 | 标准值/mg·L$^{-1}$ | 测量均值/mg·L$^{-1}$ | 重复性/% |
|---|---|---|---|
| Mn | | | |
| Cr | | | |
| Cu | | | |
| Ba | | | |

【思考题】

1. 描述 ICP 中等离子体是怎样产生和维持的（可辅以适当的绘图）。
2. 在仪器测定条件中，载气的流量对元素的分析有何影响？

# 实验十一

## 电感耦合等离子体原子发射光谱法同时测定铜、铁、钙、锰和锌

【实验目的】

1. 掌握电感耦合等离子体原子发射光谱仪的使用方法和操作技术。
2. 熟悉电感耦合等离子体原子发射光谱法测定多种元素的方法。
3. 了解无机化处理（湿式消化法）头发样品的方法。

【实验原理】

头发的代谢是整个机体代谢系统的组成部分之一，由于某些金属元素对毛发具有特殊的亲和力，能与毛发中角蛋白的巯基牢固结合，使金属元素蓄积在毛发中，因此其含量可反映相当长时间金属元素的积累状况，间接反映机体微量元素的代谢和营养状况。

ICP-AES 具有灵敏度高、检测限低、线性范围宽、耗样量少、测定速度快、能同时测定多种元素等优点，因此被越来越多地应用于生物样品中多种元素的检测。头发是比较理想的活体检测材料，金属元素含量比较高，并能反映人体内微量元素储存、代谢及营养状况。头发中元素含量的准确测定，不仅可为疾病诊断及病情监督提供重要信息，而且也可为体内元素的控制和调节、疾病的预防和治疗提供依据。

用 ICP-AES 法测定头发样品中金属元素铜、铁、钙、锰和锌的含量，需要先将样品进行无机化处理后才能上机测定，本实验采用湿法消化法处理头发样品，用标准曲线法进行定量分析。

【仪器与试剂】

**仪器**

电感耦合等离子体原子发射光谱仪，电热板，烘箱，烧杯，25mL 和 100mL 容量瓶，玻璃棒，不锈钢剪刀。

**试剂**

$1.00\text{mg} \cdot \text{mL}^{-1}$ 铜标准储备液、$1.00\text{mg} \cdot \text{mL}^{-1}$ 铁标准储备液、$1.00\text{mg} \cdot \text{mL}^{-1}$ 钙标准储备液、$1.00\text{mg} \cdot \text{mL}^{-1}$ 锰标准储备液、$1.00\text{mg} \cdot \text{mL}^{-1}$ 锌标准储备液，去离子水，浓硝酸（优级纯），过氧化氢（分析纯），氩气（≥99.99%）。

1%硝酸的配制：取浓硝酸 1mL 加水稀释至 100mL。

混合标准溶液（铜、铁、钙、锰和锌的质量浓度均为 $10.0\mu\text{g} \cdot \text{mL}^{-1}$）的配制：分别用

10mL移液管移取10mL 1.00mg·mL$^{-1}$铜、铁、钙、锰和锌标准储备液至100mL容量瓶中,用1%硝酸定容,摇匀,所得到的混合标准溶液中铜、铁、钙、锰和锌的浓度均为100.0μg·mL$^{-1}$。取100.0μg·mL$^{-1}$铜、铁、钙、锰和锌混合标准溶液10mL至另一个100mL容量瓶中,用1%硝酸定容,摇匀,即得到质量浓度均为10.0μg·mL$^{-1}$的混合标准溶液。

**实验条件**

1. 工作气体:氩气。
2. 冷却气流量:12L·min$^{-1}$;载气流量:1.0L·min$^{-1}$;辅助气流量:0.5L·min$^{-1}$。
3. 雾化器压力:200kPa。

【实验内容与步骤】

**1. 头发样品的处理**

用不锈钢剪刀采集受试者后颈部的头发样品(距头皮1~3cm),将其剪成长约1cm发段,用中性洗涤剂洗涤,再用自来水清洗多次,将其转移至布氏漏斗中,用1L去离子水淋洗,于110℃下烘干。

准确称取烘干后的头发样品,平行3份,每份0.2g左右,各置于烧杯中,加入5mL浓HNO$_3$和0.5mL H$_2$O$_2$,放置约10min后,置于电热板上加热2h(温度控制在120℃左右),稍冷后滴加H$_2$O$_2$,加热至近干,再加少量浓HNO$_3$和H$_2$O$_2$,加热至溶液澄清,液体体积浓缩至1~2mL,加少量去离子水稀释,然后少量多次用去离子水将溶液全部转移至25mL容量瓶中,用去离子水定容,摇匀,待测定。用同样的处理方法制备空白对照液,操作均在通风柜中进行。

**2. 标准系列的配制**

取5个25mL容量瓶,分别加入10.0μg·mL$^{-1}$铜、铁、钙、锰和锌混合标准溶液0.00、2.50mL、5.00mL、10.00mL、20.00mL,用1%硝酸稀释至刻度,摇匀,所得到的标准溶液中铜、铁、钙、锰和锌的浓度分别为0.00、1.00μg·mL$^{-1}$、2.00μg·mL$^{-1}$、4.00μg·mL$^{-1}$、8.00μg·mL$^{-1}$。

**3. 测定**

(1) 标准曲线的绘制:在选定的仪器工作条件下,从低浓度到高浓度依次测定系列混合标准溶液,以分析线的谱线强度为纵坐标,浓度为横坐标,分别绘制各元素标准曲线图,计算回归方程。

(2) 样品测定:用与标准系列同样方法测定处理好的样品溶液和空白对照液,记录分析线的谱线强度。

【数据处理】

1. 自行设计表格,记录实验条件以及测定数据。
2. 绘制标准曲线图和计算回归方程。
3. 根据样品中分析线的谱线强度,用标准曲线图或回归方程计算各元素的浓度,按下式计算头发样品中铜、铁、钙、锰和锌的含量(计算时扣除空白):

$$X = \frac{(\rho - \rho_0) \times V}{m}$$

式中,$X$为发样中某元素的含量,μg·g$^{-1}$;$\rho$为样品溶液中某元素的质量浓度,μg·

$mL^{-1}$；$\rho_0$ 为空白溶液中某元素的质量浓度，$\mu g \cdot mL^{-1}$；$V$ 为样品溶液体积，mL；$m$ 为发样质量，g。

【思考题】

1. 头发样品的处理为何通常使用湿式消化法？若采用干式消化法，会出现什么问题？
2. 通过本次实验，总结 ICP-AES 分析法的优缺点。

# 实验十二

## 微波消解ICP-AES法检定当地土壤中的常见重金属含量

【实验目的】

1. 掌握电感耦合等离子体原子发射光谱仪的基本原理和操作技术。
2. 熟悉电感耦合等离子体原子发射光谱法测定土壤样品中重金属元素的方法。
3. 了解微波消解法处理土壤样品的方法和操作。

【实验原理】

化学上根据金属的密度把金属分成重金属和轻金属,常把密度$>4.5g\cdot cm^{-3}$的金属称为重金属,大约有45种,对人体毒害最大的有铅、汞、铬、砷、镉5种。其中铅是重金属污染中毒性较大的一种,一旦进入人体很难排出。直接伤害人的脑细胞,特别是胎儿的神经板,可造成先天大脑沟回浅,智力低下;造成老年人痴呆、脑死亡等。铬会造成四肢麻木,精神异常。镉导致高血压,引起心脑血管疾病;破坏骨钙,引起肾功能失调。

微波消解法是测定无机元素常用的样品处理方法,是利用微波加热封闭容器中的消解液(强酸或氧化剂)和试样,从而在高温加压条件下使样品中的有机物快速溶解的湿式消化法,具有消解完全、快速、空白值低的优点。

ICP-AES具有灵敏度高、检测限低、线性范围宽、耗样量少、测定速度快、能同时测定多种元素等优点,因此被越来越多地应用于土壤样品中的重金属含量的检测。

【仪器与试剂】

**仪器**

电感耦合等离子体原子发射光谱仪,微波消解仪,消解罐,电热板,容量瓶(25mL、100mL),移液管。

**试剂**

$1.00mg\cdot mL^{-1}$铅标准储备液、$1.00mg\cdot mL^{-1}$铬标准储备液、$1.00mg\cdot mL^{-1}$镉标准储备液,去离子水,浓硝酸(优级纯),过氧化氢(分析纯),氩气($\geqslant 99.99\%$)。

1%硝酸的配制:取浓硝酸1mL加水稀释至100mL。

混合标准溶液(铅、铬、镉的质量浓度均为$1.00\mu g\cdot mL^{-1}$)的配制:分别用10mL移液管移取$1.00mg\cdot mL^{-1}$铅、铬、镉标准储备液至100mL容量瓶中,用1%硝酸定容,摇匀,所得到的混合标准溶液中铅、铬、镉的浓度均为$100.0\mu g\cdot mL^{-1}$。取$100.0\mu g\cdot mL^{-1}$

铅、铬、镉混合标准溶液 1mL 至另一个 100mL 容量瓶中，用 1%硝酸定容，摇匀，即得到质量浓度均为 $1.00\mu g \cdot mL^{-1}$ 的混合标准溶液。

**实验条件**

1. 工作气体：氩气。
2. 功率：1.00～1.35kW。
3. 冷却气流量：14～18L · $min^{-1}$；载气流量：1.0L · $min^{-1}$；辅助气流量：0.2～0.5L · $min^{-1}$。
4. 雾化器压力：190kPa。
5. 分析波长：参考表 12-1。

表 12-1 元素参考分析波长

| 元素 | 可选用分析波长/nm |
| --- | --- |
| 铅 | 220.353,261.418,283.306,216.999 |
| 镉 | 228.802,226.502,361.051,214.438 |
| 铬 | 206.149,267.716,283.563,357.869,359.349 |

**【实验内容与步骤】**

**1. 土壤的处理**

取 0.5g 干燥土壤试样，置于聚四氟乙烯的容器中，在容器中加入 3mL 浓硝酸和 2mL 过氧化氢。然后将容器封闭，并按照表 12-2 的温度控制程序在微波消解仪里进行消解。容器冷却至室温后，打开容器。在电热板上低温加热除去多余的酸。所得到的溶液和淋洗液合并转移至 25mL 的容量瓶中，用去离子水稀释至刻度，每个样品做两次平行测定，同时做试剂空白实验。

表 12-2 微波消解样品的温度控制程序

| 步骤 | 时间/min | 温度/℃ |
| --- | --- | --- |
| 升温 1 | 5 | 125 |
| 升温 2 | 10 | 210 |
| 升温 3 | 45 | 210 |
| 升温 4 | 60 | 室温 |

**2. 标准系列的配制**

取 5 个 25mL 容量瓶，分别加入上述 $1\mu g \cdot mL^{-1}$ 铅、镉、铬混合标准溶液 0、2.50mL、5.00mL、10.00mL、20.00mL，用 1%硝酸稀释至刻度，摇匀，所得到的标准溶液中铅、镉、铬的浓度分别为 0、$0.10\mu g \cdot mL^{-1}$、$0.20\mu g \cdot mL^{-1}$、$0.40\mu g \cdot mL^{-1}$、$0.80\mu g \cdot mL^{-1}$。

**3. 测定**

(1) 标准曲线的绘制：在选定的仪器工作条件下，从低浓度到高浓度依次测定铅、镉、铬混合标准系列溶液，用标准系列溶液中待测元素的浓度和所测出的谱线强度做标准工作曲线。

(2) 样品测定：在相同的实验条件下，测定处理后的土壤样品溶液，记录谱线强度。

**【注意事项】**

1. 实验中所使用的试剂其纯度应符合要求，所用玻璃器皿应严格洗涤，保证洁净且没有被待测离子污染。

2.在微波消解操作过程中，设定压力、温度不能超过仪器规定最高值，以免损坏消解罐及其他配件。

3.每次 ICP 点火后，应先进行波长校正，再进行测定。

4.若测量过程中出现 ICP 熄火的情况，可能是氩气压力不足；或者是炬管或雾化器堵塞，此时应及时清洁或更换新炬管或雾化器。

【数据处理】

1.自行设计表格，记录实验条件和测定数据。

2.绘制标准曲线和计算回归方程。

3.根据样品中分析线的谱线强度，用标准曲线或回归方程计算各元素的浓度，按下式计算土壤样品中铅、镉、铬的质量浓度（计算时扣除空白）：

$$\rho_i = \frac{(\rho - \rho_0) \times V}{m}$$

式中，$\rho_i$ 为土壤样品中某元素的质量浓度，$\mu g \cdot g^{-1}$；$\rho$ 为根据标准曲线计算的某元素的质量浓度，$\mu g \cdot g^{-1}$；$\rho_0$ 为空白溶液中某元素的质量浓度，$\mu g \cdot g^{-1}$；$V$ 为土壤体积，mL；$m$ 为土壤样品质量，g。

【思考题】

1.用微波消解法处理样品要注意什么？

2.样品处理方法有哪些？各有何优缺点？

3.与原子吸收光谱法相比较，采用 ICP-AES 测定生物样品中的重金属元素有何优缺点？

# 实验十三

## 原子吸收光谱法测定自来水中钙、镁的含量

【实验目的】

1. 进一步掌握原子吸收光谱法的基本原理和操作方法。
2. 学习用标准曲线法进行定量测定。

【实验原理】

稀溶液中的镁离子在火焰温度（小于3000K）下变成镁原子蒸气，由光源空心阴极镁灯辐射出的镁的特征谱线被镁原子蒸气强烈吸收，吸收强度与镁原子蒸气浓度的关系符合朗伯-比尔定律。在固定的实验条件下，镁原子蒸气浓度与溶液中镁离子浓度 $c$ 成正比，所以

$$A = Kc$$

式中，$A$ 为吸光度；$K$ 为常数；$c$ 为溶液中镁离子的浓度。

根据标准曲线法，就可以求出待测液中镁的含量。

【仪器与试剂】

**仪器**

原子吸收分光光度计，镁元素空心阴极灯，乙炔钢瓶，空气压缩机，容量瓶（250mL，100mL），移液管（10mL，2mL），洗耳球等。

**试剂**

氧化镁（分析纯），盐酸（分析纯），去离子水。

**实验条件**

1. 镁空心阴极灯工作电流：4mA。
2. 狭缝宽度：0.5mm。
3. 波长：285.2nm。
4. 燃烧器高度：6mm。
5. 乙炔流量：$1.6 \text{L} \cdot \text{min}^{-1}$。

【实验内容与步骤】

**1. 镁标准溶液（$0.05 \text{mg} \cdot \text{mL}^{-1}$）的配制**

准确称取0.021g氧化镁，用适量盐酸溶解后，用1%（V/V）盐酸稀释至250mL。

**2. 标准曲线的绘制**

（1）标准系列溶液的配制：准确吸取 $0.05 \text{mg} \cdot \text{mL}^{-1}$ 镁溶液10mL置于100mL容量瓶

中，用去离子水稀释至刻度，则镁含量为 0.005mg·mL$^{-1}$，准确吸取稀释液 0.00、2.00mL、4.00mL、6.00mL、8.00mL、10.00mL 分别置于 100mL 容量瓶中，用去离子水稀释至刻度（溶液浓度依次为 0.000、0.100μg·mL$^{-1}$、0.200μg·mL$^{-1}$、0.300μg·mL$^{-1}$、0.400μg·mL$^{-1}$、0.500μg·mL$^{-1}$）。

(2) 标准系列溶液的测定：按选定的工作条件，由稀到浓依次测定各标准溶液的吸光度。

【注意事项】

1. 火焰原子化法是目前使用最广泛的原子化技术。火焰中原子的生成是个复杂过程，其最大吸收位置是由该处原子生成和消失的速率决定的，它不仅与火焰的类型及喷雾效率有关，而且还因元素的性质及火焰燃料气与助燃气的比例不同而异。为了获得较高灵敏度，像镁这样一个与氧发生反应较快的碱土金属，在火焰上部的浓度较低，宜选用富燃气火焰。

2. 若自来水中除镁离子外，还含有其他阴离子和阳离子。这些离子对镁的测定发生干扰，可加入锶离子作为干扰抑制剂。

3. 通常用原子吸收分光光度法来测定微量甚至痕量的元素，要注意防止由周围气氛、容器、水以及试剂等带来的污染，以保证测定的灵敏度和准确度。

4. 原子吸收分光光度计的某些工作条件（如波长、狭缝、光源灯电流、火焰类状态等）的变化可影响仪器的灵敏度、稳定程度和干扰情况，操作时应注意选用。

5. 标准曲线法是原子吸收光谱分析中最常使用的分析方法。但当样品中基体成分很复杂且变化不定，或样品溶液中含有大量固体物质而对吸收的影响很难保持重复一致时，应采用标准加入法。

【数据处理】

以吸光度 $A$ 为纵坐标，相应的标准溶液浓度 $c$ 为横坐标，在坐标纸上绘制镁的工作曲线，在工作曲线上查出水样中镁的含量。

【思考题】

1. 原子吸收光谱分析为何要用待测元素的空心阴极灯作为光源？能否用氢灯或钨灯代替，为什么？

2. 试从仪器设备上比较原子吸收光谱分析和原子发射光谱分析的不同之处。

3. 从安全上考虑，在操作时应注意什么问题？为什么？

# 实验十四

## 原子吸收光谱法测定锌

【实验目的】

1. 掌握标准曲线法在实际样品分析中的应用。
2. 进一步熟悉原子吸收分光光度计的使用。

【实验原理】

待测元素的溶液经喷雾器雾化后,在燃烧器的高温下解离为基态原子。锐线光源空心阴极灯发射出待测元素特征波长的光辐射,并穿过原子化器中一定厚度的原子蒸气,原子蒸气中待测元素的基态原子对特征波长的光辐射产生吸收,减弱后的特征辐射被检测系统检测。根据朗伯-比尔(Lambert-Beer)定律,吸光度的大小与待测元素的原子浓度呈正比关系,据此可求得待测元素的含量。

锌(Zn)是人体所必需的重要微量元素之一。成人体内含 Zn 为 2~3g,存在于所有组织中,3%~5%在白细胞中,其余在血浆中。血液中的 Zn 浓度全血约为 $900\mu g \cdot (100mL)^{-1}$,红细胞约为 $1400\mu g \cdot (100mL)^{-1}$,白细胞含 Zn 量约为红细胞的 25 倍,血浆和血清中的 Zn 浓度约为 $(100\sim140)\mu g \cdot (100mL)^{-1}$ [血清 Zn 稍高于血浆 Zn,高出 $(1\sim15)\mu g \cdot (100mL)^{-1}$]。头发含 Zn 量为 $(125\sim250)\mu g \cdot g^{-1}$,其量可反映人体 Zn 的营养状况。有报道,上海和南京成年男性发 Zn 含量分别为 $(179\pm38)\mu g \cdot g^{-1}$ 和 $(197\pm43)\mu g \cdot g^{-1}$,成年女性发 Zn 含量分别为 $(191\pm47)\mu g \cdot g^{-1}$ 和 $(209\pm62)\mu g \cdot g^{-1}$。火焰原子吸收分光光度法是测定人发及血清中微量 Zn 的较好方法之一。样品在测定前需经消化处理。

【仪器与试剂】

**仪器**

火焰原子吸收分光光度计,Zn 空心阴极灯。

**试剂**

去离子水,金属锌,浓盐酸。

Zn 标准贮备液($0.5mg \cdot mL^{-1}$)的配制:精确称取 0.5000g 金属锌(99.99%)溶于 10mL 盐酸(1:1)中,然后在水浴上蒸发至近干,用少量水溶解后移入 1000mL 容量瓶中,以水稀释至刻度。

Zn 标准应用液($10\mu g \cdot mL^{-1}$)的配制:吸取 1.0mL Zn 标准贮备液置于 50mL 容量瓶

中,以 0.1mol·L$^{-1}$ 盐酸稀释至刻度。

盐酸（0.1mol·L$^{-1}$）的配制：取浓盐酸（12mol·L$^{-1}$）8.33mL,然后加水稀释成 1L。

**【实验内容与步骤】**

**1. 样品处理**

（1）湿法消化处理：准确吸取血清 0.5mL,置于三角烧瓶中,加入浓硝酸 10mL,高氯酸 1mL,置电热板上加热消化,至冒白烟不碳化,溶液呈透明无色状为止,冷却后加入 0.1mol·L$^{-1}$ 盐酸 2~3mL,继续加热沸腾,冷却后用去离子水定容至 10mL,摇匀,待测。

（2）干法消化处理：取受检者枕部距头皮 1~3mm 的头发 0.3g,放入 50mL 烧杯中,加入约 30mL50~60℃的 5%中性洗涤剂溶液浸洗 30min,并不断搅拌,然后用去离子水反复洗至无泡沫,滤干后置于烘箱中,105℃条件下干燥 30min,取出后剪成 3~5mm,备用。

称取发样约 50mg 于坩埚中,置于马弗炉中于 540~560℃灰化 5h,至样品全成白色或灰白色残渣。取出放冷,加入 0.1mol·L$^{-1}$ 盐酸 2mL 溶解残渣,用去离子水定容至 10mL,摇匀,待测。

**2. 标准曲线的绘制**

吸取 10μg·mL$^{-1}$ Zn 标准应用液,用 0.1mol·L$^{-1}$ 盐酸定容,制成含 Zn 0.0、0.20μg·mL$^{-1}$、0.40μg·mL$^{-1}$、0.60μg·mL$^{-1}$、0.80μg·mL$^{-1}$、1.0μg·mL$^{-1}$ 的标准系列溶液,选择仪器最佳工作条件,直接喷雾测定其吸光度。

**3. 样品的测定**

将上述处理好的样品溶液在同样条件下,直接喷雾测定吸光度。

**【注意事项】**

1. 所有玻璃器皿使用前均应经过无机化处理,即用 20%硝酸浸泡 24h,然后用去离子水冲洗干净,除去玻璃表面吸附的金属离子。

2. 锌在环境中大量存在,极容易造成污染,影响实验的准确性,必须同时做试剂空白实验,给予扣除。

3. 头发清洗时间不能太长,以免将发内的锌洗出,造成测定结果偏低。

**【数据处理】**

1. 以浓度为横坐标,吸光度为纵坐标,绘制标准曲线。

2. 由标准曲线求出相对应的值,并计算出样品中 Zn 的含量。

**【思考题】**

1. 如果测定的吸光度值不够理想,可以通过调整仪器的哪些测定条件加以改善?

2. 为什么稀释后的标准溶液只能放置较短的时间,而贮备液则可以在 4℃冰箱中放置较长的时间?

# 实验十五

## 原子吸收光谱法测定铅

【实验目的】

1. 掌握石墨炉原子吸收光谱法的基本原理。
2. 熟悉石墨炉原子化法实验条件选择的方法。

【实验原理】

石墨炉原子化器是应用最广泛的无火焰加热原子化器。其基本原理是利用大电流（常高达数百安培）通过高阻值的由石墨材料制成的石墨管，以产生高达 2000～3000℃ 的高温，使置于石墨管中的少量试液或固体试样蒸发和原子化。由于样品全部参加原子化，并且避免了原子浓度在火焰气体中的稀释，基态原子在吸收区内的停留时间较长，所以分析灵敏度得到了显著的提高，灵敏度比火焰法高 100～1000 倍，试样用量仅 5～100μL。缺点是干扰大，必须进行背景扣除，且操作比火焰法复杂。

在石墨炉原子化法中，合理选择干燥、灰化、原子化及除残温度与时间是十分重要的。干燥应在稍低于溶剂沸点的温度下进行，以防止试剂飞溅。灰化的目的是把试样中复杂的物质分解为简单的化合物或把试样中易挥发的无机基体蒸发及把有机物分解，减小因分子吸收而引起的背景干扰。在保证被测元素没有损失的前提下尽可能使用较高的灰化温度。原子化温度的选择原则是，选用达到最大吸收信号的最低温度作为原子化温度。原子化时间的选择，应以保证完全原子化为准。在原子化阶段停止通保护气，以延长自由原子在石墨炉中的停留时间。除残的目的是消除残留物产生的记忆效应，除残温度应高于原子化温度。

石墨炉原子化法测定 Pb，灵敏度高，用样量少。样品经酸消解后，注入原子吸收分光光度计石墨炉中，加热原子化后吸收 283.3nm 共振线，在一定浓度范围，其吸收值与 Pb 含量成正比，与标准系列比较进行定量。

【仪器与试剂】

**仪器**

原子吸收分光光度计，石墨炉原子化器，Pb 空心阴极灯，微量移液器。

**试剂**

Pb 标准贮备液（$1.0\text{mg}\cdot\text{mL}^{-1}$），3%硝酸溶液，血清样品，白酒样品。

Pb 标准应用液的配制：使用时将 Pb 标准贮备液稀释成适当浓度的标准中间液，再由中间液稀释成适当浓度的标准应用液。

实验用水为去离子水。

**实验条件**

1. 波长：283.3nm。
2. 干燥温度：120℃。
3. 干燥时间：25s。
4. 灰化温度：450℃。
5. 灰化时间：30s。
6. 原子化时间：6s。
7. 除残温度：2000℃。
8. 除残时间：5s。
9. 进样量 10～20μL。

【实验内容与步骤】

**1. 样品处理**

（1）白酒样品处理：吸取 10mL 酒样于烧杯中，在沸水浴上蒸干，然后加入 3‰硝酸溶液 20mL，在水浴上加热 20min，移入 10mL 容量瓶中定容。同时处理两份平行样品。

（2）血清样品处理：用微量移液器抽取血清 100μL 置于 1.5mL 的塑料离心管中，加入 0.9mL 的纯水，在涡旋混合器上充分振摇均匀。

**2. 标准曲线的绘制**

吸取 Pb 标准应用液，用 3‰硝酸溶液定容，配制浓度为 0.0、10.0ng·mL$^{-1}$、20.0ng·mL$^{-1}$、30.0ng·mL$^{-1}$、40.0ng·mL$^{-1}$、50.0ng·mL$^{-1}$、60.0ng·mL$^{-1}$ 的标准系列溶液。选择上述仪器最佳工作条件，将标准系列溶液注入石墨炉，测定吸光度。

**3. 样品的测定**

将上述处理好的样品溶液在同样工作条件下，注入石墨炉，测定吸光度。

【注意事项】

1. 在每个样品测定结束后，可在短时间内使石墨炉的温度上升至最高，空烧一次石墨管，燃尽残留品，以实现高温净化。
2. 实验前应仔细了解仪器的构造及操作方法，以使实验能顺利进行。
3. 实验前应检查通风是否良好，确保实验中产生的废气排出室外。
4. 使用微量移液器时，要严格按教师指导进行，防止损坏。

【数据处理】

1. 以浓度为横坐标，吸光度为纵坐标，绘制标准曲线。
2. 由标准曲线求出样品相对应的值，并计算出样品中 Pb 的含量（ng·mL$^{-1}$）。

【思考题】

1. 在实验中通氩气的作用是什么？为什么要用氩气？
2. 除标准曲线法外，还有什么定量方法？

# 实验十六

## 薄荷醇的核磁共振碳谱(COM谱与DEPT谱)的测绘

【实验目的】

了解核磁共振碳谱（COM谱及DEPT谱）的绘制方法。

【实验原理】

核磁共振碳谱的全去偶合谱（COM谱）是采用双照射法除去 $^1$H 对 $^{13}$C 核的偶合，使碳谱清晰，易辨认。DEPT（无奇变增强极化转移）是核磁共振碳谱中的双共振技术之一。在DEPT谱上 $^{13}$C 信号（CH$_3$，CH$_2$，CH）均呈单峰，若照射 $^1$H 核第3脉冲宽度 $\theta=130°$ 时，则 CH$_3$ 与 CH 为向上的共振峰；CH$_2$ 为向下的共振峰，季碳信号消失。因此，DEPT谱对于识别碳核的类型很有利。

图16-1是薄荷醇的结构示意图。

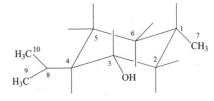

图16-1 薄荷醇结构示意图

【仪器与试剂】

**仪器**

核磁共振波谱仪。

**试剂**

薄荷醇（分析纯），CDCl$_3$，TMS/CCl$_4$。

**实验条件**

1. 扫描范围：220ppm。
2. 扫描次数：128。
3. 增益：24。

【实验内容与步骤】

薄荷醇100mg用约0.5mL氘代氯仿溶解后，装于直径为5mm的核磁样品管中，并加适量TMS的CCl$_4$溶液，供测定。

【注意事项】

送样靠近核磁共振波谱仪磁体时，身上严禁携带任何金属及有磁性的物品。

【数据处理】

1. 测绘薄荷醇核磁共振碳谱，如图 16-2 所示。

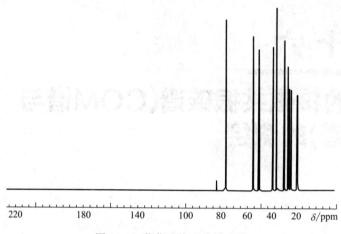

图 16-2  薄荷醇核磁共振碳谱

2. 对薄荷醇核磁共振碳谱进行解析，如表 16-1 所示。

表 16-1  薄荷醇核磁共振碳谱进行解析

| $\delta$/ppm | DEPT | 归属 |
| --- | --- | --- |
| 15.620 | $CH_3$ | 9 |
| 20.777 | $CH_3$ | 10 |
| 21.937 | $CH_3$ | 7 |
| 22.770 | $CH_2$ | 5 |
| 25.149 | CH | 8 |
| 31.431 | CH | 1 |
| 34.363 | $CH_2$ | 6 |
| 44.740 | $CH_2$ | 2 |
| 49.631 | CH | 4 |
| 70.730 | CH | 3 |

【思考题】

1. 为什么核磁共振测定中要使用氘代溶剂？测定碳谱时，能否使用非氘代溶剂？
2. 为什么使用 DEPT 谱可以区分 $CH_3$、$CH_2$ 和 CH？

# 实验十七

## 核磁共振氢谱法定量测定乙酰乙酸乙酯互变异构体

【实验目的】

1. 学习利用 NMR 进行定量分析的方法。
2. 学习核磁共振氢谱定量方法。
3. 进一步熟悉核磁共振谱仪的操作和谱图解析。

【实验原理】

乙酰乙酸乙酯有酮式和烯醇式两种互变异构体，如图 17-1 所示。

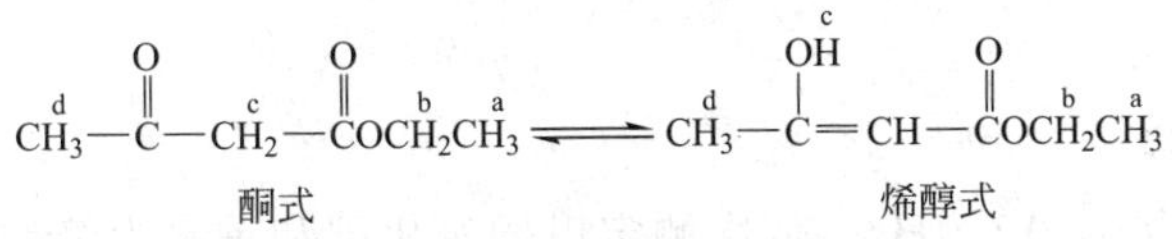

$$CH_3\overset{d}{-}\overset{O}{\underset{\|}{C}}-\overset{c}{CH_2}-\overset{O}{\underset{\|}{C}}O\overset{b}{CH_2}\overset{a}{CH_3} \rightleftharpoons CH_3\overset{d}{-}\overset{OH}{\underset{\|}{C}}=\overset{c}{CH}-\overset{O}{\underset{\|}{C}}O\overset{b}{CH_2}\overset{a}{CH_3}$$

　　　　酮式　　　　　　　　　　烯醇式

图 17-1　乙酰乙酸乙酯互变异构体

一般情况下两者共存，但温度、溶剂等条件不同的体系中两种互变构体的相对比例有很大差别。表 17-1 是 18℃时在不同溶剂中乙酰乙酸乙酯的烯醇式的含量。

表 17-1　不同溶剂中乙酰乙酸乙酯的烯醇式的含量（18℃）

| 溶剂 | 烯醇式含量/% | 溶剂 | 烯醇式含量/% |
|---|---|---|---|
| 水 | 0.4 | 乙酸乙酯 | 12.9 |
| 50%甲醇 | 0.25 | 苯 | 16.2 |
| 乙醇 | 10.52 | 乙醚 | 27.1 |
| 戊醇 | 15.33 | 二硫化碳 | 32.4 |
| 氯仿 | 8.2 | 己烷 | 46.4 |

由表 17-1 可见，当溶剂为水时，体系中几乎不含烯醇式，这是因为水分子中的 OH 基团能与酮式中的碳氧双键形成氢键，使其稳定性大大增加，平衡向左移动，在非极性溶剂中，烯醇式因能形成分子内氢键而稳定，相对含量较高。

由于乙酰乙酸乙酯的酮式和烯醇式的结构不同，它们的紫外、红外吸收光谱和核磁共振谱均有差异，因此可用波谱方法测定它们。本实验用核磁共振氢谱测定乙酰乙酸乙酯。

乙酰乙酸乙酯的酮式和烯醇式的结构中部分的 H 的化学环境完全不同，因此相应的 H

的化学位移也不同，表 17-2 是酮式和烯醇式中对应的 H 的化学位移值。

表 17-2　乙酰乙酸乙酯 NMR 中各种 H 的化学位移

| 峰号 | $\delta(a)$ | $\delta(b)$ | $\delta(c)$ | $\delta(d)$ | $\delta(e)$ |
|---|---|---|---|---|---|
| 酮式 | 1.3 | 4.2 | 3.3 | 2.2 | 无 |
| 烯醇式 | 1.3 | 4.2 | 4.9 | 2.0 | 12.2 |

注：a~e 分别表示不同化学环境的 H。

分别选择代表酮式和烯醇式的 H，利用它们的积分曲线高度比（即峰面积）还可以计算出一个确定体系中的两种互变异构体的相对含量。例如，选择 c 氢的面积来定量。酮式中 c 氢的化学位移 $\delta=3.3$，氢核的个数为 2，烯醇式中的 $\delta=4.9$，氢核的个数为 1，则：

$$烯醇式百分数 = (A_{4.9}/1)/(A_{3.3}/2 + A_{4.9}/1) \times 100\%$$

式中，$A_{3.3}$ 和 $A_{4.9}$ 分别表示化学位移 3.3 和 4.9 处的积分曲线高度。

这种方法还可以用于二元或多元组分的定量分析，方法的关键是要找到分开的代表各个组分的吸收峰，并准确测量它们的积分曲线高度比。

【仪器与试剂】

**仪器**

Varian-400 型核磁共振谱仪或其他核磁共振谱仪。核磁共振测定用 5mm 样品管，混合标样管等。

**试剂**

去离子水，分析纯的正己烷，分别由四氯化碳和重水为溶剂配制好的乙酰乙酸乙酯样品。

【实验内容与步骤】

1. 设定扫描范围为 0~1200Hz，依次测定以四氯化碳和重水为溶剂的两个乙酰乙酸乙酯样品。

2. 需绘制核磁共振谱峰的曲线和积分曲线。

【注意事项】

$^1$H NMR 定量分析的依据是吸收峰的面积（即积分曲线高度）与对应的 H 数目成正比。因此，积分曲线绘制质量是 $^1$H NMR 定量分析的关键。对于分离很好的吸收峰，影响积分曲线绘制质量的因素主要有两个：一是相位的调节，通过调节相位使吸收峰的峰形对称，信号前后的基线在同一水平线上，通常溶剂改变或样品浓度有较大变化时，相位都会发生变化，需要重新调节；二是绘制积分曲线时要心细，调节到记录笔不再上下漂移。

【数据处理】

1. 根据化学位移、峰裂分情况对所测得的核磁共振氢谱中的各种吸收峰进行归属，按酮式和烯醇式分别进行。

2. 分别测量酮式和烯醇式各峰的积分曲线高度，并转换成整数比，与理论值进行比较，讨论其误差情况。

3. 计算烯醇式的含量。

4. 实验数据记录表见表 17-3。

表 17-3　NMR 实验数据记录表

| 峰序号 | $\delta$ | $\delta$/Hz | 归属 | 峰积分高度/cm | 对数 |
|---|---|---|---|---|---|
| 1 | | | | | |
| 2 | | | | | |
| 3 | | | | | |
| 4 | | | | | |

【思考题】

1. 测定乙酰乙酸乙酯的 $^1$H NMR 时,为什么要将扫描范围设定为 0~1200 Hz?

2. 试比较用四氯化碳和重水为溶剂测得的两张核磁共振谱图,指出它们的差别,并说明原因。

3. 根据核磁共振定量分析的原理,自己设计一个定量分析乙酰乙酸乙酯中烯醇式含量的方法(需列出计算公式)。

# 实验十八

## 阿魏酸的核磁共振 $^1$H-NMR 和 $^{13}$C-NMR 波谱测定及解析

【实验目的】

1. 掌握有机化合物的 $^1$H-NMR 谱、$^{13}$C-NMR 谱测定技术。
2. 熟悉并掌握获得 $^1$H-NMR 谱图和 $^{13}$C-NMR 谱图的解析方法及在有机化合物结构鉴定中的应用。

【实验原理】

阿魏酸存在于阿魏、川芎、当归和天麻等多种中草药中，结构式如图 18-1 所示。

将样品阿魏酸溶解于 DMSO-$d_6$ 中，以 TMS 为内标测试其 $^1$H-NMR 谱图和 $^{13}$C-NMR 谱图，并进行解析。

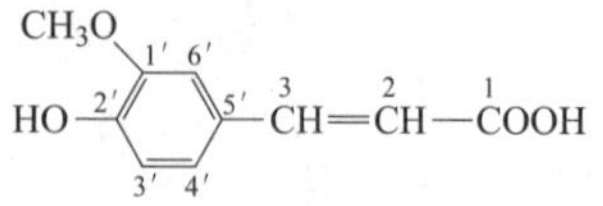

图 18-1 阿魏酸结构式

【仪器与试剂】

**仪器**

核磁共振波谱仪，核磁共振样品管（直径 5mm、长 20cm）。

**试剂**

阿魏酸（纯度＞99%），氘代二甲基亚砜 DMSO-$d_6$（含 0.1% 内标物 TMS）。

【实验内容与步骤】

**1. 试样制备**

将约 5mg 阿魏酸溶解在 0.5mL DMSO-$d_6$ 溶剂中制成溶液，装于 5mm 样品管中待测定。

**2. 样品测试**

(1) $^1$H-NMR 测试

放置样品→锁场→匀场（梯度匀场或手动匀场）→创建文件→设定 $^1$H-NMR 谱采样脉冲程序及参数→采样→保存数据→谱图处理→打印谱图。

(2) $^{13}$C-NMR 测试

放置样品→锁场→匀场→创建文件→设定 $^{13}$C-NMR 谱采样脉冲程序及参数→采样→保存数据→谱图处理→打印谱图

【注意事项】

1. 严格按操作规程进行，实验中不用的旋钮不得乱动。

# 实验十八　阿魏酸的核磁共振 $^1$H-NMR 和 $^{13}$C-NMR 波谱测定及解析

2. 严禁将磁性物体（工具、手表、钥匙等）带到强磁体附近，尤其是探头区。

3. 样品管的插入与取出务必小心谨慎，切忌折断或碰碎在探头中造成事故。样品管壁应先擦干净，用量规限定转子的高度，以保证试样在磁体发射线圈中心位置。

## 【数据处理】

1. 阿魏酸 $^1$H-NMR 的解析。
2. 阿魏酸 $^{13}$C-NMR 的解析。

## 【思考题】

1. 在 $^1$H-NMR 和 $^{13}$C-NMR 谱中，影响化学位移的因素有哪些？
2. 解析 $^{13}$C-NMR 谱和 $^1$H-NMR 谱可得到什么结果？

# 实验十九

## 正二十四烷的质谱分析

**【实验目的】**

1. 了解质谱仪的基本结构和工作原理。
2. 了解质谱图的构成及正构烷烃质谱图的主要特点,说明各碎片离子峰的来源。

**【实验原理】**

质谱仪是利用电磁学的原理,使物质的离子按照其特征的质荷比 $m/e$ 来进行分离并进行分析的仪器。质谱分析法是利用质谱仪把样品中被测物质的原子(或分子)电离成离子并按 $m/e$ 值的大小顺序排列构成质谱,然后根据物质的特征质谱的位置($m/e$)实现质谱定性分析,获得化合物的分子量及其他有关结构信息。根据谱线的黑度(或离子流强度——峰高)与被测物质的含量成正比的关系,实现质谱定量分析。

饱和脂肪烃断裂生成一系列奇数质量峰 $15+14n$,即:15,29,43,57,并以 $C_3H_7^+$ 离子峰 $m/z=43.57$ 最强。图 19-1 为正十六烷质谱图。正二十四烷的分子式 $CH_3(CH_2)_{22}CH_3$。

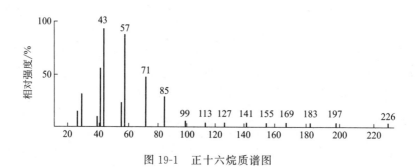

图 19-1 正十六烷质谱图

**【仪器与试剂】**

**仪器**

双聚焦质谱仪,电子轰击源。

**试剂**

正二十四烷。

**实验条件**

1. 发射电流：500A。
2. 电子能量：70eV。
3. 离子源温度：200℃。

【实验内容与步骤】

**1. 样品装入**

将 2~4μg 正二十四烷固体样品放入直接探头进样杆的样品杯中，将样品杯牢固装在杯子支架上，然后将进样杆推入真空锁阀第一个"停止"处，此时进样杆上的卡口已进入真空锁阀边缘的槽里。抽尽空气再慢慢打开球阀并注意离子源真空规的读数小于 104mbar，再旋转真空锁阀边缘槽上的轴，使卡口对准闭锁柄的导入管，然后缓缓平稳推动进样杆至第二个"停止"处，使探头顶端到位与电离室入口密封。开动真空系统使电离室的真空度达 106Torr。

**2. 设定样品加热温度**

将探头控温电缆线接至探头末端的插座上，调节探头加热温度指示到所需的 250℃ 位置。

**3. 设置扫描条件**

将扫描控制单元的主扫描速度调节为 20s 扫速下获线性扫描所需的质量范围（400amu），将紫外记录仪的纸速调至 5mm·s$^{-1}$。然后将积分扫描开关置于磁挡，调"低质量"和"间隔"旋钮，和主扫描一样，给出扫描为 0.1~1s 的积分磁扫描。

**4. 获取质谱图**

接通直接探头进样的电加热电源，升高探头温度，用监视器监测样品升温蒸发情况。将紫外记录仪接在监视器输出端，当达到样品蒸发分布图的最强处时，启动主扫描按钮，紫外记录仪自动启动并记录质谱图。

【注意事项】

送样靠近磁体时，身上严禁携带任何金属及有磁性的物品。

【数据处理】

1. 由获得的质谱图找出其中的分子离子峰和基峰。
2. 确定相对强度大于 50% 的离子峰的结构式，这些相邻离子峰的质量数相差多少？其碎片离子峰的通式是什么？

【思考题】

1. 质谱分析中对样品有什么要求？
2. 从质谱图上可以获取哪些信息？

# 实验二十

# 聚合物和蛋白质的MALDI质谱分析

【实验目的】

1. 了解 MALDI-TOF 质谱仪的基本结构和工作原理。
2. 了解 MALDI 质谱中的反射模式和线性模式检测方法。
3. 学会解析质谱图谱。

【实验原理】

基质辅助激光解吸电离飞行时间质谱（Matrix-Assisted Laser Desorption/Ionization Time of Flight Mass Spectrometry，MALDI-TOF-MS）仪器主要由两部分组成：基质辅助激光解吸电离离子源（MALDI）和飞行时间质量分析器（TOF），其基本结构如图 20-1 所示。MALDI 的原理有多种假说，但公认的两个机制是用激光照射样品与基质形成的共结晶薄膜，基质从激光中吸收能量传递给生物分子，而电离过程中将质子转移到生物分子得到质子，而使生物分子电离的过程。它是一种软电离技术，适用于混合物及生物大分子的测定。飞过飞行管，根据到达检测器的飞行时间不同而被检测，所测定的离子的质荷比（$m/z$）与离子的飞行时间成正比。通常在 MALDI 源中产生的主要是完整的准分子离子，这也是 MALDI 质谱图的最大特点之一。由于 MALDI 所产生的质谱图多为单电荷离子，其质谱图中的离子与多肽和蛋白质的质量常常有一一对应关系。

目前，常用于分析蛋白质和多肽的基质是一些能够很好地吸收和传递激光能量小分子的有机酸及其衍生物，实际使用时也需要根据被分析物的要求作相应选择。一般说来，基质 α-

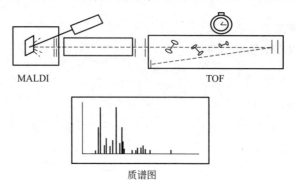

图 20-1　MALDI-TOF 质谱仪的基本结构和工作原理示意图

氰基-4-羟基肉桂酸（CHCA）适用于多肽类或分子量小于 10kD 的样品，芥子酸适用于分子量较大（>10kD）的蛋白质样品和极性聚合物，而 2,5-二羟基苯甲酸则适用于有机合成分子或极性聚合物等样品。常见基质的基本信息如表 20-1 所示。

表 20-1 常用基质的基本信息

| 基质名称 | 简称 | 分子量 | 适用样品 |
| --- | --- | --- | --- |
| 2-2-氰基-4-羟基肉桂酸 | CHCA | 189.17 | 多肽，蛋白质（<10kD） |
| 2,5 二羟基苯甲酸 | DHB | 154.12 | 有机合成分子，极性聚合物 |
| 芥子酸 | SA | 224.22 | 蛋白质（>10kD），极性聚合物 |
| 蒽三酚 | DIT | 226.23 | 非极性聚合物 |
| 2,4,6-三羟基苯乙酮 | THAP | 186.16 | 核苷酸（<3.5kD） |
| 3-羟基-2 吡啶甲酸 | HPA | 139.11 | 核苷酸（>3.5kD） |

本实验以聚合物（PEG200）和蛋白质（BSA）为分析对象，采用干滴法制样，然后分别采用反射模式和线性模式进行 MALDI 质谱检测，并对其谱图进行分析。

【仪器与试剂】

**仪器**

Bruker Ultraflex MALDI-TOF；样品靶板。

**试剂**

乙腈，超纯水，三氟乙酸，2,5-二羟基苯甲酸（DHB），芥子酸（SA），聚乙二醇 2000（PEG2000），牛血清白蛋白（BSA），所有试剂均为色谱纯。

【实验内容与步骤】

**1. 实验流程（见图 20-2）**

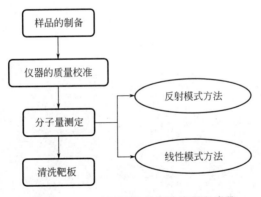

图 20-2 MALDI-TOF 的实验流程和步骤

**2. 实验步骤**

（1）样品的制备：根据样品的性质和分子量范围，本实验选择两种代表性样品聚乙二醇 2000 和牛血清白蛋白（66kD）。聚乙二醇 2000 选择 2,5-二羟基苯甲酸作为基质，牛血清白蛋白选择芥子酸为基质。移动 1μL 样品和 1μL 基质均匀混合，将 1μL 混合溶液点在样品靶上，自然干燥，进行质谱检测。

（2）质量校准：选择相应质量数的校准文件，采集谱图，进行校准。若误差值较大，应反复校准，直到满足要求（并不是每次必须做，视仪器的情况而定）。

(3) 分子量测定：采用不同模式 MALDI-TOF MS 进行分析，仪器参数设置如下。

① 测定 PEG2000 时，激光波长 355nm，加速电压 25.0kV，反射电压 26.5kV，脉冲离子提取时间 130ns，聚焦电压 8.0kV，反射检测器电压 2.305kV。

② 测定 BSA 时，激光波长 355nm，加速电压 25.0kV，脉冲离子提取时间 500ns，聚焦电压 34.0kV，线性检测器电压 2.955kV，在测量过程中可随时调整激光能量和靶板位置以获得最佳信噪比和分辨率。

(4) 测试结束：退靶，取出靶板，关闭软件。普通靶板的清洗方法，顺序依次为热水擦洗；甲醇或乙腈擦洗；丙酮或异丙醇浸没靶板超声 20min；纯水擦洗自然晾干，放入靶板盒。

【注意事项】

待仪器的真空和电压达到要求，处于 Ready 状态方可开始测样。

【数据处理】

1. 对基线倾斜的谱图进行校正，噪声大时采用平滑（Smooth）功能，然后绘制出标有质荷比（$m/z$）峰的质谱谱图。
2. 选择聚乙二醇 2000 的主要峰，并解析之。
3. 选择牛血清白蛋白的主要峰，并解析之。

【思考题】

1. 如何选择基质？
2. 何时选择线性模式或反射模式？
3. 请论述样品制备的注意事项，并说明哪些情况会严重影响出峰。

# 实验二十一
## 扑尔敏、阿司匹林固体试样的质谱测定

【实验目的】

1. 学习质谱分析的基本原理。
2. 了解质谱仪器的基本结构、工作原理及操作方法。
3. 学习质谱图解析的基本方法。

【实验原理】

有机分子经电子轰击电离产生多种离子,其中最重要的是分子离子、同位素离子和碎片离子,它们的质荷比及相对强度可以提供有机物结构的多种信息。质谱可提供有机物相对分子质量、分子式、分子所含基团及连接次序等结构信息。

本实验用直接进样法测定扑尔敏、阿司匹林(结构信息见图 21-1)等常用药物的电子轰击质谱。

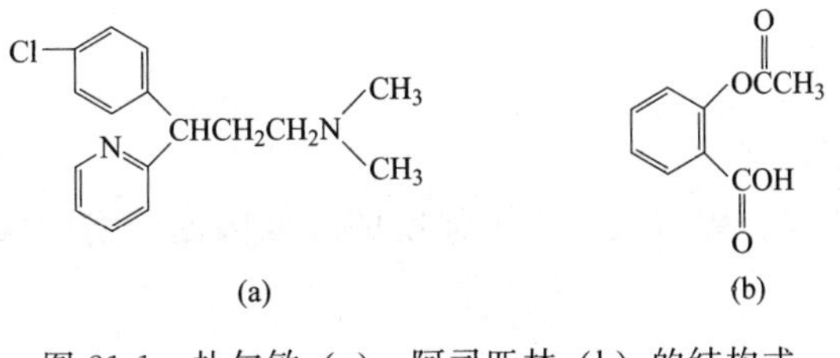

图 21-1 扑尔敏(a)、阿司匹林(b)的结构式

【仪器与试剂】

**仪器**

带直接进样探头的任一型号质谱仪。

**试剂**

扑尔敏、阿司匹林口服片,在玛瑙研钵中研成均匀粉末(每个学生任选一种)。

**实验条件**

1. 电离方式和电离电位:70eV 的电子轰击电离。
2. 进样方式:直接进样。
3. 离子源温度:200℃。

4. 进样温度：150℃。

5. 质荷比扫描范围：40～400。

**【实验内容与步骤】**

**1. 开启质谱仪器、检查仪器状态**

按所用仪器的操作步骤开启仪器的真空系统，等待仪器的真空度达到规定要求。一般情况下，质谱仪器一旦开启就处于持续运行状态，在开始测试之前，只需检查仪器的状态是否正常。

**2. 启动质谱工作站**

打开计算机电源，点击化学工作站（或质谱操作软件）的图标。

**3. 设定仪器及实验条件**

设定仪器及实验条件如电离方式和电离电位、离子源温度、进样温度、质荷比扫描范围等。

**4. 设定采样参数**

设定采样参数如试样名称和编号等。

**5. 进样**

待仪器的状态达到所设定的要求后方可进样。将约 $0.1\mu g$ 固体试样放入试样坩埚内，然后将试样坩埚置于直接进样杆前端，严格按所用仪器的操作步骤将进样杆分步推入仪器内，并立即启动质谱扫描。

**6. 监视测试过程**

观察计算机显示屏幕上实时出现的质谱信号，当总离子流信号（质谱仪器产生的所有离子信号强度之和）由小到大然后重新变小时，停止扫描。

**7. 除去残样**

按操作步骤将直接进样杆分步拉出仪器，取下试样坩埚，在酒精灯或煤气灯上灼烧除去残留的试样。

**【数据处理】**

**1. 设定数据处理参数**

包括 $m/z$ 的输出范围、阈值（即离子强度的最低限值，强度低于该值的离子将不出现在谱图中）等。

**2. 扣除背景**

在总离子流图中离子流强度较高处选择试样扫描号，在峰谷或离子流强度较低处为背景的扫描号，化学工作站中的数据处理软件将自动进行背景扣除，屏幕显示扣除背景后的质谱图。

**3. 打印质谱图**

**4. 对照试样结构，从下面几方面对谱图进行解析**

（1）判别分子离子峰，以确定相对分子质量。

（2）根据同位素峰的个数、质荷比和相对强度指出分子及碎片离子中是否含氯或溴等特殊元素，以及该原子数目。

（3）列出高质量端主要碎片离子的 $m/z$，并指出它们分别是由分子离子碎裂丢掉哪些基团而产生的。

**【思考题】**

1. 什么是分子离子，它在质谱解析中有何用处？

2. 什么是同位素离子？试从你测定的试样质谱图中指出两个以上的同位素离子，并写出它们的化学式。

3. 试画出溴苯（$C_6H_5Br$）和二溴苯（$C_6H_4Br_2$）质谱图中分子离子区域的草图，并说明各个离子的元素组成。

4. 用直接进样法测定固体试样的质谱时，应注意哪些问题？

# 实验二十二

## 气相色谱柱有效理论塔板数的测定

【实验目的】

1. 学习气相色谱仪的结构和使用方法。
2. 掌握 SP2100 型气相色谱仪及热导池检测器的使用方法。
3. 掌握色谱柱有效理论塔板数的测定方法。

【实验原理】

气相色谱法是把多组分样品中各组分的分离和测定相结合的分析技术,色谱柱是气相色谱仪的分离系统,不同的色谱具有不同的分离能力,衡量一根色谱柱分离能力的指标是有效理论塔板数。它的测定方法是:当色谱仪基线定后,用微量注射器注入一定体积的某种纯物质(本实验用分析纯的苯),测出保留时间 $t_r$ 和死时间 $t_m$(热导池检测器一般用空气的保留时间作为死时间),并测出该物质的半峰宽 $W_{1/2}$,用下式计算色谱柱的有效理论塔板数:

$$N_{有效}=5.54[(t_r-t_m)/W_{1/2}]^2$$

式中,$t_r$ 为苯的保留时间;$t_m$ 为空气的保留时间(死时间);$W_{1/2}$ 为苯的半峰宽。

【仪器与试剂】

**仪器**

SP2100 型气相色谱仪,热导池检测器,微量注射器 1μL 1 支,色谱柱(不锈钢螺旋柱,柱长 2m,内径 2mm),固定相(GDX-102,40~60 目)。

**试剂**

苯(分析纯)。

**实验条件**

1. 氢气载气,流速 30mL·min$^{-1}$。
2. 各室温度:柱箱 155℃,进样口 160℃,检测器 180℃。
3. 热导池检测器条件:热丝温度 250℃,放大 10,极性正。

【实验内容与步骤】

**1. 开载气**

将氢气钢瓶上的减压阀的手柄逆时针方向旋松,打开钢瓶阀门,将减压阀的手柄顺时针方向旋转,调节分压表为 0.4MPa,这时载气压力表为 0.8MPa,流速为 30mL·min$^{-1}$。不需再调。

**2. 开机，设定温度和恒温**

（1）打开色谱仪开关（仪器背面）。

（2）按"状态/设定"按钮，使仪器处于"设定"（方框下面开）。

（3）按←或→钮，将光标找到"柱温"一项，按↑或↓钮，调节柱温为155℃，再用←或→钮选项，↑或↓钮调节，使"进样口"为160℃，TCD为180℃，FID关。

（4）按"状态/设定"按钮，使仪器处于"状态"（方框下面开），仪器开始升温，未达到恒温前，仪器屏幕上显示"未就绪"，达到恒温后，显示"就绪"。

**3. 调整检测器**

（1）仪器达到恒温后，按←或→钮，将光标找到TCD，按↑或↓钮，调节热丝温度为250℃，放大为10，极性为正。

（2）按"状态/设定"按钮，使仪器处于"状态"。

**4. 进样**

（1）打开计算机开关，双击"BF2002色谱工作站（中）"，弹出图谱参数表，检查下列参数：通道为A，采集时间20min，满屏时间20min，满屏量程100mV，起始峰宽水平3。

（2）单击"图谱采集"命令（绿色），出现坐标，开始走基线。

（3）开始时，基线不稳定，漂移比较严重，过一段时间后，基线趋于稳定。用调零粗调旋钮和调零细调旋钮，将输出信号调节到接近于0。

（4）进样

单击"手动停止"命令（红色），基线停止走动，用微量注射器进 $0.3\mu L$ 苯于前边进样口，同时按下手动图谱采集开关。开始出峰，出峰顺序：第一个小峰是空气，后面有一较大的峰是苯，空气峰与苯峰之间有某些小的杂质峰（如水峰），等所有的峰都出完后（每个峰出完后，在该峰峰尖上会自动打上该峰的保留时间，等最后一个峰的保留时间打上后才算峰出完），单击"手动停止"命令（红色），基线停止走动。

**【注意事项】**

使用氢气作为载气时，一定要将载气出口处的氢气用塑料管排到室外，以免排放到室内发生危险。

**【数据处理】**

1. 单击"定量组分"，弹出表的内容，如果表中有数据，单击"清表"，使表中内容为空白表。

2. 用鼠标箭头从色谱峰内部指向空气峰峰尖处，按下鼠标右键，单击对话中"自动填写定量组分表中套峰时间"命令，这时，空气的套峰时间自动填写到定量组分表中（套峰时间接近空气的保留时间，但并不相等），然后将苯的套峰时间填写到定量组分表中，或者从键盘上敲入这两个峰的保留时间作为套峰时间。

3. 填写组分名称，依次将这两个峰的名称填写到"组分名称"栏中。

4. 单击"定量方法"，选择方法为"校正归一"，定量依据为"峰面积"。

5. 单击"定量计算"命令。

6. 单击"定量结果"，这时表中各项计算结果均已列出。

7. 单击"当前表存档"，单击对话框中的"确定"。

8. 单击"分析报告"，出现报告表。在"报告头"中打上中文"气相色谱实验柱有效理论塔板数的测定","报告尾"中打上实验者的中文姓名、学号、班级。

9.打开打印机开关,单击"打印报告"命令,显示出要打印的内容,即色谱图和结果表,检查是否有错误,将结果表修饰后,单击"打印"命令,打印出实验结果。

【思考题】

1.气相色谱仪由哪几大部分组成?使用气相色谱仪分哪几个大的步骤?

2.计算有效理论塔板数时应注意什么问题?

3.使用微量注射器进样时应注意什么问题?

# 实验二十三

## 气相色谱-火焰光度检测法测定有机磷农药残留

**【实验目的】**

1. 掌握气相色谱-火焰光度检测法测定有机磷农药残留的基本原理。
2. 熟悉气相色谱仪的操作方法和火焰光度检测器的使用。
3. 了解火焰光度检测器的使用注意事项。

**【实验原理】**

火焰光度检测器（FPD）是一种只对含硫和含磷的有机化合物具有响应的高灵敏度专型检测器，也叫硫磷检测器。常用于分析含硫、磷的农药及环境监测中分析含微量硫、磷的有机污染物。

当含硫或含磷的试样被载气带入检测器，并在富氢火焰（$H_2：O_2 > 3：1$）中燃烧时，含硫化合物会发出 394nm 的特征谱线，含磷化合物会发出 526nm 的特征谱线。当测定含硫化合物或含磷化合物时，分别采用不同的滤光片，使发射光通过滤光片照射到光电倍增管上，光电倍增管将光转变成电流，电流经放大后记录下来。

本实验将蔬菜样品用二氯甲烷超声提取后，用气相色谱-火焰光度检测法检测蔬菜中的有机磷农药残留。用保留时间对样品中的有机磷农药进行定性分析，用峰面积进行定量分析。

**【仪器与试剂】**

**仪器**

气相色谱仪［带火焰光度检测器（磷滤光片）］，电动捣碎机，研钵，天平，超声振荡器，250mL 具塞锥形瓶，10mL 容量瓶，8cm 玻璃漏斗，50mL 烧杯。

**试剂**

超纯水，无水硫酸钠（分析纯），活性炭（分析纯）。

甲胺磷标准储备液（$100\mu g \cdot mL^{-1}$）的配制：准确称取适量的甲胺磷标准品（含量≥98%）用二甲烷（分析纯，AR）稀释定容，摇匀。

**实验条件**

1. 色谱柱：HP-5（$30m \times 0.32mm \times 0.25\mu m$）。
2. 色谱柱初始温度 70℃，保持 1min，以 $15℃ \cdot min^{-1}$ 升温至 235℃，保持 2min。
3. 进样口温度：230℃。
4. 检测器温度：250℃。

5. 载气：高纯氮气，流速：$1.6\text{mL} \cdot \text{min}^{-1}$。

6. 氢气流量：$75\text{mL} \cdot \text{min}^{-1}$。

7. 空气流量：$100\text{mL} \cdot \text{min}^{-1}$。

8. 进样方式：无分流进样 $1\mu\text{L}$。

【实验内容与步骤】

**1. 标准系列的配制**

用二氯甲烷将甲胺磷标准储备液稀释成浓度为 $0.20\mu\text{g} \cdot \text{mL}^{-1}$、$0.50\mu\text{g} \cdot \text{mL}^{-1}$、$1.00\mu\text{g} \cdot \text{mL}^{-1}$、$2.00\mu\text{g} \cdot \text{mL}^{-1}$、$5.00\mu\text{g} \cdot \text{mL}^{-1}$ 的标准系列溶液。同时用二氯甲烷作为空白对照。

**2. 样品处理**

将蔬菜切碎混匀，称取 10g 样品，置于研钵中，加入无水硫酸钠共同研磨至粉末状，转移至 250mL 具塞锥形瓶中。加入 0.1g 活性炭，再加入少量无水硫酸钠至研钵，研磨至粉末状并转入锥形瓶中。加入二氯甲烷约 50mL（以浸泡过样品为准），于超声振荡器上提取 30min。溶液过滤到烧杯中，用氮气吹至近干，转移至 10mL 容量瓶中，用少量二氯甲烷分多次洗涤烧杯，并转移至 10mL 容量瓶中，最后定容至 10mL，吸取 $2\mu\text{L}$ 溶液进样分析。

**3. 标准曲线绘制**

在规定的气相色谱条件下，采用自动进样器进样，进样体积为 $1\mu\text{L}$，测定甲胺磷标准系列溶液的响应峰面积，平行测定 3 次，记录测定数据，绘制标准曲线。

**4. 样品测定**

在相同的实验条件下，测定蔬菜样品提取液中甲胺磷的响应峰面积，平行测定 3 次，并记录测定数据。

【注意事项】

1. 使用 FPD 最好用氢气作为载气，其次是氮气，最好不要用氦气。这是因为用氮气作为载气时，FPD 对硫的响应值随氮气流速的增加而减小。氢气作为载气时，在相当大的范围内响应值随氢气流速增加而增大。因此，最佳载气流速应通过实验来确定。

2. 氧气与氢气比决定了火焰的性质和温度，从而影响 FPD 的灵敏度，因此氧气与氢气比是最关键的影响因素。实际工作中应根据被测组分性质，通过实际情况确定最佳氧气与氢气比。

3. FPD 检测硫时灵敏度随检测器的温度升高而减小，而检测磷时灵敏度基本上不受检测器温度的影响。

4. 实际操作中，检测器的操作温度应 $>100℃$，以防氢气燃烧生成的水蒸气在检测器中冷凝而增大噪声。

【数据处理】

**1. 定性分析**

将样品中待测组分的保留时间与标准溶液中甲胺磷的保留时间进行比较，对样品中待测组分进行定性分析。

**2. 标准曲线绘制**

将标准系列溶液平行测定 3 次，计算各个浓度标准溶液峰面积的平均值，以甲胺磷浓度为横坐标，测得的峰面积为纵坐标，绘制标准曲线，计算线性回归方程。

**3. 样品测定**

计算蔬菜样品提取液峰面积的平均值，通过标准曲线求得蔬菜样品提取液中甲胺磷的浓度（扣除空白），从而计算蔬菜样品中甲胺磷农药残留量。

蔬菜中甲胺磷农药残留量计算公式：

$$X = \frac{\rho \times V}{m}$$

式中，$X$ 为蔬菜中甲胺磷农药残留量，$mg \cdot kg^{-1}$；$\rho$ 为样品提取液中甲胺磷的质量浓度，$\mu g \cdot mL^{-1}$；$V$ 为样品提取液最终定容体积，mL；$m$ 为称取的蔬菜样品质量，g。

**【思考题】**

1. 火焰光度检测器可以同时检测硫和磷吗？
2. 使用火焰光度检测器时应注意什么？

# 实验二十四

## 香水成分的毛细管气相色谱分析

【实验目的】

1. 学习氢火焰离子化检测器的结构和使用方法。
2. 了解程序升温技术在气相色谱分析中的应用。
3. 了解毛细管气相色谱柱的性能。

【实验原理】

氢火焰离子化检测器（FID）是一种选择性的检测器，对含碳的有机化合物有很高的灵敏度，故适用于痕量有机物的分析。

香水的主要成分是具有香味的挥发性的有机物，这些有机物通常含量较低，沸程宽，成分复杂，因此特别适合采用氢火焰离子化检测器，以毛细管柱及程序升温气相色谱法进行分离和分析。

【仪器与试剂】

**仪器**

气相色谱仪（配有氢火焰离子化检测器，毛细管气路）任一型号，毛细管色谱柱（柱长25m，内径0.25mm，SE-54固定相）或类似毛细管柱，氮气钢瓶，氢气发生器（或氢气钢瓶），空气压缩机，微量进样器 1μL。

**试样**

香水（任一品牌的市售香水）。

**实验条件**

根据试样种类及色谱柱等条件自行设计。

【实验内容与步骤】

1. 根据实验条件，将色谱仪按仪器操作步骤调节至可进样状态，待仪器的电路和气路系统达到平衡，色谱工作站或记录仪的基线平直时，即可进样。
2. 吸取香水溶液 0.1~1μL 进样，记录色谱数据。根据分离结果调整色谱条件，以达到最佳的分离状况。

【注意事项】

1. 在点燃 FID 时，可先通入氢气，以排除气路中的空气。然后通入大于 $50\text{mL} \cdot \text{min}^{-1}$

的氢气和小于 $500\text{mL}\cdot\text{min}^{-1}$ 的空气（这样容易点燃），点燃后，再调整到工作流速 $H_2$ 为 $50\text{mL}\cdot\text{min}^{-1}$，空气为 $500\text{mL}\cdot\text{min}^{-1}$。

2. 切忌将大量氢气排入室内。

【数据处理】

1. 记录实验条件。
2. 处理色谱数据，比较不同色谱条件下试样的分离情况。

【思考题】

1. 为什么毛细管气相色谱柱的柱效比填充柱高？
2. 程序升温技术可用于何种试样的分析？

# 实验二十五

## 高效液相色谱法测定阿司匹林的有效成分

**【实验目的】**

1. 掌握高效液相色谱仪的使用方法和定性定量的基本方法。
2. 熟悉高效液相色谱法的基本理论。
3. 了解高效液相色谱仪的结构和色谱软件的使用方法。

**【实验原理】**

阿司匹林化学名称为乙酰水杨酸，具有镇痛、退热和抗风湿等功效，其结构式如图25-1所示。

阿司匹林分子中含有苯环，并具有共轭体系，因此可吸收紫外光。阿司匹林较易水解，药品在常温下密封保存，也会有少量水解为水杨酸，其结构式如下：

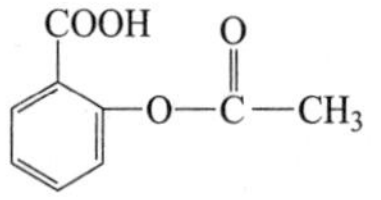

图 25-1　乙酰水杨酸结构式 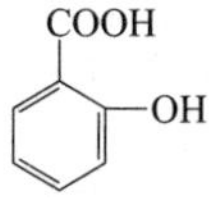　　　　　　　　图 25-2　水杨酸结构式

水杨酸在紫外区有吸收。水杨酸结构式如图 25-2 所示因此可采用高效液相色谱法对二组分进行分离，然后用紫外检测器对药剂中阿司匹林中有效成分进行定量。

阿司匹林的有效成分的测定采用外标法，也称校正法或定量进样法。本法要求进样量必须准确，具体方法如下：精密称（量）取对照品和试样，分别配制准确浓度的溶液，再稀释成一定浓度的试液，分别精密量取一定量的试液，注入仪器，记录色谱图，测量对照品和试样待测成分的峰面积（或峰高），即可对有效成分进行定量。

**【仪器与试剂】**

**仪器**

高效液相色谱仪（配紫外检测器），超声振荡仪，0.45μm微孔滤膜，分析天平，容量瓶。

**试剂**

甲醇（色谱纯），1%醋酸溶液，二次蒸馏水，阿司匹林（分析纯），阿司匹林肠溶片。

**实验条件**

1. 固定相：$C_{18}$ 反相键合色谱柱（250mm×4.6mm×5μm）。
2. 流动相：甲醇＋1‰醋酸溶液（40＋60）。
3. 流速：$1.0\text{mL}\cdot\text{min}^{-1}$。
4. 紫外检测器波长：280nm。

【实验内容与步骤】

**1. 阿司匹林标准品溶液的配制**（$0.200\text{mg}\cdot\text{mL}^{-1}$）

准确称取阿司匹林标准品 0.010g，置于 50mL 容量瓶中，加入甲醇＋1‰醋酸溶液（40＋60）使溶解并稀释至刻度，摇匀。

**2. 样品溶液的配制**

取阿司匹林肠溶片研细至粉末，精密称取样品粉末 0.020g，置于 50mL 容量瓶中，加甲醇＋1‰醋酸溶液（40＋60）使溶解并稀释至刻度，摇匀。使用微孔滤膜过滤，备用。

**3. 标准品和样品测定**

分别取标准品和样品 20μL 进样测定，重复 3 次，求取平均值，记录数据。

【注意事项】

1. 为防止阿司匹林水解，$0.200\text{mg}\cdot\text{mL}^{-1}$ 阿司匹林标准品溶液需现配现用。
2. 实验结束后需冲洗柱子才可关机。

【数据处理】

1. 记录实验数据。
2. 结果计算。

按下式计算乙酰水杨酸含量：

$$c_x = c_r \frac{A_x}{A_r}$$

式中，$c_x$ 为试样的浓度；$A_x$ 为试样的峰面积或峰高；$c_r$ 为对照品的浓度（$0.200\text{mg}\cdot\text{mL}^{-1}$）；$A_r$ 为对照品的峰面积或峰高。

【思考题】

1. 高效液相色谱仪有哪些主要部件？
2. 紫外检测器是否适用于检测所有的有机化合物，为什么？
3. 若实验中的色谱峰无法完全分离，应如何改善实验条件？

# 实验二十六

## 高效液相色谱法测定家兔血浆中扑热息痛的含量

【实验目的】

1. 了解高效液相色谱仪的工作原理。
2. 掌握用高效液相色谱法测定家兔血浆中扑热息痛含量的方法。

【实验原理】

扑热息痛为一非甾体抗炎药,常用来治疗感冒和发热,健康的人在口服药物 15min 以后,药物就已进入人体血液。1~2h 内,在人的血液中药物的浓度达到极大值。用高效液相色谱法测定人血液中经时血药浓度,可以研究药物在人体内的代谢过程及不同厂家的药物在人体内吸收情况的差异。

本实验采用扑热息痛纯品进行比较定性,由于人血浆不容易获得,因此采用家兔血浆代替。找出家兔血浆中扑热息痛在色谱图中的位置,然后以家兔血浆为空白绘制工作曲线,从工作曲线中查找并计算出血浆中扑热息痛的含量。

【仪器与试剂】

仪器

高效液相色谱仪,色谱柱 [Econosphere C18 (3$\mu$m),10cm×4.6mm],5$\mu$L 平头注射器。

试剂

扑热息痛纯品(含量>99.9%),三氯乙酸(分析纯),乙腈(色谱纯),甲醇(分析纯)。

实验条件

1. 流动相:水:乙腈(90:10)。
2. 流速:$1mL \cdot min^{-1}$。
3. 检测器:UV-254nm。
4. 检测器灵敏度:0.05 AUFS。
5. 柱温:30℃。

【实验内容与步骤】

**1. 样品预处理**

家兔灌胃处理一定时间后,取血浆 0.50mL 置于 10mL 离心管中,加扑热息痛标准品使其浓度分别为 0.50μg·mL$^{-1}$、1.00μg·mL$^{-1}$、2.00μg·mL$^{-1}$、5.00μg·mL$^{-1}$ 和 10.0μg·mL$^{-1}$，再加 20％三氯乙酸-甲醇溶液 0.25mL，振荡约 1min，离心 5min。

**2. 标准品的测定**

待基线稳定后，取离心后的上清液 20μL 注入色谱仪，除空白血浆离心液外，每一浓度均需重复进样 3 次。

**3. 未知样的测定**

取未知血样 0.50mL，按标准品的测定步骤进行操作。

**4. 操作步骤**

按上述色谱操作条件进样、记录色谱图，得各组分的色谱峰参数。

【注意事项】

1. 用注射器吸取样品时不要抽入气泡。
2. 用手拿离心后的血样时，注意不要振荡试管。
3. 实验完毕后请用蒸馏水清洗注射器，以防注射器锈蚀。

【数据处理】

1. 以 5 份标准品溶液中扑热息痛的浓度为横坐标，以相应的峰面积为纵坐标，绘出各测量点并给出工作曲线的线性方程。
2. 由未知血样的测量值和工作曲线计算未知血样中扑热息痛的浓度。

【思考题】

1. 若要知道本实验中扑热息痛的回收率，应如何计算？
2. 为什么要做空白血样的分析？
3. 除用标准曲线法定量外，还可采用哪些定量方法？各有什么优缺点？

# 实验二十七

## 饮料中咖啡因的高效液相色谱分析

【实验目的】

1. 熟悉高效液相色谱仪的结构，理解反相 HPLC 的原理和应用。
2. 掌握外标法定量。

【实验原理】

咖啡因又称咖啡碱，属黄嘌呤衍生物，化学名称为 1,3,7-三甲基黄嘌呤，是从茶叶或咖啡中提取的一种生物碱。它能使大脑皮层兴奋，使人精神亢奋。咖啡因在咖啡中的含量约为 1.2%～1.8%，在茶叶中约为 2.0%～4.7%。可乐饮料、止痛药片等均含咖啡因。咖啡因的分子式为 $C_8H_{10}O_2N_4$，结构式如图 27-1 所示。

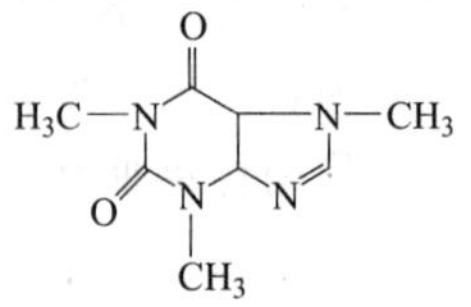

在化学键合相色谱法中，若流动相的极性大于固定相的极性，则称为反相化学键合相色谱法，该方法目前的应用最为广泛。本实验采用反相液相色谱法，以 C18 键合相色谱柱分离饮料中的咖啡因，紫外检测器进行检测，以咖啡因标准系列溶液的波谱峰面积对其浓度绘制标准曲线，再根据试样中的咖啡因峰面积，由标准曲线算出其浓度。

图 27-1 咖啡因结构式

【仪器与试剂】

**仪器**

恒流泵或恒压泵（任一型号），紫外检测器（任一型号），高压六通进样阀，色谱工作站或记录仪（任一型号），微量进样器 $25\mu L$，超声波清洗器。

**试剂**

甲醇与咖啡因均为分析纯，水为二次蒸馏水，市售的可口可乐和百事可乐。

咖啡因标准溶液的配制：

① 标准贮备液　配制含咖啡因 $1000\mu g \cdot mL^{-1}$ 的甲醇溶液，备用。

② 标准系列溶液用上述贮备液配制含咖啡因 $20\mu g \cdot mL^{-1}$、$40\mu g \cdot mL^{-1}$、$80\mu g \cdot mL^{-1}$、$160\mu g \cdot mL^{-1}$、$320\mu g \cdot mL^{-1}$ 的甲醇溶液，备用。

**实验条件**

1. 色谱柱：柱长 150mm，内径 4.6mm，装填颗粒度 $10\mu m$ 的 C-18 烷基键合相固定相。
2. 流动相：甲醇：水（60:40），流量 $0.6mL \cdot min^{-1}$。

3. 紫外检测器：测定波长 254nm，灵敏度 0.08。

4. 进样量：10μL。

【实验内容与步骤】

1. 将配制好的流动相置于超声波清洗器上脱气 15min。

2. 根据实验条件，将仪器按照仪器的操作步骤调节至进样状态，待压力稳定，基线呈平直，即可进样。

3. 依次分别吸取 10μL 的五个标准溶液进样，记录各色谱数据。

4. 分别将约 20mL 可口可乐和百事可乐试样置于 25mL 容量瓶中，用超声波清洗器脱气 15min。

5. 依次分别吸取 10μL 的可口可乐和百事可乐试样进样，记录各色谱数据。

6. 实验结束后，按要求关好仪器。

【注意事项】

1. 所有溶剂使用前都必须经 0.45μm（或 0.22μm）滤膜过滤，以除去杂质微粒，色谱纯试剂也不例外（除非在标签上标明"已滤过"）。用滤膜过滤时，特别要注意分清有机相（脂溶性）滤膜和水相（水溶性）滤膜。有机相滤膜一般用于过滤有机溶剂，过滤水溶液时流速低或滤不动。水相滤膜只能用于过滤水溶液，严禁用于有机溶剂，否则滤膜会被溶解！

2. 压力不能太大，最好不要超过 2000psi。

【数据处理】

1. 记录实验条件。

2. 处理色谱数据，将标准溶液及试样溶液中咖啡因的保留时间及峰面积列于表 27-1 中。

表 27-1 保留时间及峰面积记录表

| | $t_R$/min | A/mV·s |
|---|---|---|
| 标准溶液 20μg·mL$^{-1}$ | | |
| 标准溶液 40μg·mL$^{-1}$ | | |
| 标准溶液 80μg·mL$^{-1}$ | | |
| 标准溶液 160μg·mL$^{-1}$ | | |
| 标准溶液 320μg·mL$^{-1}$ | | |
| 可口可乐 | | |
| 百事可乐 | | |

3. 绘制咖啡因峰面积-质量浓度的标准曲线，并计算回归方程和相关系数。

4. 根据试样溶液中咖啡因的峰面积值，计算可口可乐和百事可乐中咖啡因的质量浓度。

【思考题】

1. 用标准曲线法定量的优缺点是什么？

2. 根据咖啡因的结构式，咖啡因能用离子交换色谱法分析吗？为什么？

3. 若用咖啡因质量浓度对峰高作图绘制标准曲线，能给出准确结果吗？与本实验的峰面积-质量浓度标准曲线相比何者优越？为什么？

# 实验二十八

## 氟离子选择性电极测定水中微量F⁻

【实验目的】

学习使用氟离子选择性电极测定微量 F⁻ 的原理和测定方法。

【实验原理】

氟离子选择性电极的敏感膜为 $LaF_3$ 单晶膜（掺有微量 $EuF_2$，利于导电），电极管内放入 NaF＋NaCl 混合溶液作为内参比溶液，以 Ag-AgCl 作为内参比电极。当将氟电极浸入含 F⁻ 溶液中时，在其敏感膜内外两侧产生膜电位 $\Delta\psi$：

$$\Delta\psi = k - 0.059 \lg a_{F^-}$$

以氟电极为指示电极，饱和甘汞电极为参比电极，浸入试液组成工作电池：

Hg，$Hg_2Cl_2$|KCl(饱和) ‖ F⁻试液|$LaF_3$|NaF，NaCl(均 0.1mol·L⁻¹)|AgCl，Ag

工作电池的电动势

$$E = K' - 0.059 \lg a_{F^-}$$

在测量时加入以 HOAc-NaOAc、柠檬酸钠和大量 NaCl 配制成的总离子强度调节缓冲液（TISAB），由于加入了高离子强度的溶液，可以在测量过程中维持离子强度恒定，因此工作电池电动势与 F⁻ 浓度的对数成线性关系：

$$E = K - 0.059 \lg c_{F^-}$$

本实验采用标准曲线法测定 F⁻ 浓度，即配制成不同浓度的 F⁻ 标准溶液，测定工作电池的电动势，并在同样条件下测得试液的 $E_x$，由 $E$-$\lg c_{F^-}$ 曲线查得未知试液中的 F⁻ 浓度。当试液组成较为复杂时，则应采用标准加入法或 Gran 作图法测定。

氟电极的适用酸度范围为 pH＝5～6，测定浓度在 $10^0$～$10^{-6}$ mol·L⁻¹ 范围内，$\Delta\psi$ 与 $\lg c_{F^-}$ 呈线性响应，电极的检测下限在 $10^{-7}$ mol·L⁻¹ 左右。

【仪器与试剂】

**仪器**

MT-5000 型酸度计或其他类型的酸度计，氟离子选择性电极，饱和甘汞电极，电磁搅拌器。

**试剂**

0.100mol·L⁻¹ F⁻ 标准溶液的配制：准确称取分析纯试剂 NaF（烘干 1～2h，温度 110℃左右）4.20g 于小烧杯中，用水溶解后，转移至 1000mL 容量瓶中定容配成水溶液，然后转入洗净、干燥的塑料瓶中。

总离子强度调节缓冲液（简写为 TISAB）的配制：于 1000mL 烧杯中加入 800mL 水和 57mL 冰乙酸，58g NaCl，12g 柠檬酸钠（$Na_3C_6H_5O_7 \cdot 2H_2O$），搅拌至溶解。将烧杯置于冷水中，缓慢滴加 $6mol \cdot L^{-1}$ NaOH 溶液，至溶液的 pH＝5.0～5.5，冷却至室温，转入 1000mL 容量瓶中，用水稀释至刻度，摇匀。

$F^-$ 试液浓度约在 $10^{-1}$～$10^{-2} mol \cdot L^{-1}$。

【实验内容与步骤】

1.接通仪器电源，预热 20min，校正仪器，调仪器零点。氟离子选择性电极接通仪器负极接线柱，甘汞电极接仪器正极接线柱。将两电极插入蒸馏水，开动搅拌器，使电位值小于 $-200mV$，若读数大于 $-200mv$，则更换蒸馏水，如此反复几次即可达到电极的空白值。

2.准确吸取 $0.100mol \cdot L^{-1}$ $F^-$ 标准溶液 10mL，置于 100mL 的容量瓶中，加入 TISAB 10.0mL，用水稀释至刻度，摇匀，得 pH＝2.00 溶液。

3.吸取 pH＝2.00 溶液 10.00mL，置于 100mL 容量瓶中，加入 TISAB 10.0mL，用水稀释至刻度，摇匀，得 pH＝3.00 溶液。仿照上述步骤，配制 pH＝4.00，pH＝5.00，pH＝6.00 溶液。

4.将配制的标准溶液系列由低浓度到高浓度逐个转入塑料小烧杯中，并放入氟电极和饱和甘汞电极及搅拌子，开动搅拌器，调节至适当的搅拌速度，搅拌 3min，至指针无明显移动时，读取各溶液的 "$-mV$" 值，注意读数方法。

5.吸取 $F^-$ 试液 10.00mL，置于 100mL 容量瓶中，加入 10.0mL TISAB，用水稀释至刻度，摇匀。按标准溶液的测定步骤，测定其电位 $E_x$ 值。

【注意事项】

1.测定过程中，更换溶液时，测量键应断开，以免损坏仪器。

2.氟离子电极暂不用时，宜于干放。

3.测量过程中应注意搅拌的速率稳定、电极置入试液的深度基本相同。

【数据处理】

1.实验数据

| pH | 6.00 | 5.00 | 4.00 | 3.00 | 2.00 |
|---|---|---|---|---|---|
| $E$/(mV) | | | | | |

$E_x =$ _____ mV

2.以电位 $E$ 值为纵坐标，pH 值为横坐标，绘制 $E$-pH 标准曲线。

3.在标准曲线上找出与 $E$ 值相应的 pH 值，求得原始试液中 $F^-$ 的含量，以 $g \cdot L^{-1}$ 表示。

【思考题】

1.本实验测定的是 $F^-$ 的活度还是浓度？为什么？

2.测定 $F^-$ 时，加入的 TISAB 由哪些成分组成，各起什么作用？

3.测定 $F^-$ 时，为什么要控制酸度，pH 过高或过低有何影响？

# 实验二十九

## 电位滴定法测定果汁中的可滴定酸

【实验目的】

1. 了解电位滴定法的原理。
2. 掌握果汁饮料中可滴定酸的测定的操作技能、结果计算。

【实验原理】

果汁内含有人体所需的多种矿物质、维生素、有机酸、脂肪、糖、蛋白质等成分，其中有机酸是决定果汁口味的重要成分，其含量及糖、酸含量比是影响果汁滋味的主要因素，果汁中有机酸种类主要有苹果酸、柠檬酸、酒石酸、乳酸、琥珀酸、延胡索酸等，适量的有机酸可维持人体内酸碱平衡，刺激胃肠道消化液分泌，促进食欲，帮助消化，益于健康，因此研究果汁中有机酸含量对果汁加工及质量评定有重要意义。

常用的确定滴定终点的方法有绘 pH-V 曲线法、绘 $\Delta pH/\Delta V$-V 曲线法及二阶微商法，具体可见原理部分。

果汁中的可滴定酸度以每 100mL 中氢离子物质的量（毫摩尔）表示，按下式计算：

$$可滴定酸度 = \frac{cV_1}{V_0} \times 100$$

式中  $c$——氢氧化钠标准溶液浓度，$mol \cdot L^{-1}$；

$V_1$——滴定时所消耗的氢氧化钠标准溶液的体积，mL；

$V_0$——吸取滴定用的样液的体积，mL。

【仪器与试剂】

仪器

酸度计（pHS-2C 型），电磁搅拌器，231 型玻璃电极和 232 型饱和甘汞电极，10mL 半微量碱式滴定管，100mL 小烧杯，10.00mL 移液管，100mL 容量瓶。

试剂

KCl（$1mol \cdot L^{-1}$），NaOH（$0.1000mol \cdot L^{-1}$）标准溶液，果汁。

【实验内容与步骤】

准确吸取果汁 10.00mL 于小烧杯中，加 $1mol \cdot L^{-1}$ KCl 5.0mL，再加水 35.00mL。放入搅拌磁子，浸入玻璃电极和甘汞电极。开启电磁搅拌器，用 $0.1000mol \cdot L^{-1}$ NaOH 标准溶液进行滴定，滴定开始时每间隔 1.0mL 读数一次，待到化学计量点附近时间隔 0.10mL 读数一次。记录于表 29-1 中：

表 29-1　数据记录表

| V/mL | pH 值 | $\Delta V$ | $\Delta pH$ | $\Delta pH/\Delta V$ | $\Delta^2 pH/\Delta^2 V$ |
|---|---|---|---|---|---|
|  |  |  |  |  |  |

【注意事项】

1. 玻璃电极在使用前必须在去离子水中浸泡活化 24 h，玻璃电极膜很薄易碎，使用时应十分小心。

2. 安装电极时甘汞电极应比玻璃电极略低些（为何？），两电极不要彼此接触，也不要碰到杯底或杯壁。

3. 滴定开始时滴定管中 NaOH 应调节在零刻度上，滴定剂每次应准确放至相应的刻度线上。滴定过程中，可将读数开关一直保持打开，直至滴定结束，电极离开被测液时应及时将读数开关关闭。

【数据处理】

1. 绘制 pH-V 和（$\Delta pH/\Delta V$）-V 曲线，分别确定滴定点 V。

2. 用二阶微商法由内插法确定终点 $V_e$。

3. $\Delta pH$、$\Delta V$、$\Delta pH/\Delta V$、$\Delta^2 pH/\Delta V^2$ 可用计算和编程处理。

【思考题】

1. 用电位滴定法确定终点与用指示剂法相比有何优缺点？

2. 实验中为什么要加入 5.0mL 1mol·L$^{-1}$ 的 KCl？

3. 滴定终点时，反应终点的 pH 值是否等于 7？为什么？

# 实验三十
## 直接电位法测定水溶液pH

**【实验目的】**

1. 了解电位滴定法的原理。
2. 掌握 pHS-3 型酸度计的操作方法。

**【实验原理】**

水溶液的 pH 通常是用酸度计进行测定的，以玻璃电极为指示电极，饱和甘汞电极为参比电极，同时插入被测试液中组成工作电极，该电池可以用下式表示：

$$(-)Ag, AgCl\,|\,HCl(0.1mol·L^{-1})\,|\,玻璃膜\,|\,试液\,\|\,KCl(饱和)\,|\,HgCl_2, Hg(+)$$

（玻璃电极　饱和甘汞电极）

在一定条件下，工作电池的电动势可表示为

$$E = k + 0.059\text{pH} \quad (25℃)$$

虽然由测得的电动势能算出溶液的 pH，但上式的 $k$ 值是由内、外参比电极及难以计算的不对称电位和液接电位所决定的常数，实际计算并非易事。因此，在实际工作中，经常用已知 pH 的标准缓冲溶液校正酸度计，校正时应选用与被测溶液的 pH 接近的标准缓冲溶液，以减少在测量过程中由于液接电位、不对称电位及温度等变化而引起的误差，校正后的酸度计可直接测量水或其他低酸碱度溶液的 pH。

本实验所用的是复合电极。复合电极是集工作电极和参比电极于一体的电极。其使用方便，但是不能长时间浸在蒸馏水中。使用完毕要用蒸馏水洗净，然后在电极保护套中加少量外参比溶液，方可套上电极保护套。

**【仪器与试剂】**

**仪器**

pHS-3 型酸度计，玻璃电极和甘汞电极（或复合电极），容量瓶（50mL、100mL），移液管（25mL），洗耳球，分析天平。

**试剂**

pH=4.00 标准缓冲溶液（25℃）的配制：称取（115±5）℃下烘干 2~3h 的优级纯邻苯二甲酸氢钾（$KHC_8H_4O_4$）10.12g，溶于不含 $CO_2$ 的蒸馏水中，在容量瓶中稀释至

1000mL，储于塑料瓶中。

pH=6.86 标准缓冲溶液（25℃）的配制：称取优级纯磷酸二氢钾（$KH_2PO_4$）3.39g 和磷酸氢二钠（$Na_2HPO_4$）3.53g，溶于不含 $CO_2$ 的蒸馏水中，在容量瓶中稀释至 1000mL，储于塑料瓶中。

pH=9.18 标准缓冲溶液（25℃）的配制：称取优级纯硼砂（$Na_2B_4O_7 \cdot 10H_2O$）3.80g，溶于不含 $CO_2$ 的蒸馏水中，在容量瓶中稀释至 1000mL，储于塑料瓶中。

以上标准溶液也可用市售袋装缓冲溶液试剂直接配制，能稳定两个月，其 pH 随温度不同稍有差异，见表 30-1。

表 30-1　缓冲溶液的 pH 与温度关系的对照表

| 温度/℃ | 0 | 5 | 10 | 15 | 20 | 25 | 30 | 35 | 40 | 45 | 50 |
|---|---|---|---|---|---|---|---|---|---|---|---|
| 邻苯二甲酸氢钾(0.05mol·$L^{-1}$) | 4.00 | 4.00 | 4.00 | 4.00 | 4.00 | 4.01 | 4.02 | 4.02 | 4.04 | 4.05 | 4.06 |
| 磷酸二氢钾、磷酸氢二钠混合盐 (0.025mol·$L^{-1}$) | 6.98 | 6.95 | 6.92 | 6.90 | 6.88 | 6.86 | 6.85 | 6.84 | 6.84 | 6.84 | 6.84 |
| 硼砂(0.01mol·$L^{-1}$) | 9.46 | 9.40 | 9.33 | 9.28 | 9.23 | 9.18 | 9.14 | 9.10 | 9.07 | 9.04 | 9.01 |

【实验内容与步骤】

1. 安装好多功能电极架及复合电极（在指导下安装）。

2. 仪器的标定（定位）与测量

（1）安上电极（玻璃电极和甘汞电极或复合电极），打开电源开关，按"pH/mV"键选择 pH 测量模式。

（2）按"温度"键，调节显示的温度为此时待测溶液的温度，再按"确认"键。

（3）将复合电极下端的保护套拔下，并拉下电极上端的橡皮套，使其露出上端小孔，用蒸馏水清洗电极，并用滤纸吸干。

（4）把电极插入 pH=6.86 的标准缓冲溶液中，待读数稳定后按"定位"键，并调节读数为溶液当时温度下的 pH，然后按"确认"键。取出电极，用蒸馏水冲洗干净，吸干。标准缓冲溶液的 pH 与温度关系见表 30-1。

（5）把电极插入 pH=9.18 的标准缓冲溶液中，待读数稳定后按"斜率"键，并调节读数为该溶液当时温度下的 pH，然后按"确认"键。取出电极，用蒸馏水冲洗干净，吸干，标定完成。

（6）用水样将电极和烧杯冲洗 6~8 次后，测量水样的 pH。

（7）实验完毕，用蒸馏水把电极冲洗干净，用滤纸吸干后套上放置少量外参比补充液的电极保护套，拉上电极上端的橡皮套，小心放好。

【注意事项】

1. 玻璃电极的敏感膜非常薄，易于破碎损坏，因此使用时应注意勿与硬物碰撞；电极上沾附的水分只能用滤纸轻轻吸干，不得擦拭。

2. 电极不能用于测量含有氟离子的溶液的 pH，也不能用浓硫酸洗。否则会使电极表面脱水而失去功能。

【数据处理】

1. 以标准缓冲溶液的 pH 为横坐标，测得电位计的"mV"读数为纵坐标，用 Origin 等软件绘制标准曲线,从直线斜率计算出玻璃电极的响应斜率。

2. 计算测量的水样 pH。

【思考题】

1. 电位法测定水样的 pH 的原理是什么?
2. 玻璃电极在使用前应如何处理?为什么?
3. 酸度计为什么要用已知 pH 的标准缓冲溶液校正?校正时应注意哪些问题?
4. 什么是指示电极、参比电极?
5. 甘汞电极使用前应做哪几项检查?

# 实验三十一

## 电重量法测定溶液中铜和铅的含量

【实验目的】

1. 掌握恒电流电解法的基本原理。
2. 掌握电重量分析法的基本操作技术。
3. 掌握控制电位电解法进行分离和测定的原理。

【实验原理】

电重量分析法也称电重量法,是将被测金属离子在电极上电解析出,然后根据电极在电解前后增加的质量求得被测物质的含量的方法。

铜离子和铅离子都可以在电极上定量析出。溶液的酸度对电解有非常大的影响,酸度过高使得电解时间延长或电解不完全;酸度过低则析出的铜易被氧化。由于铜离子和铅离子的析出电位相差不大,需在溶液中加入酒石酸钠,使其与铜离子和铅离子均形成稳定的络合物。由于两种络合物的稳定性存在差异,使得它们的析出电位差增大。溶液的 pH 会影响络合物的稳定性,通过选择合适的 pH,可以使两种络合物的稳定性差异达到最大,从而获得最大的析出电位差。

使用盐酸联胺为阳极去极化剂,这样在阳极上的反应就为

$$N_2H_5^+ = N_2\uparrow + 5H^+ + 4e^-$$

使得阳极电位保持稳定,同时防止 $PbO_2$ 在阳极上析出。盐酸联胺还能使铜离子的酒石酸络合物还原成氯化亚铜。后者有大得多的迁移常数,有利于缩短电解时间。

【仪器与试剂】

**仪器**

恒电位仪,磁力搅拌器,饱和甘汞电极(SCE),铂网圆筒电极 2 支(较大的一支作为阴极,较小的一支作为阳极),移液管(25mL),量筒(100mL),烧杯(250mL 2 只)。

**试剂**

酒石酸钠溶液($1mol \cdot L^{-1}$),盐酸联胺,氢氧化钠溶液($2mol \cdot L^{-1}$),硝酸溶液($6mol \cdot L^{-1}$),丙酮,未知液(含铜约 $5mg \cdot mL^{-1}$,含铅约 $2mg \cdot mL^{-1}$)。

【实验内容与步骤】

**1. 电极的处理**

将铂电极用温热的 $6mol \cdot L^{-1}$ 硝酸溶液浸洗约 5min,然后用去离子水充分淋洗。再将

电极在丙酮中浸洗一下，放在玻璃上。待电极在空气中晾干后，将铂电极放入烘箱内，在 100℃ 左右烘约 5min，取出电极，放入干燥器中，待冷却后称量。

**2. 电解液的配制**

取 25.00mL 未知液加入 250mL 烧杯中，加入 70~80mL 水、40mL 1mol·L$^{-1}$ 酒石酸钠、1.5g 盐酸联胺。在搅拌下，逐滴加入 2mol·L$^{-1}$ NaOH 16~17mL，这时溶液应该呈现深蓝色，pH 约为 4.5。

**3. 电解池的准备**

将铂阴极、铂阳极和饱和甘汞电极装入电解池（烧杯）中，连接好引线，注意阳极应该在阴极中间位置。电极应该在溶液中上下移动几次，将附着在电极上的气泡排除，然后使电极稍露出液面，固定好。

**4. 铜的析出**

打开搅拌器开关，将阴极电位控制在 -0.2V，注意电解电流的大小，最好不要超过 1A。约 10min 后电解电流逐渐降低。当电解电流小于 100mA 时，调节阴极电位至 -0.35V，继续电解直至电解电流趋近于 0。加入少量水，使液面升高，继续电解 10min，观察新浸入铂阴极部分是否有铜析出。若无铜析出，说明已电解完全。否则应该继续电解直至所有的铜都沉积在铂阴极上。电解完成后，关闭搅拌器，取出电极，用去离子水冲洗电极表面，注意水流要缓，不要将沉积物冲掉。待电极完全离开液面后，马上切断电源。

将铂阴极从电解池中取出，浸入去离子水中充分浸洗后，再用丙酮浸洗一下，放在玻璃上，待自然晾干后，放入烘箱内，在 100℃ 左右烘约 5min。取出电极放入干燥器内，待冷却后称量。

**5. 铅的析出**

将镀有铜的阴极放回原电解池中，控制阴极电位在 -0.70V，按上述析出铜的步骤析出铅。

**6. 电极的清洗**

将铂电极置于温热的 6mol·L$^{-1}$ 硝酸溶液中浸洗约 5min，使附着在电极上的金属铜、铅及其他可能的沉积物全部溶解，用去离子水冲洗干净，以备下次实验使用。

【注意事项】

1. 避免用手指接触铂电极的网状部分，若有油脂沾在电极表面将会阻碍金属的沉积。
2. 在电解过程中，电极上会产生气泡，这些气泡会阻碍金属在电极上沉积，因此应该经常将电极上下移动以排除附着的气泡。
3. 电解完成后，应该将电极完全提离液面后才能切断电源，否则已沉积的金属会再度溶解。
4. 电解完成后的电极在烘箱中加热时间不可过长，否则沉积的金属表面容易氧化。

【数据处理】

记录阴极在沉积铜、铅前后的质量，并计算溶液中铜、铅的含量。

【思考题】

1. 为什么在实验过程中需用参比电极？用简单的外加电压的方法是否可行？
2. 酒石酸钠的作用是什么？盐酸联胺的作用是什么？
3. 为什么要将电极完全离开液面后才能断开电源？

# 实验三十二

## 库仑滴定法测定维生素C含量

【实验目的】

1. 掌握库仑滴定法的基本原理。
2. 掌握库仑滴定法测定维生素C含量的实验技术。

【实验原理】

维生素C又名抗坏血酸,是人体不可缺少的重要物质。维生素C具有还原性,可以用氧化剂进行定量滴定。本实验采用电解KI溶液生成的$I_2$作为滴定剂与维生素C定量反应,根据电解过程中消耗的电量计算维生素C的含量。在电解电极上的反应为

阳极 $\qquad 3I^- - 2e^- = I_3^-$

阴极 $\qquad 2H^+ + 2e^- = H_2 \uparrow$

阳极反应的产物$I_3^-$与维生素C进行定量反应:

$$\text{CH}_2\text{-CH-CH-C=O} \text{(OH, OH, C=C, OH, OH)} + I_3^- \longrightarrow \text{CH}_2\text{-CH-CH-C=O} \text{(OH, OH, C-C, O, O)} + 3I^- + 2H^+$$

为判断滴定终点,采用一对铂电极作为指示电极。在两电极间加上一个较低的电压,约20mV。在滴定计量点以前,溶液中没有可逆的氧化还原电对存在,因此指示电极上无电流通过;在计量点之后,溶液中存在过量碘,可以在指示电极上发生如下反应:

阳极 $\qquad 3I^- - 2e^- = I_3^-$

阴极 $\qquad I_3^- + 2e^- = 3I^-$

这时可以观察到指示电极上的电流明显增大,指示滴定终点的到达。

【仪器与试剂】

**仪器**

KLT-1型通用库仑仪,磁力搅拌器,电解池,铂片电解阳极一支,铂丝电解阴极一支,铂片指示电极一对,吸量管1mL一支,量筒100mL一个,托盘天平一个。

**试剂**

KI固体,$H_2SO_4$溶液(1mol·$L^{-1}$),维生素C溶液(约0.01mol·$L^{-1}$,需要当天配制)。

## 【实验内容与步骤】

### 1. 电解液的配制

在电解池中加入约 5g KI 固体、10mL 1mol·L$^{-1}$ H$_2$SO$_4$ 溶液,再加入 90mL 去离子水。加入磁子,开动搅拌器,待 KI 固体全部溶解后,用滴管取少许电解液加入阴极套管中,使阴极套管中液面略高于电解池中液面为宜。

### 2. 仪器的设定

安装好电极,将电极引线与电极及仪器后插孔连接好。注意:电解电极引线中,红色引线接一对铂片电极作为阳极,黑色引线接铂丝电极作为阴极,不可接错。

开启电源以前,所有按键应全部处于释放位置。工作/停止开关处于停止位置,电解电流量程置于 10mA,电流微调调至最大位置。

开启电源开关,预热约 10min。将电流/电位选择键置于电流位置,上升/下降选择键置于上升位置。这样,仪器将以电流上升作为确定滴定终点的依据。

按住极化电位键,调节极化电位器至所需极化电位值(约 250mV),松开极化电位键。

### 3. 预电解

在电解池中加入几滴维生素 C 溶液,按下启动键,按一下电解按钮,将工作停止开关置于工作位置,电解开始,电流表指针缓慢向右偏转,同时电量显示值不断增大。当电解至终点时,指针突然加速向右偏转,红色指示灯亮,电解自动停止,电量显示值也不再变化。将工作/停止开关置于停止位置,释放启动键。预电解结束。

### 4. 电解

准确移取 1.00mL 维生素 C 溶液于电解池中,按照上述预电解步骤进行正式电解,记录到达终点时的电量值。重复上述操作 3~5 次。电解液可以反复使用,不用更换。若电解池中溶液过多,可倒出部分后继续使用。

### 5. 电解池清洗

实验完成后,关闭电源,拆除电极引线。清洗电解池及电极,并在电解池中注入去离子水。

## 【注意事项】

由于维生素 C 溶液在空气中不稳定,因此需要在测定前配制使用。

## 【数据处理】

根据电解过程中消耗的电量计算样品溶液中维生素 C 的含量。

## 【思考题】

除了维生素 C 以外,还有哪些药物可以用此方法测定?

# 实验三十三
## 库仑滴定法测定砷的含量

【实验目的】

1. 掌握库仑滴定法和双铂电极安培法指示终点的原理和方法。
2. 学习库仑滴定法测定砷含量的原理和方法。
3. 学习使用 KLT-1 型通用库仑仪。

【实验原理】

库仑滴定法是将电解产生的物质作为"滴定剂"滴定被测物质的一种分析方法。库仑滴定法以 100% 的电流效率电解产生一种物质（滴定剂），这种电解产生的"滴定剂"能与被分析物质进行定量的化学反应，反应的终点可借助指示剂、电位法、电流法等进行确定。根据滴定终点时电解所消耗的电量，由法拉第电解定律计算出产生"滴定剂"的量，从而计算出被测物质的含量。本实验是以电解产生的碘为滴定剂测定样品中砷的含量。电解碘化钾溶液时，在工作电极上发生的反应为

阳极 $\quad\quad\quad\quad 3I^- \longrightarrow I_3^- + 2e^-$

阴极 $\quad\quad\quad\quad 2H_2O + 2e^- \longrightarrow H_2\uparrow + 2OH^-$

为了使电解产生碘的电流效率达到 100%，要求电解液的 pH<9。但是要使三价砷完全氧化为五价砷，必须使电解液的 pH>7。为此，控制在弱碱性条件下，使电解产生的碘能把亚砷酸迅速而定量地氧化成砷酸，滴定反应式为

$$H_3AsO_3 + I_3^- + H_2O \longrightarrow HAsO_4^{2-} + 3I^- + 4H^+$$

因此，结合法拉第电解定律由下式可以计算砷的含量：

$$c_{As}(mg/L) = \frac{m_{As}}{V_{水样}} = \frac{M_{As}}{nFV_{水样}} \times 1000$$

滴定终点用双铂电极安培法指示。将一对作为指示电极的铂片插在待滴定的溶液中，加上一个较低的恒电压（如 150mV）。由于三价砷和五价砷电对的不可逆性，它们不会在这两个电极上反应。在滴定的等当点前，由于溶液中没有过量碘存在，阴极处于理想极化状态，所以通过的电流极小；在等当点后，溶液中有了过量的碘，则指示电极上发生了下列反应：

阳极 $\quad\quad\quad\quad 3I^- \longrightarrow I_3^- + 2e^-$

阴极 $\quad\quad\quad\quad I_3^- + 2e^- \longrightarrow 3I^-$

这时，指示电极的电流明显增大。在一定范围内，此电流的大小与碘的浓度呈线性关

系。本实验采用 KLT-1 型通用库仑仪，当指示电极上的电流发生明显变化时，电解自动停止并显示电解消耗的总电量（mC）。为了防止电解产物对电极的影响，在工作阴极上加一个底部有微孔玻璃板的玻璃套管。加于指示电极上电压的任何微小变化，或者搅拌速度的变化，都会引起指示电流的改变和不稳定，所以指示系统采用独立的工作电源，且搅拌要稳定。电解池中指示电极置于工作电极的电场外，但又靠近工作阳极，使溶液流动方向从工作阳极流向指示电极。

【仪器与试剂】

**仪器**

KTL-1 型通用库仑仪，电磁搅拌器。

**试剂**

三价砷标准溶液（含 $0.05g \cdot L^{-1}$ $As_2O_3$），碳酸氢钠，碘化钾。

【实验内容与步骤】

1. 开启仪器电源前，将所有按键全部释放，"工作/停止"开关置于"停止"位置，电解电流量程至 5mA，电流微调放在最大位置。

2. 开启电源开关，预热 30min。

3. 配制 100mL 5.4% KI+0.5% $NaHCO_3$ 溶液作为电解液。

4. 预电解：量取 50mL 电解液于电解池中，准确加入 1.00mL 三价砷标准溶液，接上电极，在电解阴极管中加入电解液，打开电磁搅拌器，选择合适的转速。按下"电流"键和"上升"键，选择电流上升法指示终点。补偿极化电位置于 0.5 的位置，按下"启动"键，再按住极化电位键，同时调补偿极化电位，使表头指针指在正中（极化电位为 250mV），松开极化电位键，"工作/停止"开关置于"工作"位置，按下"电解"键，终点指示灯灭，电解开始。终点时指针向右突变，终点指示灯亮，此时仪器显示的读数为预电解数据，记录作为参考。释放"启动"键，显示数据自动归零。

5. 电流效率的测定：准确加入 1.00mL 三价砷标准溶液于上述电解液中，按下"启动"键，再按下"电解"键，电解重新开始。终点时指针向右突变，终点指示灯亮，此时仪器显示的读数为总消耗的电量（mC），记录后释放"启动"键，显示数据自动归零。重复测量 3 次。

6. 准确移取三价砷的未知溶液 2.00mL，按上述方法测量 3 次。

7. 实验结束后，将电解液倒入专用废液瓶，洗净电极和电解池。

【数据处理】

1. 计算该体系的电流效率 $\eta$。

$$\eta = \frac{m_{标准值}}{m_{测量值}}$$

2. 计算未知液中砷的含量（$mg \cdot L^{-1}$）。

【思考题】

1. 电解液中加入一定量 KI 及 $NaHCO_3$ 的作用是什么？

2. 实验中碘离子不断再生，是否可以用极少量的 KI？

3. 说明测量装置中电极的构成及各电极的作用。

# 实验三十四

## 循环伏安法测定铁氰化钾

【实验目的】

1. 学习固体电极的处理方法。
2. 学习电化学工作站循环伏安功能的使用方法。
3. 了解扫描速率和浓度对循环伏安图的影响。

【实验原理】

铁氰化钾离子和亚铁氰化钾离子电对 $[Fe(CN)_6]^{3-}/[Fe(CN)_6]^{4-}$ 的标准电极电位为：

$$[Fe(CN)_6]^{3-} + e^- \rightleftharpoons [Fe(CN)_6]^{4-} \quad \varphi^\ominus = 0.36V(vs\ SHE)$$

一定扫描速率下，从起始电位（-0.2V）正向扫描至转折电位（+0.8V）期间，溶液中 $[Fe(CN)_6]^{4-}$ 被氧化生成 $[Fe(CN)_6]^{3-}$，产生氧化电流；当从转折电位（+0.8V）负向扫描至原起始电位（-0.2V）期间，在指示电极表面已生成的 $[Fe(CN)_6]^{3-}$ 又被还原成 $[Fe(CN)_6]^{4-}$，产生还原电流。为使液相传质过程只受扩散控制，应在溶液处于静止的状态下进行电解。$1.00 mol \cdot L^{-1}$ NaCl 水溶液中，$[Fe(CN)_6]^{3-}$ 的扩散系数为 $0.63 \times 10^{-3} cm \cdot s^{-1}$，电子转移速率大，为可逆体系。溶液中的溶解氧具有电活性，干扰测定，应预先通入惰性气体除去。

【仪器与试剂】

**仪器**

CH1 电化学工作站，电解池，铂盘电极（工作电极）1支，铂片电极（辅助电极）1支，饱和甘汞电极（参比电极）1支，移液管，容量瓶等。

**试剂**

$0.100 mol \cdot L^{-1}$ $K_3[Fe(CN)_6]$ 溶液，$1.0 mol \cdot L^{-1}$ NaCl 溶液（均用分析纯、超纯水配置）。

【实验内容与步骤】

**1. 工作电极的预处理**

用 $Al_2O_3$ 粉（$0.05\mu m$）将铂电极表面抛光，然后用蒸馏水清洗。

**2. 支持电解质的循环伏安图**

在电解池中加入 30mL $1.0 mol \cdot L^{-1}$ NaCl 溶液，插入电极（以新处理过的铂盘电极为工作电极,铂片电极为辅助电极,饱和甘汞电极为参比电极),设定循环伏安扫描参数:扫描速率为 $50\text{mV} \cdot \text{s}^{-1}$,起始电位为 $-0.2\text{V}$,终止电位为 $+0.8\text{V}$。开始循环伏安扫描,记录循环伏安图。

### 3. 不同浓度 $K_3[Fe(CN)_6]$ 溶液的循环伏安图

分别绘制加入 0.50mL、1.00mL、1.50mL 和 2.00mL $K_3[Fe(CN)_6]$ 溶液后(均含支持电解质 NaCl)的循环伏安图,并将主要参数记录在表 34-1 中。

### 4. 不同扫描速率下 $K_3[Fe(CN)_6]$ 溶液的循环伏安图

在加入 2.00mL 的 $K_3[Fe(CN)_6]$ 溶液中,分别以 $10\text{mV} \cdot \text{s}^{-1}$、$100\text{mV} \cdot \text{s}^{-1}$、$150\text{mV} \cdot \text{s}^{-1}$、$200\text{mV} \cdot \text{s}^{-1}$ 的速率,在 $-0.2\sim +0.8$ 电位范围进行扫描,分别记录循环伏安图,并将主要参数记录在表 34-1 中。

表 34-1　不同浓度 $K_3[Fe(CN)_6]$ 溶液及不同扫描速率下的循环伏安数据记录

| NaCl 溶液/mL | $K_3[Fe(CN)_6]$ 溶液加入量/mL | $K_3[Fe(CN)_6]$ 浓度/mmol·L$^{-1}$ | 扫描速率/mV·s$^{-1}$ | 氧化峰电压 $\varphi_{pa}$/V | 氧化峰电流 $i_{pa}$/μA | 还原峰电压 $\varphi_{pc}$/V | 还原峰电流 $i_{pc}$/μA | $\Delta\varphi$/V |
|---|---|---|---|---|---|---|---|---|
| 30 | 0 | 0 | 50 | — | — | — | — | — |
| 30 | 0.5 | 0.0016 | 50 | | | | | |
| 30 | 1.0 | 0.0032 | 50 | | | | | |
| 30 | 1.5 | 0.0048 | 50 | | | | | |
| 30 | 2.0 | 0.0064 | 50 | | | | | |
| 30 | 2.0 | 0.0064 | 10 | | | | | |
| 30 | 2.0 | 0.0064 | 100 | | | | | |
| 30 | 2.0 | 0.0064 | 150 | | | | | |
| 30 | 2.0 | 0.0064 | 200 | | | | | |

【注意事项】

1. 必须仔细清洗工作电极表面,否则将严重影响循环伏安图形状。
2. 每次扫描之前,为使电极表面恢复初始条件,应将电极提起后再放入溶液中。

【数据处理】

1. 根据表 34-2,分别以氧化峰电流和还原峰电流的大小对 $K_3[Fe(CN)_6]$ 溶液浓度作图。

表 34-2　氧化峰电流和还原峰电流的大小与铁氰化钾浓度的关系

| $K_3[Fe(CN)_6]$ 浓度/mmol·L$^{-1}$ | 0.0016 | 0.0032 | 0.0048 | 0.0064 |
|---|---|---|---|---|
| 氧化峰电流 $i_{pa}$/μA | | | | |
| 还原峰电流 $i_{pc}$/μA | | | | |
| $i_{pc}/i_{pa}$ | | | | |

2. 根据表 34-3,分别以氧化峰电流和还原峰电流的大小对扫描速率的 1/2 次方($v^{1/2}$)作图。

表 34-3　氧化峰电流和还原峰电流大小与扫描速率的关系

| $v/\text{mV}\cdot\text{s}^{-1}$ | 10 | 50 | 100 | 150 | 200 |
|---|---|---|---|---|---|
| $v^{1/2}$ | | | | | |
| 氧化峰电流 $i_{pa}/\mu\text{A}$ | | | | | |
| 还原峰电流 $i_{pc}/\mu\text{A}$ | | | | | |
| $i_{pc}/i_{pa}$ | | | | | |

【思考题】

1. 由实验记录的 $\Delta\varphi$ 值和表 34-2、表 34-3 的 $i_{pc}/i_{pa}$ 值判断该实验的电极过程是否可逆？
2. 循环伏安曲线中，电流峰值的大小与哪些因素有关？

# 实验三十五

## 循环伏安法研究乙酰氨基苯酚的氧化反应机理

**【实验目的】**

1. 掌握循环伏安法的基本原理。
2. 用循环伏安法研究偶联化学反应的电子转移机理。

**【实验原理】**

大量的电化学反应涉及电子转移步骤,由此产生能够通过偶联化学反应迅速与介质组分发生反应的物质。循环伏安法的最大用途之一是可用于判断这些和电极表面反应偶联的均相化学反应,它能在正向扫描中产生某种物质,在反向扫描及随后的循环扫描中检测其变化情况,这一切在几秒或更短时间之内即可完成。此外,通过改变电位扫描速率,可以在几个数量级范围内调节实验时间量程,这样可以估计各种反应速率。乙酰氨基苯酚(APAP)氧化反应的机理如图 35-1 所示。

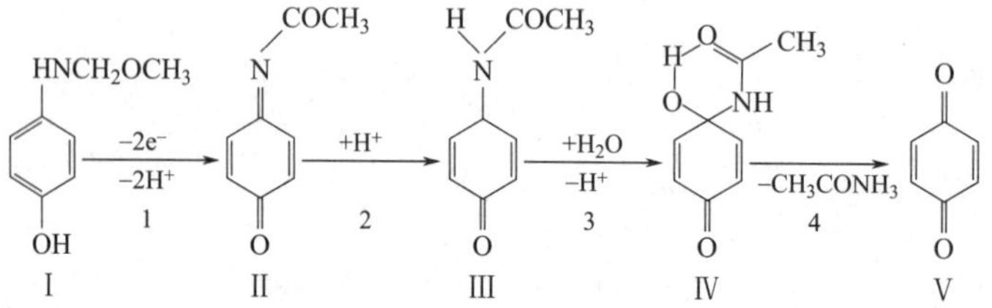

图 35-1 乙酰氨基苯酚(APAP)氧化反应的机理

乙酰氨基苯酚经一个两电子、两质子的电化学过程,氧化为 N-乙酰基-对-亚基苯醌(NAPQI),涉及 NAPQI 的后续化学反应都是与 pH 有关的,改变介质 pH 和循环伏安实验的扫描速率,可以安排涉及 NAPQI 的化学反应。在 pH$\geqslant$6 时,NAPQI 以稳定的未质子化的形式(Ⅱ)出现,在较高酸性条件下,NAPQI 立即质子化(步骤 2),生成一个较不稳定但具有电化学活性的物质(Ⅲ)。经步骤 3,Ⅳ迅速变成其水合物的形式(Ⅳ),在检测电位下Ⅳ电化学上是非活性的。在很强的酸性介质中,水合 NAPQI(Ⅳ)最后转变成苯醌(步骤 4)。用循环伏安法可以观察到苯醌的还原。

**【仪器与试剂】**

仪器

电化学工作站,玻碳电极,饱和甘汞电极,铂电极。

**试剂**

0.5mol·L$^{-1}$ 的磷酸氢二钠-柠檬酸缓冲溶液（pH＝2.2、500mL；pH＝6.0、20mL），1.8mol·L$^{-1}$ 硫酸，0.05mol·L$^{-1}$ 高氯酸 200mL，0.070mol·L$^{-1}$ 乙酰氨基苯酚，含乙酰氨基苯酚的药片。

**【实验内容与步骤】**

1. 工作电极预处理。将玻碳电极在麂皮上抛光成镜面（或在 6♯ 金相砂纸擦拭光亮），再用超声波依次在 1∶1 HNO$_3$、无水乙醇和去离子水中洗涤 1~2min，备用。

2. 配制在 pH＝2.2 缓冲溶液中的 3mmol·L$^{-1}$ 乙酰氨基苯酚溶液。

3. 打开仪器，连接好三电极。选择循环伏安法，按表 35-1 设置好仪器参数。

表 35-1　循环伏安法实验参数

| 灵敏度 | 放大倍数 | 初始电位 | 开关电位 | 扫描速度 | 电位增量 | 循环次数 |
|---|---|---|---|---|---|---|
| 10μA·V$^{-1}$ | 1 | −0.200V | ＋1.000V | 40mV·s$^{-1}$ | 1mV | 1 |

记录扫描速度分别为 40mV·s$^{-1}$ 和 250mV·s$^{-1}$ 时乙酰氨基苯酚溶液的伏安图和峰电位、峰电流。

4. 使用下面两种溶液重复第 3 步的操作。pH＝6.00 缓冲溶液中 3mmol·L$^{-1}$ 乙酰氨基苯酚溶液和 H$_2$SO$_4$ 中 3mmol·L$^{-1}$ 乙酰氨基苯酚。

5. 在 25mL 容量瓶中加入准确称量的药片，以及一定量的 pH＝2.2 缓冲溶液，振荡至药片溶解，然后用 pH＝2.2 缓冲溶液稀释至刻度。用移液管和容量瓶将 5.00mL 的此溶液稀释至 50.00mL。用 pH＝2.2 缓冲溶液适当稀释乙酰氨基苯酚储备液，制备浓度范围为 0.10~5.0mmol·L$^{-1}$ 的 4 份乙酰氨基苯酚标准溶液（除已制备好的 3mmol·L$^{-1}$ 溶液之外），在同一条件下记录 5 份标准溶液和稀释的药片溶液的循环伏安图，读取各溶液的峰电流。

**【注意事项】**

同实验三十四。

**【数据处理】**

1. 分别写出 3 种支持电解质所得的循环伏安图中每个峰处所发生的电极反应。

2. 以峰电流对乙酰氨基苯酚的浓度作图，绘制乙酰氨基苯酚标准溶液的标准曲线。

3. 确定稀释的药片溶液中乙酰氨基苯酚的浓度并计算药片中乙酰氨基苯酚的质量分数，将实验值和药瓶标签上的值进行比较。

4. 数据记录表。

扫描速率对乙酰氨基苯酚氧化反应的影响记入表 35-2。

表 35-2　扫描速率对乙酰氨基苯酚氧化反应的影响

| 扫描速率 | 氧化峰电位 | 还原峰电位 | 氧化峰电流 | 还原峰电流 |
|---|---|---|---|---|
| 40mV·s$^{-1}$ | | | | |
| 250mV·s$^{-1}$ | | | | |

不同酸度介质对乙酰氨基苯酚氧化反应的影响记入表 35-3。

表 35-3　不同酸度介质对乙酰氨基苯酚氧化反应的影响

| 酸度 | 氧化峰电位 | 还原峰电位 | 氧化峰电流 | 还原峰电流 |
| --- | --- | --- | --- | --- |
| pH＝6 | | | | |
| pH＝2.2 | | | | |
| 1.8 mol·L$^{-1}$ | | | | |

标准溶液峰电流记入表 35-4。

表 35-4　标准溶液峰电流

| 浓度/(mol·L$^{-1}$) | 0.10 | 0.50 | 1.0 | 3.0 | 5.0 |
| --- | --- | --- | --- | --- | --- |
| 峰电流 | | | | | |

【思考题】

1. 电活性物质发生电化学反应后所生成的物质再发生化学反应的电极机理被称为 EC 机理，EC 机理表示如下：

电极反应（E）：$O + ne^- \longrightarrow R$　　　化学反应（C）：$R \longrightarrow$ 产物

画出下列情况的循环伏安图（假设电极反应是可逆的）：①速率常数 $k$ 为零；②速率常数 $k$ 很大，相对于扫描速率而言，化学反应瞬时发生；③$k$ 为以上两种情况下的中间值。

2. 为什么上述机理涉及的化学反应越快，需要的扫描速率越快？

# 实验三十六

## 植物油中生育酚的伏安行为及其含量测定

【实验目的】

1. 了解生育酚（维生素 E）的生化性质及电化学性质。
2. 掌握用伏安分析法测定维生素 E 的方法。
3. 掌握外标法进行定量分析的方法及特点。

【实验原理】

生育酚即维生素 E，作为一种天然的、有效的、无毒的抗衰老酚类抗氧化剂，广泛应用于食品业、医药业和化妆品业。维生素 E 在人类治疗心血管疾病、癌症、白内障中都发挥着重要的作用。

维生素 E 的检测方法主要有分光光度法、液相色谱法、荧光法、近红外光谱法，气相色谱法等。由于电化学方法具有较高的灵敏性、选择性和准确性，且它的作用机制有时和生物组织的物质代谢过程相似，因此，在分析有机化合物方面也非常实用并受到广泛关注。

维生素 E（见图 36-1）是一组结构相似的，含有一个 6-羟基色满环和一个 16 碳原子的植基侧链，侧链上没有双键的化合物的统称。根据酚环上的甲基位置关系，可以将其分为 $\alpha$-、$\beta$-、$\gamma$-、$\delta$-生育酚。植物油和其他食物中的维生素 E 含量不仅表示它们的营养价值，也包括它们的氧化稳定性和耐久性。因此，植物油中维生素 E 的分析是具有重要意义的。

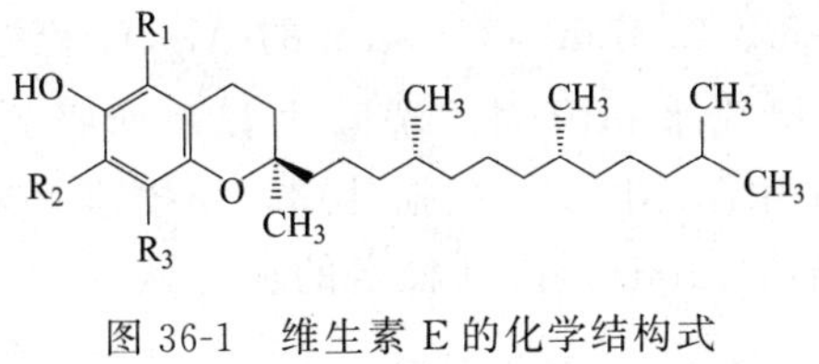

图 36-1 维生素 E 的化学结构式

$\alpha$-生育酚：$R_1=R_2=R_3=CH_3$；$\beta$-生育酚：$R_1=R_3=CH_3$，$R_2=H$；
$\gamma$-生育酚：$R_2=R_3=CH_3$，$R_1=H$；$\delta$-生育酚：$R_1=R_2=H$，$R_2=CH_3$

维生素 E 分子中的酚羟基能与氧气反应，由于维生素 E 各异构体和同系物的基本结构都是 6-羟基氧杂萘满结构，主要发生的氧化反应为各种自由基连锁反应生成 $\alpha$-生育酚游离基，部分转化为醌结构，它们的氧化电位也相同，因此可以用 $\alpha$-生育酚代表其他各异构体。即分析样品中的 $\alpha$-生育酚含量可得总维生素 E 含量。

本实验采用循环伏安法测定生育酚的电化学行为,并用差分脉冲伏安法快速并高灵敏度测定小麦胚芽油中的 α-生育酚。

**【仪器与试剂】**

**仪器**

电化学工作站,三电极系统(包括对电极铂丝电极,工作电极 GC3012-$\phi$3.5mm,参比电极 Ag/AgCl 电极),自制的电化学池,25mL 容量瓶,2mL 吸量管。

**试剂**

植物油,α-生育酚标准品(纯度 96%,$M=430.71$),乙醇,硫酸,1,2-二氯乙烷,高氯酸锂。

α-生育酚乙醇溶液储备液($1.0\times10^{-2}$ mol·L$^{-1}$)的配制:准确称取 0.4348g α-生育酚标准品加入 100mL 的容量瓶中,用无水乙醇溶解稀释到刻度,避光储存备用。

硫酸乙醇溶液(0.1mol·L$^{-1}$)的配制:取浓硫酸 1.36mL,逐滴加入 100mL 无水乙醇中,用无水乙醇定容至 250mL。

高氯酸锂乙醇溶液(1.0mol·L$^{-1}$)的配制:称取 10.639g 高氯酸锂,溶于 50mL 无水乙醇中,用无水乙醇定容至 100mL。

**【实验内容与步骤】**

**1. 配制 α-生育酚的乙醇标准溶液**

在 5 只 25mL 的容量瓶中依次加入 0、0.1mL、0.25mL、0.5mL、0.75mL、1.0mL α-生育酚乙醇溶液储备液,然后在每只容量瓶中各加入 0.5mL 0.1mol·L$^{-1}$ 的硫酸乙醇溶液、1.0mL 1.0mol·L$^{-1}$ 的高氯酸锂乙醇溶液和 5mL 1,2-二氯乙烷,最后用乙醇稀释至刻度。混合均匀后用 N$_2$ 纯化 5min。配制好的 α-生育酚的乙醇标准溶液浓度分别为 0、40μmol·L$^{-1}$、100μmol·L$^{-1}$、200μmol·L$^{-1}$、300μmol·L$^{-1}$、400μmol·L$^{-1}$。其中 α-生育酚浓度为 0μmol·L$^{-1}$ 的标准溶液即为空白溶液。

**2. 植物油样品溶液配制**

取 0.5g 的植物油样品置于 25mL 容量瓶中,加 0.40mL 0.1mol·L$^{-1}$ 的硫酸乙醇溶液、1.0mL 1.0mol·L$^{-1}$ 的高氯酸锂乙醇溶液和 5mL 1,2-二氯乙烷,然后用乙醇稀释到刻度。混合均匀后用 N$_2$ 纯化 5min。

**3. 玻碳电极的处理**

玻碳电极依次用 1.0μm、0.3μm、0.05μm 的 Al$_2$O$_3$ 粉抛光,用超纯水润湿,接着进行超声清洗处理,再用超纯水和丙酮冲洗除去其表面吸附物质,使成镜面,然后在 0.2mol·L$^{-1}$ 的硫酸溶液中用循环伏安法扫描处理,扫描速率为 50mV·s$^{-1}$,电压范围为 $-0.5\sim+1.5$V,持续扫描约 10min,得到稳定的循环伏安图后,取出用二次去离子水洗净,干燥后备用。

**4. 设置仪器参数**

打开仪器,连接好三电极。选择循环伏安法,按表 36-1 设置好仪器参数。

表 36-1 循环伏安法参数

| 灵敏度 | 滤波参数 | 初始电位 | 开关电位 | 扫描速率 | 循环次数 |
| --- | --- | --- | --- | --- | --- |
| 10μA·V$^{-1}$ | 10 Hz | 0.200V | 0.800V | 50mV·s$^{-1}$ | 2 |

### 5. 记录 α-生育酚循环伏安图

将 200μmol·L$^{-1}$ α-生育酚乙醇标准溶液加入电解池中,记录该方法循环伏安图,存盘。记录所得到的循环伏安图中的峰电位。

### 6. 选择差分脉冲伏安法

按表 36-2 设置好仪器参数。

表 36-2  差分脉冲伏安法试验条件

| 参数 | 数值 | 参数 | 数值 |
| --- | --- | --- | --- |
| 灵敏度/A | 10 | 电位增量/V | 0.0100 |
| 波参数/Hz | 10 | 脉冲幅度/V | 0.0500 |
| 放大倍数 | 1 | 脉冲宽度/s | 0.1000 |
| 初始电位/V | 0.100 | 脉冲间隔/s | 0.5000 |
| 终止电位/V | 0.800 | | |

将空白样和 α-生育酚标准溶液样品依次加入电解池中,分别进行三次测定,记录 α-生育酚峰电位处测量的峰电流,取其测量的峰电流平均值。绘制 α-生育酚标准溶液浓度和峰电流的关系曲线。

### 7. 测定 α-生育酚的峰电流

将植物油样品溶液加入电解池中,按步骤 5 中的方法测定 α-生育酚的峰电流。

**【注意事项】**

同实验三十四。

**【数据处理】**

1. 记录 α-生育酚的峰电位。
2. 记录 α-生育酚标准溶液峰电流于表 36-3。

表 36-3  α-生育酚标准溶液峰电流记录

| 浓度/(μmol·L$^{-1}$) | 0 | 40 | 100 | 200 | 300 | 400 |
| --- | --- | --- | --- | --- | --- | --- |
| $I_{P1}$/μA | | | | | | |
| $I_{P2}$/μA | | | | | | |
| $I_{P3}$/μA | | | | | | |
| $I_{P4}$/μA | | | | | | |

根据 α-生育酚标准溶液浓度和峰电流绘制标准曲线。

3. 记录植物油样品溶液 α-生育酚峰电流,从标准曲线中找出加入电解池中 α-生育酚的浓度。并计算出植物油中 α-生育酚的含量 [mg·(100g$^{-1}$)]。

**【思考题】**

1. 为什么不同的生育酚有相同的氧化还原性质?
2. 实验中高氯酸锂起什么作用?
3. 差分脉冲伏安法有什么优点?

# 实验三十七

## X射线单晶衍射分析实验

【实验目的】

1. 掌握 X 射线单晶衍射的工作原理。
2. 熟悉 X 射线单晶衍射实验技术。
3. 了解 X 射线单晶衍射仪的基本结构。

【实验原理】

在一粒单晶体中原子或原子团均是周期排列的,将 X 射线(如 Cu 的 K$\alpha$ 辐)射到一粒单晶上会发生衍射,通过对衍射线的分析可以解析出原子在晶体中的排列规律,即解出晶体的结构。图 37-1 即为 NaCl 晶体中 Na$^+$ 和 Cl$^-$ 的分布。

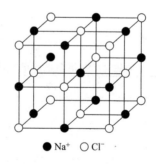

图 37-1　NaCl 晶体中 Na$^+$ 和 Cl$^-$ 的分布

【仪器与试剂】

**仪器**

X 射线单晶衍射分析仪。

**试剂**

蔗糖($C_{12}H_{22}O_{11}$),食盐(NaCl),谷氨酸钠($C_5H_8NO_4Na$)。

【实验内容与步骤】

1. 在显微镜下,选择大小适度、晶质良好的单晶作为试样。
2. 上样,对心,已对心的晶体在旋转过程中其中心位置应不会明显移动,若在测角仪旋转过程中晶体发生颤抖,则应该检查晶体或玻璃丝是否固定好。

3. 快速扫描，确定晶体衍射能力，估计所需实验时间。

4. 预实验结束后，设定收集数据参数：目标分辨率 0.80 Å；数据目标完整度 100%；根据晶体对称性收集数据；曝光时间 1.0s；探测器距离 55mm。

【注意事项】

需要进行手动处理数据的一些情况主要包括：重新确定晶胞或晶系；选择不同的数据处理方法（如扣除背景模式）以提高还原数据质量；测定不含重于 P 元素的有机化合物晶体的绝对构型；孪晶、无公度晶体等特殊情况。

【数据处理】

1. 数据收集。

2. 通过自动数据还原进行数据后处理。"好"数据的基本判断依据是：高分辨率，Mo 0.80A/Cu0.836A；高完整度>98.5%；高强度，信噪比>20；低 Rint<5%；高冗余值≥2。

【思考题】

1. X 射线粉末衍射分析仪和 X 射线单晶衍射分析仪在性能上有什么区别。

2. 如何选择单晶样品？

# 实验三十八

## X射线粉末衍射法分析青霉素钠

【实验目的】

1. 掌握 X 射线粉末衍射实验技术。
2. 熟悉 X 射线粉末衍射的工作原理。
3. 了解 X 射线粉末衍射的基本结构。

【实验原理】

每种晶态物质都有其特有的晶体结构,当材料中包含多种晶态物质时,它们的衍射谱同时出现,不互相干涉(各衍射线位置及相对强度不变),只是简单叠加。因此,在衍射谱图中发现和某种结晶物质相同的衍射花样,就可以断定试样中包含这种结晶物质,自然界中没有衍射谱图完全一样的物质。国际粉末衍射标准联合会(JCPDS)收集了几百万种晶体,包括有机化合物和无机化合物两大类的晶体衍射数据卡片,我们可以根据所测的粉末衍射数据,使用计算机软件进行检索。由于混合物某相的衍射线强度取决于它的相对含量,通过衍射线的强度比可推算相对含量,因此 X 射线粉末衍射仪还可以进行定量分析。

【仪器与试剂】

仪器

X 射线粉末衍射分析仪。

试剂

注射用青霉素钠样品。

【实验内容与步骤】

**1. 开机**

打开电源开关、打开循环水开关、开启真空系统,待 IG<160mV,进行下步操作。

**2. 进入计算机操作系统**

分别将计算机稳压电源、计算机主机、打印机、显示器等设备电源开关打开,加高压。

**3. 实验条件扫描方式**

Cu 靶,K$\alpha$ 辐射,管压 40kV,管流 40mA,发散狭缝 1.0mm,防散射狭缝 1.0mm,接收狭缝 0.1mm,扫描范围 2°~50°,步长 0.02°,每步计时 0.1s。

**4. 装样品**

将注射用青霉素钠样品研细后置样品架上直接压平后,置于 X 射线粉末衍射分析仪中测定，得到青霉素钠的 X 射线衍射图谱。

**5. 分析**

根据要求选择不同的软件进行数据处理和分析。

**6. 关机**

关机、关闭真空系统、关循环水开关，关闭真空系统。

【注意事项】

1. 开机前先检查是否有充足的水压供应循环水。如在测量过程中突然停水或水压不足，应立即关掉真空系统。

2. 加高压或测量过程中，切勿触动衍射仪的门。

3. 工作电压不超过 40kV，电流不超过 100mA。

4. 加高压前，真空度应达到 IG＜160mV；加高压的过程要缓慢，严格按照操作规程操作。

5. 装样品或换样品时，先按 Door Open 按钮，听到断续的蜂鸣声，方可打开衍射仪的门。

【数据处理】

1. 获得青霉素钠的 X 射线谱图。

2. 与青霉素钠标准谱图进行对比。

【思考题】

1. X 射线粉末衍射分析仪的特点是什么？

2. 样品制备时应注意哪些问题？

# 实验三十九

## X射线衍射仪测定淬火钢中残余奥氏体含量

**【实验目的】**

掌握用 X 射线衍射仪法测定钢中残余奥氏体含量的实验技术。

**【实验原理】**

利用 X 射线粉末衍射技术可以进行物相的定性分析,也可以进行物相的定量分析。物相的定量分析方法很多,有的需要标样,有的不需要标样,钢中残余奥氏体 X 射线测定是不用标样的方法,是通过直接对比一条马氏体衍射线和一条残余奥氏体衍射线的积分强度来进行定量分析的,因此也称为直接对比法。

**【仪器与试剂】**

**仪器**

X 射线衍射仪。

**试剂**

淬火 Ni-V 钢或含渗碳层的 20Mn2TiB 钢。

**【实验内容与步骤】**

**1. 试样制备**

将淬火钢等制成大约 20mm×20mm×5mm 的块状试样,然后进行金相抛光和腐蚀处理,以得到平滑的无应变的表面。

**2. X 射线衍射实验**

利用 X 射线衍射仪的 Cu K$\alpha$ 辐射石墨单色器进行扫描,得到 X 射线衍射图谱。

**3. 衍射线对的选择**

选择适宜的奥氏体衍射线条,避免不同相线条的重叠或过分接近。

**4. $Q$ 值计算**

根据测量结果计算 $Q$ 值。

**【注意事项】**

1. X 射线是一种高能辐射,会危害人体健康。实验时应严格执行 GB 8703—1988 中有关环境与个人的安全防护规则。只有在指导教师的许可下才能进入仪器室。

2. 不要随意触摸仪器控制面板上的按钮,保证仪器的工作安全。

3. 在计算衍射线条的 $Q$ 值时，应注意各个因子的含义。

【数据处理】

在有了选定的一对衍射线的 $I_{hkl}$ 和 $Q_{hkl}$ 后，由 $\varphi(A) = \dfrac{I_A Q_M}{I_A Q_M + I_M Q_A}$ 求出 $\varphi(A)$，即残余奥氏体的体积分数。

【思考题】

简述用直接对比法进行物相定量分析的过程。

# 实验四十
## 扫描电镜样品制备与分析

【实验目的】

1. 熟悉扫描电子显微镜的制样要求。
2. 了解扫描电子显微镜的原理、结构。

【实验原理】

制样的好坏直接影响扫描电镜的观察质量。对于扫描电镜，样品有如下基本要求：试样在真空中能保持稳定，含有水分的试样应先烘干除去水分。表面受到污染的试样，要在不破坏试样表面结构的前提下进行适当清洗，然后烘干。有些试样的表面、断口需要进行适当的侵蚀，才能暴露某些结构细节，侵蚀后应将表面或断口清洗干净，然后烘干。

扫描电镜样品制备方法如下所示。

**1. 块状试样的制备**

用导电胶把试样粘在样品台上，放在扫描电镜中观察。

**2. 粉末样品的制备**

在样品台上先粘一层导电胶，将试样粉末撒在上面，待导电胶把粉末粘牢后，用洗耳球将表面上未粘住的试样粉末吹去。或在样品台上粘贴一张双面胶带纸，将试样粉末撒在上面，再用洗耳球把未粘住的粉末吹去。也可将粉末制备成悬浮液，滴在样品台上，待溶液挥发，粉末附着在样品台上。试样粉末粘牢在样品台上后，需再镀导电膜，然后才能放在扫描电镜中观察。

**3. 喷金技术**

对于非导电或导电性较差的材料，要先进行喷金镀膜处理。

把制作好的样品连同样品台一起放入 ETSD 溅射仪中，拧紧气阀，插上电源。

**4. 上机检测**

【仪器与试剂】

**仪器**

扫描电子显微镜，ETSD 溅射仪。

**材料**

样品台，双面胶带，待测试样。

## 【实验内容与步骤】

（1）将主电源断路器合上。

（2）打开主控计算机，进入操作系统，随后在提示下输入用户名及相应的密码，进入软件操作。

（3）样品的制作：剪一小块导电胶，粘在样品台上，用牙签取极少量的样品，涂抹在导电胶上，然后用洗耳球把没有粘住的样品吹掉，以免污染仪器。如果样品的导电性不好，可以通过喷金技术，提高导电性。

（4）进行样品扫描，保存图像，关闭软件、仪器、切断电源。

## 【注意事项】

1. 所有实验流程都需按说明书操作流程操作。
2. 根据实验环境要求，有时需要打开空调、抽湿机。

## 【数据处理】

根据扫描电镜所观察的样品微观形貌，对样品进行分析并写出实验报告。

## 【思考题】

1. 扫描电镜对样品有什么基本要求？
2. 扫描电镜的成像质量与哪些因素有关？

# 实验四十一

## 扫描电镜样品观察

【实验目的】

1. 了解扫描电镜的基本结构和工作原理。
2. 学习扫描电镜进行材料表面形貌分析的实验技术和方法。

【实验原理】

电子束（能量为 $1\sim30\text{kV}$）从顶部的电子枪阴极发射出来，在加速电压的作用下，电子束斑经过三个电磁透镜聚焦后汇聚成一束很细的电子探针到达试样表面。该入射束在物镜上方扫描线圈的驱动下，以光栅状扫描方式照射到被分析试样的表面，利用入射电子和试样表面物质相互作用所产生的二次电子和背散射电子成像，获得试样表面微观组织结构和形貌信息。本实验分别采用聚苯乙烯和牙本质、牙釉质作为粉末及块体样品，掌握扫描电镜样品的制备技术和扫描电镜对材料表面形貌分析的技术。

【仪器与试剂】

**仪器**

Hiachi SU8010 扫描电镜，MC1000 离子溅射仪。

**试剂**

聚苯乙烯，牙本质，牙釉质。

【实验内容与步骤】

**1. 样品制备**

（1）聚苯乙烯（粉末）样品的制备

首先将聚苯乙烯粉末撒在样品台的双面胶上，用手指轻弹样品台四周，粉料会均匀地向胶面四周移动，铺平一层，侧置样品台，把多余材料抖掉；用纸片轻刮颗粒面，并轻压使其与胶面贴实，用洗耳球从不同方向吹拂。这样，聚苯乙烯球已牢固、均匀地粘在双面胶上。

（2）牙本质、牙釉质（块体）样品的制备

使用截面台，先在截面处粘贴导电胶，将牙片粘贴在导电胶上，需观察面与样品台平面齐平。

**2. 使用 MC1000 离子溅射仪给导电样品镀膜**

**3. 使用 SEM 拍摄样品图片**

（1）用 SE（L）模式拍摄不同放大倍数的聚苯乙烯图片。

(2) 用 SE 模式拍摄不同放大倍数的牙本质、牙釉质图片。

(3) 分别用 SE 和 LA-BSE 模式拍摄铜网、导电胶和铝台结合处的照片，体会二次电子成像和背散射电子成像的不同。

【注意事项】

1. 严禁测试磁性材料。

2. 严禁测试潮湿样品和易挥发样品。

【数据处理】

1. 观察样品时，为什么有的地方特别亮？

2. 当样品荷电严重时，可采取哪些措施降低样品的荷电现象？

3. 样品表面高低不平对能谱数据采集有影响吗？如有，如何解决？

【思考题】

1. 扫描电镜的二次电子成像和背散射电子成像照片各反映样品的什么信息，哪个照片的空间分辨率更高。

2. 普通扫描电镜测试对样品的基本要求是什么？

3. 用扫描电镜观察形貌时，针对不同的材料，选择加速电压应考虑哪些因素？

4. EDS 所分析的元素范围一般是从硼（B）到铀（U），为什么不能分析轻元素（氢、氦、锂、铍）？

# 实验四十二

## 扫描电镜观察中国南方早古生代页岩有机质

【实验目的】
1. 了解扫描电镜的基本结构与工作原理。
2. 了解扫描电镜的基本使用方法。

【实验原理】
页岩（广义）作为烃源岩和储集层，具有组成矿物复杂、粒度细小、黏土矿物多、有机质与无机质共生、孔隙与裂隙成因类型多且尺度细微等特点。这些特点使得页岩用传统的岩石学、储层学手段和方法进行分析测试得到的信息非常有限，因此微观分析测试研究必不可少。扫描电镜具有样品制备简单、观测视域广、倍率范围大、形貌与成分信息可以同时获得的优势，现已成为页岩有机质分析测试的必备手段。

有机显微组分是有机岩石学的主要研究内容，也是生烃母质类型及其孔隙发育特征研究的基础。各显微组分在扫描电镜下的主要鉴定标志见表 42-1。

表 42-1 早古生代页岩扫描电镜下显微组分鉴定标志

| 显微组分 | 图像亮度 | 形貌特征 | 赋存状态 |
| --- | --- | --- | --- |
| 镜质组 | 小 | 平坦、均质，贝壳状断口 | 条带状、块状，气孔发育，裂隙发育 |
| 惰质组 | 大 | 保留较多植物组织结构 | 纤维状丝质体平行层理排列，层面上多见 |
| 壳质组（腐泥组） | 最小 | 具生物形貌；均质、无固定形态 | 多镶嵌于镜质组，或呈条带状、填隙状，发育气孔和生物孔 |
| 矿物质 | 最大 | 标形晶体形貌 | 脉状、团窝状、分散状、充填生物组织孔 |

【仪器与试剂】
**仪器**
场发射扫描电镜，能谱分析仪，金喷镀仪，氩离子抛光仪等。
**材料**
页岩样品。

【实验内容与步骤】
**1. 样品制备**
样品制备流程包括：取样、研磨、抛光、喷镀金。

**2. 上机观测**

（1）低倍下（几百倍至几千倍）重点观测微米级尺度的内容。包括页岩的微层理、结构和构造，碎屑颗粒的分布及其与泥质的接触关系，判断微米级孔隙的成因类型及其连通情况，识别有机显微组分及其赋存状态。

（2）高倍下（上万倍至几万倍）主要对低倍图像局部放大。观测碎屑颗粒表面现象、蚀变矿物、自生矿物和单个黏土矿物。鉴定矿物种类，判断其成因。观测纳米级孔隙及其发育特征。

**3. 关机**

【注意事项】

1. 注意真空室的真空度。
2. 上机观测要注意合理选择放大倍数。先在低倍下仔细观察之后再提高倍数；倍数可由低到高再由高到低反复观察，以便了解各种局部现象与整体的关系，必要时做微区成分分析。

【数据处理】

1. 拍摄扫描电镜图。
2. 分析页岩有机质。

【思考题】

1. 如何判断显微组分？
2. 为什么上机观测时要先低倍下后高倍下进行显微观察？

# 实验四十三
## 透射电镜样品制备与分析

【实验目的】

1. 了解透射电镜分析样品的制备方法。
2. 了解超薄切片机工作原理及应用。
3. 掌握粉末样品的常规制样方法。
4. 学习超薄切片制样技术。

【实验原理】

制样的好坏直接影响透射电镜图片的质量。由于透射电镜对样品的厚度要求较高,不能超过 200nm,因此样品的制备非常重要。

(1) 透射电子显微分析样品要求

① 供 TEM 分析的样品必须对电子束是透明的,通常样品观察区域的厚度以控制在约 100~200nm 为宜。根据电子束与样品相互作用可知,电子束对试样的穿透本领较差,主要以散射为主。对于透射电镜而言,电子束必须穿过样品到达荧光屏,才能对试样进行观察分析,因此对样品的基本要求是必须保证电子束能穿透样品,即样品必须对电子束透明。每一种样品都有一个电子束穿透厚度极限,只有制备成这一极限厚度的样品,才能在电镜中进行观察;电子束的穿透本领取决于电镜的加速电压,加速电压越高,电子束的穿透深度越大;此外,在一定加速电压下,电子束的穿透深度还与样品的组成和晶体学状态有关。一般地,电子束在轻元素材料中的穿透深度比在较重元素材料中高,在晶体材料中的穿透深度比在非晶体材料中高。

② 所制得的样品还必须具有代表性,以真实反映所分析材料的某些特性。因此,样品制备时不可影响这些特性。

(2) 透射电镜样品制备方法

常见的透射电镜样品包括粉状样品、块状样品、薄膜样品等。各种样品有特定的制备方法和程序。下面以粉末和块状样品为例,介绍几种常见的透射电镜样品制备方法。

① 直接分散法　将微细的粉末样品直接分散在溶剂中,配制成一定浓度的溶液,超声至溶液均匀透明后,用滴管将溶液滴至事先准备好的载网(如超薄碳膜)上(1~2 滴),待溶液挥发后样品可负载在载网上以备观察。该方法适用于常规粉体材料(粒径小于 200nm)。如果粉末样品颗粒较大,需先将试样在玛瑙研钵中充分研碎,然后将研碎的粉末

分散在溶剂中。常见的分散剂有乙醇、丙酮、水等可挥发性液体,以不与样品发生任何反应作为分散剂的选择原则。

② 超薄切片法 当需要对样品内部结构进行透射电镜的研究时,将其用特定的包埋剂填埋固化后进行切片,再将片负载在载网上即可。采用刀刃厚度仅为几个纳米的特殊刀具,通过精确的机械控制,可以切割出厚度低于50nm的样品薄片。该方法常见于生物类样品制备。当需要观察样品材料截面或内部结构时,超薄切片法也是一种有效的制备方法。

超薄切片的主要流程如下:预包埋──→包埋剂聚合、固化──→修块──→切片──→捞片(将薄片负载至载网上)。切片的厚度可以通过指示仪表控制。切片的厚度可以通过反射光的干涉色判断,具体如表43-1所示。

表 43-1  切片厚度与干涉色间的关系

| 干涉色 | 暗灰色 | 灰色 | 银白色 | 金黄色 | 紫色 |
| --- | --- | --- | --- | --- | --- |
| 切片厚度/nm | <40 | 40~50 | 50~70 | 70~90 | >90 |

③ 离子减薄法 对于尺寸较大的固体样品,需要先将其切割成合适的大小(通常为直径3mm圆片或对角长度不超过3mm的矩形),再通过机械研磨至厚度为约5mm。将样品置于离子减薄仪上利用离子束以低角度轰击样品表面至穿孔,穿孔后的样品在孔洞边缘形成厚度小于200nm的可观察薄区。该方法通常用于矿物、陶瓷等高硬度耐腐蚀的样品制备。

④ 化学腐蚀法 常用于金属类样品的电解腐蚀,或具有选择性腐蚀要求的特殊样品。

(3) 载网和支持膜

载网(Grid)是一类用于载持电镜切片标本或细微粉末样品的金属网,它既能支持住样品又能留下较多的空间供观察。通常用得最多的载网是铜网,有时为了适应特殊的需求,也可用镍、金、铂、不锈钢材质尼龙等材料。标准的铜网直径是3mm,厚约0.02mm。铜网上有许多微米大小的孔,网孔的密度有单位英寸长度上400目(孔)、200目、50目、10目等规格,还有一些用于专门需要的特殊形状孔的网,如长形孔或有定位标记的网等(如图43-1所示)。一般来说,分辨率高的样品要用目数大的铜网,分辨率低的样品用目数小的铜网,最常用的是200目的网。

(a) 圆孔载网　　(b) 方孔载网　　(c) 平行载网　　(d) 坐标载网　　(e) 双联载网

图 43-1  各种形状的载网

为了确保样品能搭载在载网上,通常需要在载网上覆盖一层很薄的有机膜(如火棉胶)作为支持膜。当样品接触载网支持膜时,会很牢固地吸附在其上面,不至于从载网的空洞处掉落,以便在电镜上观察。当样品放在电镜中观察时,载网支持膜在电子束照射下,会产生电荷积累,引起放电,从而发生样品漂移、跳动、支持膜破裂等情况。所以,需要在支持膜上喷碳,提高支持膜的导电性和膜的强度,以达到良好的观察效果。这种经过喷碳的载网支持膜简称"碳支持膜",膜厚度为7~10nm。

微栅是碳支持膜的一种。它是在制作支持膜时,特意在膜上制作一些微孔,所以,也叫"微栅支持膜"。它也是经过喷碳的支持膜,一般膜厚度为15~20nm。主要是为了能够使样品搭载在支持膜微孔的边缘，以便使样品在"无膜"下观察。无膜的目的是提高图像的衬度，所以，观察管状、棒状、纳米团聚物等，常用微栅支持膜，效果好。特别是观察这些样品的高分辨图像时，微栅更是最佳的选择。

超薄碳膜也是碳支持膜的一种。它在微栅的基础上，叠加一层很薄的连续碳膜，一般为3～5nm。这层超薄碳膜的作用是把微孔挡住。主要用于负载分散性很好的纳米材料，例如，10nm以下、分散性极好的样品，如果用微栅，则样品就可能从微孔中漏出，即使留在微栅孔的边缘，由于膜厚也影响观察。所以将该类样品分散在超薄碳膜上进行透射电镜观察，就能得到很好的效果。

【仪器与试剂】

**仪器**

Leica EM UC7 薄切片仪，恒温聚合箱超薄碳膜，专用镊子包埋板。

**试剂**

粉末样品，去离子水，环氧树脂包埋剂（内含环氧树脂单体、加速剂、固化剂、注塑剂等）。

【实验内容与步骤】

**1. 直接分散法**

取少许粉末样品于易挥发的惰性分散剂（最常用的是乙醇）中，超声处理10～20min，静置1～3min，使大的颗粒沉降。

选择合适的支持膜载网，把载网放在干净的滤纸上，有机膜面朝上。

用滴管或移液器吸取上清液，在载膜上滴1～3滴液滴，室温下晾干或红外灯下烘干，备用。

**2. 超薄切片法**

① 样品预包埋　将少许小颗粒状或粉末样品放入包埋板中，用包埋剂填充→调整好样品位置使待切割样品在底部位置→60℃恒温放置48h，加热聚合、固化→冷却至室温后取出样品。

对于块状或薄膜横截面的样品，需要先将样品分割成小长条对粘后再包埋，如图43-2所示。

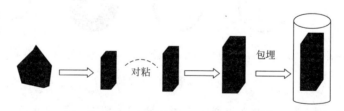

图43-2　薄膜横截面包埋过程示意图

② 修块　样品包埋后取出，需要先修块。其目的是除去待观察样品周围多余的包埋介质，并修成特定形状、大小的包埋块截面，便于连续切片。修块的方法如下。

a. 手工切修：用刀片先大致修切样品使待切割部分暴露出平整切割面，再用刀片将样品观察区域修成上下底边长约为0.5～0.8mm的四菱台形、顶端呈现为金字塔状，最后用玻璃刀修光平面。

b. 机械精修：用超薄切片机精修，整个包埋块的修正过程如图43-3所示。

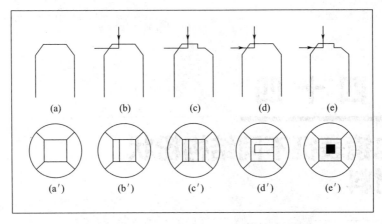

图 43-3　包埋块修正过程中的正规图及对应的俯视图

**3. 超薄切片**

a. 水槽液面调节：切片机切下的薄片会在水的表面张力作用下漂浮在水槽液面。水槽液面过低或过高会导致薄片堆积，无法漂浮在液面上。调节时要注意保持刀口液面位置略低于刀口。

b. 刀距调节：利用控制面板上的前后滚轮调节刀口离样品切割面的距离，使二者渐渐接近，同时利用仪器右手边的切割滚轴上下移动切割面，使刀口位置保持在样品中间。当两者间出现光的狭缝效应时，则表明刀距调节完毕。在控制面板上调节初始切割挡速为 20，切片厚度为 200nm，观察切出的薄片情况。逐渐放慢切割挡速到 2 或 3，切片厚度调为 50nm 左右，此时切出的薄片应呈现浅黄色或灰白色。

**4. 捞片**

用专用镊子夹住铜网，膜面向下，慢慢靠近漂浮的薄片样品，使样品能够吸附在铜网上，将铜网膜面朝上，放在滤纸上自然干燥即可。

【注意事项】

1. 将液体滴至载膜上时要轻轻地滴，防止将碳膜滴穿。
2. 滴的液体的量要适度。用量过多，颗粒聚集，影响电镜观察，难以找到理想的观察视野。
3. 超薄切片时应根据样品的硬度选择合适的刀片。
4. 修样时注意安全，避免刀片划伤手指。
5. 自动切片时应避免震动，观察切片情况，防止粘连。

【思考题】

1. 查阅资料，举例说明如何制备透射电镜的薄膜样品。
2. 你所熟悉的物质中带有磁性的样品有哪些？对于这类样品，如果要进行电镜观察，应该如何制样？

# 实验四十四

## 透射电镜表征不同结构粉状纳米材料

【实验目的】

1. 了解透射电子显微镜的基本结构和工作原理。
2. 学习纳米材料的制样技术。

【实验原理】

纳米材料指纳米颗粒及以纳米颗粒为基础的材料，纳米颗粒一般指粒径在 1～100nm 之间的微粒，从材料的结构单元层次来说，纳米材料是介于宏观物质和微观原子、分子之间的材料。纳米材料独特的微观结构决定了纳米材料具有独特的光学、电学、磁学、热学及化学性能，因此纳米材料微观结构的表征对认识纳米材的特性，推动纳米材料的应用有重要意义。透射电镜可以在极高的放大倍数下直接观察纳米颗粒的形貌和结构，尤其是测量纳米颗粒大小，既直观又方便。因此是研究纳米材料最常用的检测设备之一。

由于纳米材料颗粒尺寸小，比表面积大，因此纳米材料极易团聚。为了更准确地表征纳米材料的结构及形貌，首先必须解决纳米材料团聚问题，制备出分散性较好的透射电镜样品。粉状纳米材料透射电镜样品的制备，通常是将纳米材料在合适的分散介质中，经过超声波清洗仪超声分散均匀后，取少量分散液滴于支持膜上晾干制备而成。本研究中采用超声波细胞粉碎仪超声分散粉状纳米材料，可以将粉状纳米材料中的团聚体有效地分散开，得到均匀分散的分散液。

【仪器与试剂】

**仪器**

JEM-1011 投射电子显微镜，JY92-Ⅱ超声波细胞粉碎机，KQ2200B 超声波清洗器。

**试剂**

纳米氧化锌，纳米氢氧化镁，介孔分子筛。

【实验内容与步骤】

**1. 支持膜的制备**

将干净的载玻片在 0.5% 的聚乙烯醇缩甲醛氯仿溶液中浸泡约 10s，然后将载玻片呈 45° 取出并使其以 45° 斜靠，待氯仿挥发后，用刀片沿载玻片上膜的四周划两下，然后将载玻片斜插入水中，使聚乙烯醇缩甲醛膜在水的表面张力作用下漂浮于水面上。将干净铜网按适当间距摆放于聚乙烯醇缩甲醛膜上，剪一块干净石蜡封口膜平放于摆有铜网的聚乙烯醇缩甲醛膜上，待石蜡封口膜和聚乙烯醇缩甲醛膜贴附在一起后，将石蜡封口膜翻转并从水面上提起，用滤纸将聚乙烯醇缩甲醛膜上水分吸干，晾干备用。

**2. 透射电镜样品的制备**

取适量的粉状纳米材料放入 25mL 小烧杯中，加入约 15mL 无水乙醇，超声分散 10min，取一滴分散液滴于支持膜上，晾干。

**3. 纳米材料形貌观察**

将晾干后的透射电镜样品通过样品架置于透射电镜镜筒中，在合适的放大倍数下观察纳米材料的形貌，将图像调节清晰后通过 CCD 采集图像。

【注意事项】

1. 禁止使用透射电镜测量磁性样品。
2. 使用超声波细胞粉碎仪超声分散粉状纳米材料，使分散性更好。

【思考题】

1. 电子显微镜中为何采用电子束做"光源"？比较说明光学显微镜与电子显微镜的异同点。
2. 查阅资料，讨论影响电子显微镜分辨率的因素有哪些？

# 实验四十五

## 锦葵科植物花粉壁的透射电镜观察

【实验目的】
1. 掌握透射电子显微镜的基本结构和工作原理。
2. 熟悉生物样品的制备方法。

【实验原理】

植物的花粉个体小、数量大,其形态特征在属种间较稳定。近年来,对花粉的研究已广泛应用于植物分类学、石油地质学、农学、医学、公安侦破和考古学等多种学科的工作中。过去在光学显微镜下的研究只能观察它的形态和大小,对其表面纹饰无法辨认。用扫描电镜虽然可观察花粉的外部形态及表面微细结构,但这些特征只能反映表面形貌;透射电镜则能清楚地观察到花粉壁的内部微细结构。在花粉壁的研究中,它可弥补光镜和扫描电镜的不足,可为花粉的研究提供更详细的资料。

【仪器与试剂】

**仪器**

JEM-100SX 透射电子显微镜。

**试剂**

陆地棉、草棉、蜀葵、锦葵、木槿、芙蓉葵和扶桑的花粉,琼脂,四氧化锇,磷酸缓冲液,环氧树脂(EPON812)。

【实验内容与步骤】

**1. 样品的制备**

取各种植物的成熟花粉,分别加入2%的琼脂搅匀,冷却后切成1mm³小块,用1%的四氧化锇(0.1mol·L$^{-1}$的磷酸缓冲液配制,pH=6.8)固定3h,经缓冲液充分清洗,梯度酒精脱水,环氧树脂包埋,醋酸双氧铀-柠檬酸铅双重染色。

**2. 透射电镜观察**

先在低倍下观察样品的整体情况,然后选择好的区域放大。变换放大倍数后,要重新聚焦。将有价值的信息以拍照的方式记录下来,并在记录本上记录观察要点和拍照结果。将样品更换杆送入镜筒,撤出样品,换另一样品进行观察。

**3. 暗室处理**

根据所用胶片的特性配制相应的暗室试剂,在暗室内红光条件下冲洗胶片。

**4. 图片解析**

根据制样条件、观察结果及样品的特性等综合分析，对图片进行合理的解析。

【注意事项】

1. 所用器皿一定要干净。
2. 样品不能有破损和污染。

【数据处理】

观察照片，进行分析。

【思考题】

1. 简述相反差形成的原理。
2. 染色的意义是什么？
3. 常用的染色法有哪几种？各适用于哪些情况？

# 实验四十六

## GC-MS检测白酒中邻苯二甲酸酯类物质的残留

【实验目的】

1. 熟悉 GC-MS 的参数设置及基本操作。
2. 熟悉 GC-MS 的定性和定量分析方法。

【实验原理】

邻苯二甲酸酯类化合物（PAE），又称酞酸酯，俗称塑化剂，普遍用于塑料工业的主要增塑剂和软化剂，其作用是增大塑料的可塑性和韧性，提高塑料强度。PAE 是一种环境激素，可以模拟体内的天然荷尔蒙，会干扰正常荷尔蒙的作用，影响身体内的最基本的生理调节机能，具有致癌、致畸、致突变性作用，对人体已构成危害。2011 年 6 月 1 日卫生部发布公告，邻苯二甲酸酯类物质被明确定为违禁添加的非食用物质，禁止在食品中使用。PAE 主要通过食品包装材料进入食品，而白酒中的乙醇对 PAE 具有很好的溶解性，因此白酒中也存在这类化合物污染的风险。本实验采用 GC-MS 方法定性和定量分析白酒中 PAE 的种类和残留量，定量定性离子见表 46-1。

表 46-1　邻苯二甲酸酯 SIM 定量定性离子

| 邻苯二甲酸酯类化合物 | 定量离子 | 辅助定量离子 | 定性离子 |
| --- | --- | --- | --- |
| 邻苯二甲酸二甲酯(DMP) | 163 | 77 | 135,194 |
| 邻苯二甲酸二乙酯(DEP) | 149 | 177 | 121,222 |
| 邻苯二甲酸二异丁酯(DIBP) | 149 | 223 | 205,167 |
| 邻苯二甲酸二丁酯(DBP) | 149 | 223 | 205,121 |
| 邻苯二甲酸二(2-甲氧基)乙酯(DMEP) | 59 | 149、193 | 251 |
| 邻苯二甲酸二(2-甲基-2-戊基)酯(BMPP) | 149 | 251 | 167,121 |
| 邻苯二甲酸二(2-乙氧基)乙酯(DEEP) | 45 | 72 | 149,331 |
| 邻苯二甲酸二戊酯(DPP) | 149 | 238 | 219,167 |
| 邻苯二甲酸二己酯(DHXP) | 104 | 149、76 | 251 |
| 邻苯二甲酸丁基苄基酯(BBP) | 149 | 91 | 206,238 |
| 邻苯二甲酸二(2-丁基氧)乙酯(DBEP) | 149 | 223 | 205,278 |
| 邻苯二甲酸二环己酯(DEHP) | 149 | 167 | 83,249 |

续表

| 邻苯二甲酸酯类化合物 | 定量离子 | 辅助定量离子 | 定性离子 |
| --- | --- | --- | --- |
| 邻苯二甲酸二(2-乙基)己酯(DEHP) | 149 | 167 | 279,113 |
| 邻苯二甲酸二苯酯(DPP) | 225 | 77 | 153,197 |
| 邻苯二甲酸二正辛酯(DNOP) | 149 | 279 | 167,261 |
| 邻苯二甲酸二壬酯(DNP) | 57 | 147,71 | 167 |
| 邻苯二甲酸二异壬酯(DINP) | 149 | 293 | 150 |
| 邻苯二甲酸二异癸酯(DINP) | 149 | 307 | 167 |

## 【仪器与试剂】

### 仪器

Agilent 气相色谱质谱联用色谱仪（7890/5975C），高纯氦（9.99%），1.0μL 微量进样器，离心机，水浴锅，2.0mL 吸量管，5.0mL 吸量管。

### 试剂

正己烷（GR）、邻苯二甲酸酯标准溶液，白酒样品。

## 【实验内容与步骤】

### 1. 仪器分析方法及参数设置

色谱柱：HP-5MS（30cm×0.25mm×0.25μm）；进样口温度：250℃；升温程序：初温 0℃，保持 1min，以 20℃·min$^{-1}$ 的速度升温到 220℃，保持 1min，以 5℃·min$^{-1}$ 的速度升温到 280℃，保持 4min，载气：氦气；流速：1.0mL·min$^{-1}$；不分流进样，进样量：1.0μL。

质谱：电子轰击（EI）离子源；电离能量：70eV；传输线温度 280℃；离子源温度 230℃；四级杆温度 150℃；溶剂延迟时间 5min；选择离子检测（SIM）。

### 2. 样品前处理方法

准确量取 5.0mL 白酒样品于 10mL 具塞玻璃离心管中，在沸水浴中加热除去样品中的乙醇，冷却至室温后加入 2.0mL 正己烷，振荡提取，静置后取上清液检测。

### 3. 绘制标准曲线

以 100μg·mL$^{-1}$ 邻苯二甲酸酯标准储备液为母液，用正己烷为稀释溶剂，分别制备 10μg·L$^{-1}$、50μg·L$^{-1}$、100μg·L$^{-1}$、200μg·L$^{-1}$、500μg·L$^{-1}$、1000μg·L$^{-1}$、5000μg·L$^{-1}$ 系列标准溶液，以定量离子峰面积为纵坐标，各标准溶液浓度为横坐标，绘制标准曲线。

### 4. 白酒样品的分析

按上述前处理方法测定 8 个市售白酒样品中的邻苯二甲酸酯类物质残留量，以各个邻苯二甲酸酯的峰面积与标准曲线比较进行定量。

## 【注意事项】

不同的色谱柱有其最高使用温度，设定条件时各加热温度设置不能超过色谱柱最高使用温度。

## 【数据处理】

按下式计算样品中各个邻苯二甲酸酯的含量：

$$X = \frac{c_i \times V \times K}{m}$$

式中，$X$ 为白酒中邻苯二甲酸酯的含量，$mg \cdot L^{-1}$；$c_i$ 为白酒中邻苯二甲酸酯的浓度，$mg \cdot L^{-1}$；$V$ 为白酒定容体积，mL；$m$ 为白酒质量，mL。

【思考题】

1. 使用标准曲线法定量时，可能在哪些地方产生误差？
2. 选择离子扫描与全扫描有什么不同？选择离子扫描有什么优点和缺点？
3. 为什么气质联用法是对未知微量有机化合物进行定性定量分析的一种强有力的手段？

# 实验四十七

## 气相色谱-质谱法分析食用油脂肪酸组成

【实验目的】

1. 了解气相色谱-质谱仪的构造及其工作的基本原理。
2. 了解食用油中脂肪酸组成分析的一般过程。
3. 熟悉脂肪酸甘油酯甲酯化的方法。

【实验原理】

色谱作为进样和分离系统,质谱作为色谱仪的检测器,进行定性、结构分析。脂肪酸甘油酯经甲酯化后变成易挥发混合物,由毛细管气相色谱柱分离成单一成分,再经质谱仪确定每一成分的结构,面积归一化法计算各成分相对含量。

【仪器与试剂】

**仪器**

气相色谱-质谱联用仪(6890GC-5973MS),色谱柱 DB-5MS(30cm × 0.25mm × 0.25μm)。

**试剂**

$0.5 mol \cdot L^{-1}$ KOH/CH$_3$OH,甲醇(GR),三氟化硼乙醚溶液(AR),饱和氧化钠水溶液,正己烷(AR),无水硫酸钠,市售食用油样品。

**实验条件**

1. 柱温:150℃(4min) $\xrightarrow{4℃ \cdot min^{-1}}$ 250℃(4min)。
2. 气化室温度:250℃;接口温度:280℃;离子源温度:230℃;质量分析器温度:150℃。
3. 载气:He,$1mL \cdot min^{-1}$。
4. 分流进样(分流比为20:1):约 0.5μL。

【实验内容与步骤】

**1. 脂肪酸甲酯的制备**

取食用油样品 50~80mg 于 25mL 磨口平底烧瓶中,加入 $0.5 mol \cdot L^{-1}$ KOH/CH$_3$OH 和甲醇各 5mL,放入搅拌子后连接回流冷凝管,置于加热式磁力搅拌器上回流搅拌约 15min

至油珠溶解。停止加热降温后由冷凝管上方加入 2mL 三氟化硼乙醚溶液,加热回流 5min,放冷后加入约 5mL 正己烷继续搅拌 1min,取下烧瓶加入饱和氯化钠水溶液至有机相低于瓶口约 1cm 处,稍搅拌后取上层有机相,经无水硫酸钠干燥后供组成分析。

**2. 脂肪酸甲酯组成分析**

将制得的每种食用油脂肪酸甲酯混合物在前述分析条件下分析测定,得到每种食用油样品甲酯化产物总离子色谱图后进行定性检索,确定每个样品中脂肪酸甲酯的结构组成和相对含量。

【注意事项】

1. 样品分析前应确认气相色谱-质谱系统真空度已经达到分析要求。
2. 制备脂肪酸甲酯必须在通风橱内进行。

【数据处理】

1. 记录实验条件。
2. 分析脂肪酸甲酯的质谱图。
3. 面积归一化法计算各成分相对含量。

【思考题】

1. 本实验中,为什么可以采用面积百分比法计算每个样品中不同脂肪酸的相对含量?
2. 在所确定的不饱和脂肪酸甲酯结构中,能否通过质谱信息确定该烯烃的顺反结构?

# 实验四十八

## 蜂蜜中抗生素残留的HPLC-MS分析测定

【实验目的】
1. 熟悉 HPLC-MS 仪器的参数设置及基本操作。
2. 熟悉 HPLC-MS 的定性和定量分析方法。

【实验原理】

氯霉素是一种广谱抗生素,能有效地抗革兰阳性、革兰阴性、立克次氏体、支原体、衣原体等微生物。因使用方便、价格便宜而广泛使用。后来氯霉素因被发现对人体存在危害,规定最低检出限为 $0.1\sim 0.3\mu g \cdot kg^{-1}$,动物源性食物中不得检出。因此,建立高灵敏度的检测系统进行质量控制非常有必要。

目前,检测氯霉素的方法大致可分为筛选方法和确证方法。常用的筛选方法有微生物方法、放射免疫法和酶联免疫法。微生物法灵敏度低、反应选择性差;放射免疫法存在同位素半衰期短、放射性污染等不足;酶联免疫法作为目前检测氯霉素的主要方法,也有假阳性高、不能确证的缺点。确证方法主要有液质联用法和气质联用法。气质联用法需要对氯霉素分子中的两个羟基进行衍生化以提高其挥发性,实验周期长,步骤繁琐;HPLC-MS 利用电喷雾电离(ESD)或大气压化学电离(APCD)模式,通过碰撞诱导解离(CID)产生特征碎片离子。用离子阱或三重四级杆质谱检测。与其他检测方法相比较,HPLC-MS 具有定性、定量准确、检测限低、无须衍生化等优点。已被广泛应用于蜂蜜产品中氯霉素残留量的分析测定。

【仪器与试剂】

**仪器**

高效液相质谱联用仪[AP14000型三级四极串联液相色谱质谱仪(美国应用生物公司),包括 Agilent 110 液相色谱仪、自动进样器、柱温箱、DAD 检测器等],Milli-Q 超纯水处理系统(美国 Millipore 公司),电子天平,旋涡混合仪,高速离心机,氮吹仪,10μL 注射器。

**试剂**

氯霉素标准品(美国 Sigma 公司),乙腈(美国 Fisher 公司),甲酸铵(美国 Fisher 公司),异辛烷氯仿(体积比为 2:3)。

**实验条件**

1. 色谱柱：ZORBAX SB C18 柱（250mm×4.6mm I.D 5μm）。
2. 柱温：35℃。
3. 流动相：乙腈-甲酸铵（体积比为 4∶6）。
4. 流速：$1\text{mL}\cdot\text{min}^{-1}$。
5. 进样量：10μL。

**【实验内容与步骤】**

**1. 样品制备**

称取蜂蜜 3.000g（±0.001g），至 20mL 具塞离心管中，加入 3mL 水，混匀。加入 6mL 乙酸乙酯，旋涡振荡 3min，在转速 $4000\text{r}\cdot\text{min}^{-1}$ 下离心，将上清液倒入另一试管中，残留物中再加入 6mL 乙酸乙酯，重复上述步骤，合并两次上清液，吸取 4mL 置于 5mL 离心管中，用温和氮气流（<50℃）吹干，加入 1mL 异辛烷氯仿溶液溶解残渣，再加入 1mL 水，混匀 1min 后离心，取上清液过 0.45μm 水系滤膜，待用。

**2. 标准储备溶液的配制**

称取 10.0mg 氯霉素标准品，用色谱纯甲醇溶解，定容至 100mL，溶液浓度为 $100.0\mu\text{g}\cdot\text{mL}^{-1}$。

**3. 基质标准溶液的配制**

将上述标准储备溶液，用色谱纯甲醇逐级稀释配制成 $6.25\mu\text{g}\cdot\text{mL}^{-1}$、$12.5\mu\text{g}\cdot\text{mL}^{-1}$、$25.0\mu\text{g}\cdot\text{mL}^{-1}$、$50.0\mu\text{g}\cdot\text{mL}^{-1}$、$100.0\mu\text{g}\cdot\text{mL}^{-1}$ 的标准溶液。

**4. 质谱条件**

电喷雾负离子电离（ESI）；用 $1\text{ng}\cdot\text{mL}^{-1}$ 氯霉素标准溶液经注射泵以 $5\mu\text{L}\cdot\text{min}^{-1}$ 的流速进样，在 $m/z=100\sim400$ 扫描范围内以负离子模式进行一级质谱图扫描，通过调节去簇电压 DP，确定 $m/z=321$ 为母离子，$m/z=152$，257，194 为子离子进行扫描，调节 DP、EXP、CE 参数，使母离子、子离子都具有一定的强度，一般母离子的强度占 1/4～1/3 为最佳；多反应检测（MRM）模式获得数据（$m/z$）：选择 $m/z=321\rightarrow152$，$321\rightarrow257$ 作为定性离子对，选择 $m/z\ 321\rightarrow152$ 作为定量离子对。

**【注意事项】**

1. 流动相必须新鲜配制并过微孔滤膜。
2. 实验完毕要清洗进样针、进样阀等，用过含酸的流动相后，色谱柱、离子源都要用甲醇/水冲洗，延长仪器寿命。
3. 工作站计算机不要安装与仪器操作无关的软件，要经常清理计算机磁盘碎片，定期查杀病毒，定期备份实验数据。

**【数据及处理】**

**1. 标准曲线的制备**

将标准储备液用色谱纯甲醇逐级稀释，得标准系列质量浓度分别 $6.25\mu\text{g}\cdot\text{mL}^{-1}$、$12.5\mu\text{g}\cdot\text{mL}^{-1}$、$25.0\mu\text{g}\cdot\text{mL}^{-1}$、$50.0\mu\text{g}\cdot\text{mL}^{-1}$、$100.0\mu\text{g}\cdot\text{mL}^{-1}$ 的标准溶液。每个质量浓度平行 3 份，在拟定的 HPLC-ESI-MS 条件下测定，用以计算标准曲线。标准曲线由氯霉素在多反应检测（MRM）模式下选择离子的峰面积（$Y$）对组分浓度（$X$）经回归处理，得回归方程式。

**2. 样品的测定**

样品按步骤 1 处理，在拟定的 HPLC-ESI-MS 条件下测定，各平行 6 份。计算蜂蜜中氯霉素平均残留量。

【思考题】

1. 简述什么是 ESI 和 APCD？它们各自的使用范围是什么？
2. 多反应检测（MRM）模式定量分析的优点是什么？
3. 用液质联用法确定化合物分子式的方法有哪些？

## 参考文献

[1] 郭明，胡润淮，吴荣晖等.实用仪器分析教程［M］.浙江大学出版社，2013.
[2] 黄一石，吴朝华，杨小林.仪器分析.第三版［M］.北京：化学工业出版社，2013.
[3] 陈浩.仪器分析.第二版［M］.北京：科学出版社，2016.
[4] 孙凤霞.仪器分析.第二版［M］.北京：化学工业出版社，2011.
[5] 杨锦玲，梅文莉，余海谦等.紫外-可见分光光度法测定沉香中色酮成分的含量［J］.热带生物学报，2014，5（4）：400-404.
[6] 刘约权.现代仪器分析.第三版［M］.北京：高等教育出版社，2015.
[7] 尹华，王新宏.仪器分析［M］.北京：人民卫生出版社，2012.
[8] 袁存光，祝优珍，田晶等.现代仪器分析［M］.北京：化学工业出版社，2012.
[9] 陈集，朱鹏飞.仪器分析教程［M］.北京：化学工业出版社，2010.
[10] 丁进锋，赵凤敏，李少萍等.亚麻籽油红外光谱分析及体外抗氧化活性研究［J］.食品科技，2016，41（9）：254-256.
[11] 潘铁英.波谱解析法.第三版［M］.上海：华东理工大学出版社，2015.
[12] 屠一锋，严吉林，龙玉梅等.现代仪器分析［M］.北京：科学出版社，2011.
[13] 干宁，沈昊宇，贾志舰等.现代仪器分析［M］.北京：化学工业出版社，2016.
[14] 王海涛，曲志勇，王莉等.分子荧光光谱法测定食品接触材料中荧光增白剂［J］.中国无机分析化学，2016，6（2）：4-8.
[15] 中国科学技术大学化学与材料科学学院实验中心.仪器分析实验［M］.合肥：中国科学技术大学出版社，2011.
[16] 陈国松，陈昌云.仪器分析实验［M］.南京：南京大学出版社，2011.
[17] 唐仕荣.仪器分析实验［M］.北京：化学工业出版社，2016.
[18] 杨万龙，李文友.仪器分析实验［M］.北京：科学出版社，2008.
[19] 张寒琦.仪器分析［M］.北京：高等教育出版社，2013.
[20] 苏克曼，张济新.仪器分析实验.第二版［M］.北京：科学出版社，2005.
[21] 陆筱彬，李颖，冯秀梅等.电感耦合等离子体原子发射光谱（ICP-AES）法测定镀锡钢板中的镀锡量［J］.中国无机分析化学，2016，6（2）：39-42.
[22] 池玉梅，吴虹.分析化学（下册）［M］.北京：科学出版社，2013.
[23] 高向阳.新编仪器分析.第三版［M］.北京：科学出版社，2009.
[24] 孙毓庆.分析化学实验［M］.北京：科学出版社，2004.
[25] 黄沛力.仪器分析实验［M］.北京：人民卫生出版社，2014.
[26] 张剑荣，余晓东，屠一锋等［M］.北京：科学出版社，2009.
[27] 张寒琦.仪器分析［M］.北京：高等教育出版社，2013.
[28] 卢汝梅，何桂霞.波谱分析［M］.北京：中国中医药出版社，2014.
[29] 姚新生.有机化合物波谱分析［M］.北京：中国医药科技出版社，2004.
[30] 贾琼，马玖彤，宋乃忠.仪器分析实验［M］.北京：科学出版社，2016.
[31] 金惠玉.现代仪器分析［M］.哈尔滨：哈尔滨工业大学出版社，2012.
[32] 叶明德.新编仪器分析实验［M］.北京：科学出版社，2016.
[33] 陈会明，王超，王星.毛细管气相色谱法测定化妆品中的酞酸酯［J］.色谱，2004，22（3）：224-227.
[34] Lloyd R. Snyder, Joseph J. Kirkland, John W. Dolan. Introduction to Modern Liquid Chromatography［M］.北京：人民卫生出版社，2012.
[35] 王靖宇，陈涛，班睿等.蜡样芽孢杆菌 ATCC14579 核黄素操纵子的克隆及在枯草芽孢杆菌中的表达［J］.生物加工过程，2004，2（2）：68-73.
[36] 彭水芳，沈卫阳，胡育筑.RP-HPLC 检查奈韦拉平中有关物质及其片剂的含量测定［J］.中国药学杂志，2007，42（20）：1582-1584.
[37] 张宗培.仪器分析实验［M］.郑州：郑州大学出版社，2009.
[38] 张景萍，尚庆坤.仪器分析实验［M］.北京：科学出版社，2017.
[39] 张进，孟江平.仪器分析实验［M］.北京：化学工业出版社，2017.

[40] 俞英. 仪器分析实验 [M]. 北京：化学工业出版社，2008.
[41] 张静武. 材料电子显微分析 [M]. 北京：冶金工业出版社，2012.
[42] 徐伯森，杨静. 实用电镜技术 [M]. 南京：东南大学出版社，2008.
[43] 周宇，武高辉. 材料分析测试技术：材料 X 射线衍射与电子显微分析（第 2 版）[M]. 哈尔滨：哈尔滨工业大学出版社，2007.
[44] 李凌，黎明，鲁宇明. 基于模糊灰度共生矩阵与隐马尔可夫模型的断口图像识别 [J]. 中国图象图形学报，2010，15 (9)：1370-1375.
[45] 苏春彦. 二氧化钛/金属硫化物、二氧化钛/贵金属复合纳米纤维的制备及光催化性质研究 [D]. 东北师范大学，2011.
[46] 施璐，张建峰，王连军等. SPS 原位反应制备 $TiC/Ti_2AlC/Ti_xAl_y$ 系复合材料的微观结构及其导电性能 [J]. 无机材料学报，2009，24 (6)：1168-1172.
[47] 徐伯森，杨静. 实用电镜技术 [M]. 南京：东南大学出版社，2008.
[48] 周宇，武高辉. 材料分析测试技术：材料 X 射线衍射与电子显微分析. 第二版 [M]. 哈尔滨：哈尔滨工业大学出版社，2008.
[49] 李晓倩. L-半胱氨酸辅助 W/O 技术合成纳米硫化物 [D]. 辽宁师范大学，2013.
[50] 余启钰. Ⅱ-Ⅵ族半导体量子点的合成与性质研究 [D]. 中国科学院研究生院（理化技术研究所），2009.
[51] 张晓薇，曹丽云，黄剑锋等. 棒状 $ZnWO_4$ 纳米晶的合成及其光催化性能 [J]. 无机材料学报，2012，27 (11)：1159-1163.
[52] 韩喜江. 现代仪器分析实验 [M]. 哈尔滨：哈尔滨工业大学出版社，2008.
[53] 汪正范，杨树民，吴侔天等. 色谱联用技术 [M]. 北京：化学工业出版社，2006.
[54] 任雪峰. 仪器分析实验教程 [M]. 北京：科学出版社，2017.
[55] 杨海英，郭俊明，王红斌等. 仪器分析实验 [M]. 北京：科学出版社，2015.
[56] 蔡燕荣等. 仪器分析实验教程 [M]. 北京：中国环境科学出版社，2010.
[57] 白玲，石国荣，罗盛旭. 仪器分析实验 [M]. 北京：化学工业出版社，2010.
[58] 张慧，焦淑静，庞起发等. 中国南方早古生代页岩有机质的扫描电镜研究 [J]. 石油与天然气地质，2015，36 (4)：675-680.
[59] 李国晋，赵永红. 不同结构粉状纳米材料的透射电镜表征 [J]. 化工新型材料，2013，41 (10)：128-130.
[60] 孙京田，谢英渤，王书运. 锦葵科植物花粉壁的透射电镜观察 [J]. 电子显微学报，1993 (3)：213-217.
[61] 李维娟. 材料科学与工程实验指导 [M]. 北京：冶金工业出版社，2016.